JN345366

REAL

–Real
City

4	들어가는 글 / 기획팀
6	건축가 이종호와 리얼-리얼시티 / 우의정
10	도시의 숨겨진 잠재력과 건축·문화·예술의 움직임 / 심소미
18	건축 전시의 실험으로서 〈리얼-리얼시티〉전 / 이종우
26	이종호 아카이브룸 / 이종우
46	[부록] 1996년 SA 건축가 세미나 / 이종호
52	[건축 라운드테이블] 건축가의 도시 개입을 논하다 / 김성홍, 민현식, 조장희 외 참여작가

작품

96	METAA
108	김성우
118	감자꽃스튜디오
128	정이삭
138	조진만
148	우의정
158	일상의실천
166	최고은
176	김재경
188	정재호
198	김무영
208	오민욱
220	리슨투더시티
232	김태헌
242	황지은
252	김광수
262	리얼시티 프로젝트

284	[워크샵 라운드테이블] 리얼시티 프로젝트 '그린벨트' / 리얼시티 프로젝트 팀 외
300	[강연] 도시개입행위로서의 그래피티 / 김남주
314	[강연/대담] 성남프로젝트 다시 읽기: 지역-특정적 한국미술의 역사 / 신정훈×김태헌
332	[강연] 회색지대 전시 - 건축, 도시, 인간 삶, 예술을 (콘)텍스트화하기 / 강수미

5	Forward / Curatorial Team
8	Jongho Yi and *REAL-Real City* / Euijung Woo
14	The Hidden Possibility of the City and the Movement of Architecture, Culture, and the Arts / Somi Sim
22	*REAL-Real City* as an Experiment in Architecture Exhibition / Jongwoo Lee
30	Jongho Yi : Archive Room / Jongwoo Lee
46	SA Architect Semina (1996) / Jongho Yi
52	Architect Roundtable : Architectural Intervention towards the City / Hyunsik Min, Sunghong Kim, Janghee Jo and Participants

WORKS

96	METAA
108	Sungwoo Kim
118	PotatoBlossomStudio
128	Isak Chung
138	Jinman Jo
148	Euijung Woo
158	Everyday Practice
166	Goen Choi
176	Jaekyeong Kim
188	Jaeho Jung
198	Mooyoung Kim
208	Minwook Oh
220	Listen to the City
232	Taeheon Kim
242	Jie-eun Hwang
252	Kwangsoo Kim
262	Realcity Project

284	Workshop Roundtable : Green Belt by Realcity Project / Realcity Project team
300	Graffiti as urban intervention / Namjoo Kim
314	Revisiting Seongnam Project: A History of Locally-oriented Art Production in Korea / Chunghoon Shin X Taeheon Kim
332	The Exhibition as a Gray Zone: (Con)textualizing Architecture, Cities, Human Life, and the Arts / Sumi Kang

들어가는 글

〈리얼-리얼시티〉는 건축의 도시적 역할을 고민하며 삶의 리얼리티를 찾아 나섰던 건축가 故 이종호와 동료들이 남긴 질문을 현재의 맥락으로 이어받고자 기획이 되었습니다. 특히 건축의 한계와 과제에서 시작하여 현실을 파고든 도시·문화적 움직임에 주목하고, 그 흔적과 고민을 동시대의 건축 및 문화예술의 실천으로 열어두어 생각해보고 있습니다. 전시는 건축의 과제를 도시와의 관계망 속에서 이해하고자 하는 일군의 건축가, 연구자, 예술가, 문화기획자들의 활동을 교차시켜 보면서 한국의 도시 현실을 다각도로 파악하고자 했습니다. 본 출판물을 통해 전시의 내용을 공유하고, 도시 문화적 실천에 대한 논의를 한층 심화하여 교류하는 기회를 마련하고자 합니다.

  본 책에는 전시에서 선보인 건축가, 예술가, 콜렉티브, 영화감독 등 18명(팀)의 작업과 더불어 전시와 연계해 매주 토요일마다 6회에 걸쳐 열린 강연, 대담, 스크리닝, 워크숍, 라운드 테이블에서 다룬 논의를 함께 실었습니다. 건축가의 도시 리서치, 전시 패러다임의 변화, 대항적 개입으로서 예술, 건축의 도시 참여와 움직임 등 다양한 영역에 걸쳐 오늘날 도시 현실을 논의하고 있습니다. 이번 기획이 도시·문화적 실천의 새로운 가능성을 도모하고, 이에 대한 논의를 확산하는 자리가 되길 바랍니다.

  리얼-리얼시티 기획팀

Forward

REAL-Real City aims to ask the questions that the late architect Jongho Yi and his colleagues posed in pursuit of reality of life and architecture's urban role in it in the present context. Particularly, it focuses on the urban and cultural movements starting from the role and limit of architecture into reality and considers their traces and ideas the practices of the contemporary architecture and arts and culture. The exhibition attempted to comprehend the urban reality of Korea from various angles by intersecting activities of architects, scholars, artists, and cultural organizers who understand the architecture's role within the networks with a city. Through this publication, it intends to share the exhibition and to provide an opportunity to deepen and exchange the discussion on the urban and cultural practices.

    This publication contains the works of eighteen participants of the exhibition, who are architects, artists, collectives, and film directors, and the discussions from the accompanying events that happened every Saturday for six times, such as lectures, conversations, screenings, and round tables. It discusses today's urban reality in a wide range of areas, for example, an architect's research of a city, changes in the exhibition paradigm, art as a resistant intervention and architecture's urban participation and movement. We hope that this project opened a new possibility of urban and cultural practices and proliferate related discussions.

    Curatorial Team of *REAL-Real City*

건축가 이종호와 리얼-리얼시티

오랜 기간 나의 건축 인생에 버팀목이었던 건축가 이종호의 타계는 그와 함께한 20여 년의 기억을 정리하는 계기가 되었고 그 작업의 하나가 전시회였다. 당초의 의도는 이종호 개인 건축전이었으나 많은 분의 의견을 모아 건축가로서의 작업보다는 공공의 기획자이자 도시의 중재자로서의 이종호를 바라보는 기회를 만들게 되었다.

  건축가 이종호는 도시의 피상보다는 내재된 잠재력에 집중하였다. 이러한 생각은 그의 건축을 대하는 태도에도 큰 영향을 주어 오늘의 모습보다는 내일의 변화를 고려하였고 기성 건축인의 안위보다는 학생의 성장에 노력을 기울였다. 그리고 도시를 오브제의 집합체로 인식하지 않고 서로에게 배경이 되어주는 통합의 이미지로 대하였기에 건축의 형식과 주요한 계획의 방향은 대지와 주변의 환경에서 기인하였다. 그래서 그의 건축은 서로 닮지 않았다. 건축가로서의 흔한 버릇조차 없다. 모든 작업은 서로 다른 조건을 가지고 있으며 항상 장소에서 들려오는 이야기에 귀를 기울였기에 다른 작업과 닮을 수가 없었던 것이다. 함께 작업한 300여 개의 작업에서 이를 잘 알 수 있었다.

  또한, 이종호는 도시의 구성원이 되는 건축이 시간과 목적을 서로 달리하며 겹쳐지고 고쳐지면서 혼성의 풍경(heterogeneous scape)을 이루는 작업에 관심을 가졌다. 그에게 도시는 물리적 변형이 점진적으로 허용되며 천천히 변화하는 보전의 대상이었던 것이다. 현재 우리 도시는 복잡하고 통일되지 않은 거친 혼성도시의 풍경이지만 역사성을 담아 공간의 질을 다듬는다면 '지옥 같은 천국'의 역설을 실현할 수 있다고 생각하였다.

오랜 기간 도시를 바라보며 연구하는 나의 시각 또한 크게 다르지 않다. 도시가 혼성의 풍경을 이루기 위해서는 경관의 연속성이 매우 중요하다. 국공유지의 비율이 매우 낮은 한국의 상황에서 효과적인 전략 중 하나는 식역공간을 통하여 경계를 모호하게 만드는 것이다. 사유영역과 공공영역의 혼성과 반복으로 도시 전체를 하나로 인식하는 도시 읽기의 원칙을 수립하는 것이다. 도시는 인류가 만든 가장 복잡한 발명품이다. 그리고 도시의 질적인 삶과 경쟁력은 그곳에 살고 있는 시민들이 즐기고 자부심을 느낄 수 있는 요소에 달렸으며 그 요소 중 중요한 한 축이 건축인 것이다. 도시의 성장은 선형의 축이 아닌 망의 형성이라는 것을 우리는 이미 배웠다. 특히 공공영역의 네트워크는 도시의 곳곳에서 다양한 사건이 일어나도록 하며 예기치 않은 생성을 지속시킨다. 우리 도시는 문화 공공영역의 잠재력으로 우리를 기다리고 있다. 서두르지 말고 한 걸음씩 함께 나설 때가 되었다.

우의정 / 건축사사무소 METAA 대표

Jongho Yi and *REAL-Real City*

The passing away of Jongho Yi, who has been supporting my life as an architect, was an opportunity for me to think back of my memories of the twenty years spent with him and a part of the work was organizing an exhibition. The original intention was to open an exhibition only showing his works, but accepting many people's thoughts, I made an exhibition to examine Jongho Yi as a public producer and urban mediator, rather works of him as an architect.

     Architect Jongho Yi concentrated on a city's potentiality, not its superficiality. This aspect also influenced his attitude toward architecture. He valued not today's appearance, but tomorrow's change and tried his best not for a preexisting architect's good but for a student's growth. Also, as he considered the city not as a total sum of objects but as integrated images that support each other, his form of architecture and major plans were derived from the earth and surrounding environment. Thus, his buildings do not resemble each other. He did not even have a habit, which is so common for an architect. As each work has a specific condition and he always listened to the site, he did not make any work similar to another. It is clearly shown in around 300 works that I worked with him. In addition, Jongho Yi was interested in works in which buildings constituting a city have disparate time and purpose, overlapped with each other, transformed, and at last, composed a heterogeneous scape. A city was, to him, an object to preserve, which physical transformation gradually became allowed and slowly changes. He thought that our city has a rough, complicated and ununified heterogeneous landscape, but we could realize the ironic 'heaven like a hell' if we polish the quality of the space with its historicity.

    I, who have observed and examined the city for a long time, also have a very similar point of view. In order for a city to make a heterogeneous scape, the continuity of landscape is pivotal. Under the Korean circumstance where the proportion of government-owned land is very low, one of the effective strategies is to blur the boundary through liminal space. It is to establish a principle of reading a city that perceives the city as a whole through heterogenization and repetition of the private area and the public area. A city is the most complicated invention of humans. The quality and strength of life in a city depend on the elements that can make the residents enjoy and feel proud of the city, and one of the important axes of the elements is architecture. We have already learned that a city's development is not a linear axis but the formation of a net. The network of the public area, particularly, generates many different events in a city and sustains unexpected growth. Our city, its potentiality as a cultural public area is waiting for us. It is time to step forward altogether.
    It has been five years since we lost Jongho Yi. In the repetitive everyday life, I do not feel an emptiness that much. I rather live in a fantasy that I am still connected with his work, as his eyes looked forward to the future, but his standard was contemporaneous to the present and its result was always in process, not completion. I may feel this way quite long.
    This work gave me a chance to think again about what is public. I would like to deeply thank to the organizers, supporters, and many people working for the exhibition.

    Euijung Woo / Principal, METAA Architects&Associates

도시의 숨겨진 잠재력과 건축·문화·예술의 움직임

— 故 이종호 건축가와 도시를 향한 실천

심소미 / 기획자

건축에서 도시로 향하던 한 건축가가 있었다. 故 이종호 건축가(1957-2014)이다. 90년대 후반부터 20년간 제주, 순천, 강경, 양구, 광주, 을지로, 세운상가까지 도시 내부를 파고들며 건축의 도시적 역할을 고민했다. 그 길을 혼자서 나서진 않았다. 집요하게 묻고 길을 찾아 나설 동료들이 그와 함께였다. 건축가, 학생, 예술가, 인문학자, 기획자까지 다양한 이들과 도시를 탐구하며 현실과 건축 사이의 거리를 좁혀나가고자 했다. 그의 마지막 건축 작업은 아르코미술관 앞에 있는 마로니에공원이다. 도시 공동체를 고민하며, 나무를 제외하고는 최대한 시민에게 돌려주고자 한 공공영역이다. 건축가의 바람처럼 공원은 사방으로 누구에게나 열려, 매일같이 무수한 액티비티와 이곳을 횡단하는 보행자로 북적인다. 《리얼-리얼시티》는 바로 이 마로니에공원을 마주한 아르코미술관에서 열린 전시이다. 전시는 건축의 도시적 역할을 고민하며 삶의 리얼리티를 찾아 나섰던 건축가 이종호와 동료들이 남긴 질문과 탐구에서 시작한다.

도시 현실 이슈의 대두와 소비

90년대 말 건축의 한계로부터 변화해 나가고자 했던 이종호와 동료들의 노력은, 2000년 이후 도시연구를 통해 현실 속으로 확장해 왔다. 작가주의, 기념비적 건축을 추구하던 한국 건축으로부터 벗어나 도시 현실과 일상에 시선을 돌려 삶의 영역에 적극적으로 동참하려는 시대적 의의를 지닌다. 90년대 중후반 도시를 향한 움직임은 건축뿐만 아니라 미술과 문화연구에서 비판적 태도와 실천으로 대두된다. 특히, 미술에 있어서는 IMF 위기 이후 강화된 신자유주의 도시개발에 대항하고 재성찰하는 도시행동주의적 실천이 일어난 시점이기도 하다. 건축과 미술을 막론하고 도시 현실을 향해 현재까지 지속된 움직임은 작가주의의 폐쇄성에서 벗어나 '도시의 현실과 일상'에 가깝게 다가가며 사회와 소통하고자 한 의지로부터 비롯한다. 그런데 이렇게 문화예술이 경각심을 가지고 접근해온 '리얼리티'를 현시점에서 다시 질문한다는 것은 어떠한 의미인가?

사실 일상과 현실의 문제는 최근에 들어 분야를 막론하고 가장 빈번하게 소비되는 소재이다. 문화예술이 반성적으로 점검하며 밝혀나가고자 했던 '리얼리티'는 2000년대에 들어 리얼리티쇼 흥행과 더불어 새로운 소비 대상이 되고 말았다. 레알, 이거레알(진짜 사실), 극사실주의 TV 같은 신조어의 등장은 범람하는 리얼의 세계에서 미디어의 표식을 드러낸다. 대중 미디어에 소셜 미디어까지 가세하면서 리얼리티는 개개인의 삶의 영역에서도 가시적 범위 내로 재편되고 있다. 이러한 시대에 있어 오늘날 도시 현실은 어떠한 방식으로 세계와 관계 맺고 있는가? 재개발은 삶의 가치를 자본화하고, 낡은 골목은 감성 투어로 유도되고, 교외와 지방 소도시의 세련된 카페는 그 지역의 현실과 상관없이 힙한 이미지로 새로운 소비의 발길을 이끈다. 도시의 심층이 아닌, 도시의 표면에서 리얼리티가 끊임없이 재구축되는 세상이다.

현실을 파고든 도시·문화적 움직임

이토록 우리가 무수히 리얼리티를 거론하고 있음에도 불구하고, 도시의 현실과 소통하지 못하는 이유는 무엇일까? 전시는 해묵은 말이 되어버린, 그러나 여전히 도달하기 어려운 '리얼리티'를 되짚어내고자 한다. 그 시작점에서 건축가들의 문제제기를 상기해보자. "리얼-리얼리티는 피상적인 리얼리티의 뒤에 숨어드는 계획가들의 몸짓을 허락하지 않는다. 발견된 리얼-리얼리티 속에는 절망을 대신하는 희망의 선택이 자리잡고 있다."[1] 전시는 건축의 도시적 역할을 고민하며 삶의 리얼리티를 찾아 나섰던 건축가 故 이종호와 동료들이 남긴 질문을 현재의 맥락으로 이어받는다. 특히 건축의 한계와 과제로부터 시작하여 현실을 파고든 도시·문화적 움직임에 주목하여, 한 건축가와 동료들이 남긴 흔적과 고민을 동시대의 다양한 실천으로 열어 두고자 하였다.

전시는 이종호와 동료들의 건축적 궤적을 2년간 충실하게 아카이브한 건축연구자 이종우의 연구와 주변의 서술에서 출발하여, 이후에도 이어진 건축적 실천과 동료를 기반으로 하여 재조직되었다. 특정한 업적이나 서사를 다시-쓰려는 욕망으로부터 거리를 두고자 했으며, 대신 이종호와 동료들이 남겨둔 미완의 질문과 실천을 이어받아 오늘의 시점에서 다시-읽고, 함께-쓰기를 제안한다. 이 움직임에 동행한 참여 작가의 절반은 세대를 가로지르는 새로운 동료들로, 젊은 세대의 건축가, 예술가, 영화감독, 디자이너가 함께 모였다. 마치 평행우주와 같이 상이한 장소와 시간대에서 이번 전시를 향해 모인 18명(팀)의 참여 작가들은 각자의 현실에서 도시로 향한 움직임 속에서 마주친 잠재적 연대체이다.

리얼-리얼시티: 도시-건축-예술-현실의 교차

전시의 구성은 도시 현실을 고민해온 건축가 및 예술가의 문제의식, 현실과 실천 사이에서의 간극에서부터 시작한다. 반성적 시각을 바탕으로 하여, 전시는 도시 현실과 접점을 형성하고자 하는 다양한 움직임을 건축, 교육, 연구, 예술의 다양한 영역의 교차 속에서 그려나간다. 이 구성은 크게 두 개의 파트로 나뉜다. 먼저, 전체적으로 밝은 조도의 열린 공간으로 구성된 〈제1전시실〉에서는 한국의 도시 현실과 실천의 관계를 다룬다. 한계에 맞서서 모색되어 온 건축적 움직임을 현재 진행 중인 쟁점을 바탕으로 '이종호 아카이브룸'과 테이블 설치(우의정, 김성우, 정이삭, 조진만, METAA, 감자꽃스튜디오)로 구성한다. 전시장에 켜켜이 쌓인 석고보드 판들은 건축적 부산물(리서치 연구물, 모형, 수집된 오브제 등)의 테이블로, 당면한 도시 현실의 과제를 지지하는 미완의 구조체이다.

반면, 현실로부터 내밀리는 또 다른 리얼리티의 층위는 이를 세부적으로 다루는 예술가의 작업(김무영, 김재경, 정재호, 최고은)에서 대조적 풍경으로 폭로된다. 이와 상대적인 분위기를 형성하는 어두운 조도의 〈제2전시실〉에서는 도시 현실의 이면과 잠재력을 조망한다. 도시개발로부터 주변화된 목소리와 대항적 움직임(리슨투더시티, 김태헌, 오민욱), 리얼의 작동방식에 대한 사유(김광수, 일상의실천), 도시 리서치와 대안 교육(리얼시티 프로젝트, 황지은) 등 현장 기반의 실천들이다. 전시는 미술관의 내부공간에만 머물지 않는다. 마로니에공원과 아르코미술관의 경계 부분에

---

1. 김헌, 이종호, 정기용, 조성룡, 「리얼-리얼리티」, 『전환의 도시 목포』, SA 여름워크숍, 2004

설치된 파빌리온(METAA)은 도시 공공영역과 미술관 사이에서 두 장소의 도시적 간극을 보완하려는 시도로, 공공영역에 얽힌 사회적 합의를 다룬다.

이렇듯 전시는 도시-건축-예술-현실 사이의 무수한 간극, 미완의 실천과 오늘날 진행 중인 실천 사이를 잇고 대조해 봄으로써, 이로부터 생성될 또 다른 움직임을 상상하고 도래할 실천을 가늠해 본다. 공공영역과 도시 문제를 다뤄온 건축가, 보잘것없는 현실의 층위를 탐구해온 예술가, 도시 현장과 연대해온 콜렉티브, 지역 사회와 소통해온 문화공간의 움직임을 통해 도시 현실에 주목한 실천의 잠재력을 성찰하고, 이에 대한 논의를 확산하고자 한다. 궁극적으로 현실과의 소통 속에서 또 다른 리얼리티를 발굴해 내길 지지하지만, 리얼리티의 배후에 있는 현실에 접근하고자 하는 생각 자체가 환상일지도 모른다. 그 뒤편에는 환상을 생산해내기 위해 작동되는 사회적 욕망과 모순들이 뒤얽혀 있을 수도 있다. '리얼(REAL)'에 대한 과도한 집착은 '리얼'을 지속적으로 생산하게 만듦으로써, 현실을 그 실체로부터 더 멀리 떼어내 버릴 수도 있다. 그렇다 하더라도 이 집요함은 적어도 우리가 보고 싶어 하는 "리얼시티(Real City)", 이를 지속해서 구축해내려는 이 세계의 비껴간 욕망과 간극을 역설적으로 대면하게 할 것이다.

"놓치고 지나가는 리얼리티를 붙잡기 위해 '리얼-리얼리티(Real-Reality)'라는 강조어를 사용하려 했더니 이미 누가 다음과 같이 말하고 있었다. '우리는 끊임없이 우리 자신의 리얼리티를 만들어내고 있다. 확실히 우리 모두는 우리의 기대와 의지로 덧칠해진, 서로 다른 리얼리티를 바라보고 있다(피터 러셀)' 만일 우리가 그와 같이 리얼리티를 말하되 '진짜' 리얼리티를 말하지 않고 있다면, 그리고 그것에 기반을 두지 않고 있다면, 사태는 다른 차원으로 넘어간다."(이종호, 2005)[2]

2. 이종호, "리얼리티", 확실치 않은 언어들 1, C3 KOREA, 2005년 1월호

The Hidden Possibility of the City and the Movement of Architecture, Culture, and the Arts : Jongho Yi and his Practice towards the City

Somi Sim

There was one architect whose gaze moved from architecture to the city. That was Jongho Yi (1957-2014): an architect who sought to probe the city's hidden corners in Jeju, Suncheon, Ganggyeong, Gwangju, Euljiro, and Sewoon Arcade, Yi continuously questioned the role of architecture in urban spaces throughout his life. He was not the only one immersed in such tasks; a number of colleagues, who ranged from architects, students, artists, and scholars in the humanities to curators, all helped him search for new paths in urban studies by narrowing the gap between urban reality and architectural practice. The last project Yi completed during his lifetime was Maronnier Park. This park serves as an indicator of Yi's contemplation of urban community, a public sphere that tries to give back the most to the citizens while still leaving its natural surroundings enough room to breathe.

URBAN REALITY AND ITS CONSUMPTION TREND

REAL-Real City centers on the legacies of Yi and his colleagues in the late 90s – all of whom strived to break free from architecture's disciplinary limits – in the context of urban research during the 2000s and beyond. The Korean architectural scene of the 90s shifted its attention from auteurist and monumentalist practices to the architecture of everyday lives. During the same period, the contemporary art scene also witnessed the rise of urban activism and socially-engaged practices which cast critical eyes on issues of urbanization and redevelopment. What these two currents had in common was the practice-led approach, one that departed from the auteurism's cult of individuality and maintained close contact with society by focusing on "urban reality" and everyday lives.

Since the turn of the century, with the rising popularity of reality TV shows, the concept of "reality" that was once a topical issue in the arts and culture had already become an object of mass consumption. Particularly with the relatively recent omnipresence of social media, including YouTube, reality has turned into an object of the gaze, even in the domains of the personal and private. In this day and age, what kind of relationship does our urban reality have with the world around us? Urban redevelopment turns our values into commodities; the quaint alleys get consumed as products of a "mood tour"; the delicate cafes of the suburbs and small cities become "hip" destinations that instigate yet another kind of consumption (and this most often has nothing to do with the actual kind of reality faced by those regions). As a result, reality is ceaselessly reconstructed at the surface level, without having a chance to penetrate into the city's depths.

URBAN AND CULTURAL MOVEMENTS ENGAGE WITH THE REALITY

What is the reality of our urban lives, in which our dialogues on its actuality are largely absent despite continuous discussions and consumption? This exhibition aims to trace back the concept of such a reality, by thinking of it as a term that might have become out-of-fashion however with a lingering urgency to find the right definition and approach. The show departs from a question raised by Yi and his colleagues, who introduced the *"Real-reality"* as a mode of operating everyday lives within the depths of urban reality: "Real-reality does not tolerate the strategist move that lurks behind the superficial version of reality. In the newly discovered reality (real-reality), only the hopeful choice awaits, ready to replace our misery"[1]. In the exhibition, this interpretation of "Real-reality" as a way of operating life in the depths of the city takes on contemporary resonance. Such resonance includes paying particular attention to urban and cultural movements that actively engage with the realities of architecture, particularly its disciplinary porosity and challenges. Through this, the show hopes to envision one architect's legacy as a progenitor of wide-ranging practices in contemporary art and architecture.

In addition to addressing the trajectories of Yi's colleagues who engaged with collective practices in collaboration with Yi during his lifetime, the exhibition further invites pertinent works practiced by the next generation. If the former sheds light on engagements with urban reality left incomplete, the incorporation of the emerging practices brings points of contrast, mediation, and anticipations across different generations to the fore. The practitioners featured in this section include an architect who has dealt with the issues of the public sphere and the city, an artist who visually unpacks layers embedded in urban reality, a collective who has worked in solidarity with the field, and a cultural space that has actively engaged with the regional and local. It is through these practitioners that the show reflects on the possibilities of "practice" that is grounded upon urban reality, in addition to encouraging further discussions.

The exhibition starts from the research of Jongwoo Lee, an architecture scholar who rigorously documented architectural tracks of Jongho Yi and his colleagues for two years, and stories surrounding it, and reorganizes them based on new perspectives and colleagues found from the process. It keeps a distance from a desire to re-write certain accomplishment or narrative, but instead, suggests re-reading and co-writing the unfinished questions and practices Jongho Yi and his colleagues left in the perspective of today. Half of the participating artists are colleagues of the new generation, including young architects, artists, filmmakers, and designers. The eighteen participating artists and teams who gathered at this exhibition from disparate times and spaces constitute potential solidarity within a movement from each own's reality to a city. The exhibition mediates the practices of Yi's fellow architects, humanities scholars, artists, and cultural organizers, who pursued the collective practice by communicating with Yi, and the practices of the new generation, and discusses today's urban reality from various angles.

REAL-REAL CITY: BETWEEN A CITY, ARCHITECTURE, ARTS, AND THE REALITY

The organization of the exhibition starts from problematics, disparities, and gaps in architecture as well as arts and culture which question the urban reality. While acknowledging these, it draws various movements trying to make points of contact with the urban reality on the intersection of architecture, education, research, and arts. The exhibition has two parts. The first gallery room, a bright, open space, touches on the relationship between the urban reality of Korea

---

1. Heon Kim, Jongho Yi, Guyon Chung, Seongryong Cho, "Real-Reality," Mokpo, the City of Transition, SA Summer Workshop, 2004.

and architectural movement. Jongho Yi Archive Room and an installation work of a table (Euijung Woo, Sungwoo Kim, Isak Chung, Jinman Jo, METAA, and PotatoBlossomStudio) show the architectural practice standing against the limits in reality. Plasterboards piled in the gallery space are tables made of architectural by-products (from research, models, and collected objects), an incomplete structure supporting the current urban problems. On the other hand, another layer of the reality is revealed as a contrasting landscape in the works of the artists (Mooyoung Kim, Jaekyeong Kim, Jaeho Jung, and Goen Choi) who meticulously work on these.

The second gallery room, which is relatively dark and somber, calmly reveals the other side of the urban reality and various potentialities. Voices marginalized from and resisting to urban development (Listen to the City, Taeheon Kim, and Minwook Oh), thoughts on the operating system of the real (Kwangsoo Kim and Everyday Practice), and urban research and alternative education (Realcity Project and Jie-eun Hwang) look at the potentiality of the real and alternative movements. The exhibition is not confined to the interior of the museum. The pavilion installed on the border of the Marronnier Park and the Arko Art Center (METAA) is an attempt to fill the gap between the urban public area and the art museum and deals with the social agreement related to the public space. As such, the exhibition connects and compares the myriad of gaps between a city, architecture, arts, and the reality, the unaccomplished practices, and the on-going contemporary practices to imagine another movement generated from these.

The imagination that the exhibition necessarily dwells upon – one that attempts to look beyond reality for yet another version of the real – might turn out as nothing but fantasy. It is also possible that only entanglements of desire and paradox operate beyond that reality / fantasy. In the end, preoccupation with the "real" foreshadows its unremitting reproduction and its eventual distancing from the actuality of the real, if there is any. This preoccupation or persistence, however, might paradoxically reveal to us one version of our imaginings of the "real city," in addition to a set of desires and discrepancies that enable such imaginings and continuously propagate them.

"I once tried to use the word 'Real-reality' in an attempt to grasp the reality we often overlook. However, someone else was already saying the same: 'We create our own reality, constantly. We certainly all see reality differently, colored by our expectations and intentions (Peter Russell).' If we are only speaking of reality without basing it upon 'Real-reality', that means our discussion must be situated in a different dimension." -(Jongho Yi, 2005)[2]

2. Jongho Yi, "Reality," Uncertain Ways in Using Language 1, C3KOREA, 2005 January

건축 전시의 실험으로서 〈리얼-리얼시티〉전

이종우 / 기획자

건축 전시는 2000년대 이후 하나의 문화적 영역으로 자리 잡고 있다. 아르코 미술관에서 개최되는 베니스 비엔날레 한국관과 그 귀국전은 2년마다 열리는 정기 행사로 자리 잡았으며, 국립 현대미술관은 2013년 〈그림일기: 정기용 건축 아카이브〉 전을 시작으로 일련의 현대 건축가 및 건축가 집단에 대한 전시를 개최해오고 있으며, 서울시는 2017년부터 대규모 행사로서 도시건축 비엔날레를 개최하고 있다. 여기에 〈건축한계선〉(2008), 〈즐거운 나의 집〉(2014) 등 2000년대 후반부터 시작된 민간 기획자들이 주도하는 건축 전시들이 활성화되고 있다.

그런데 위의 사례들만을 되짚어 보더라도 '건축 전시'라고 불릴 수 있는 행사들의 성격과 방향이 매우 다양함을 발견하게 되며, 실제 작품(건축물)이 전시되지 않는다는 사실 외에 건축 전시에 어떤 공통점이 있을까 하는 의문까지 갖게 된다.

건축 전시: 재현에서 생산으로

건축 전시의 다양성은 최근 국내의 상황에 국한된 것이 아니다. 케이트 구드윈(Kate Goodwin)과 같은 건축 전시 전문가는 "건축 전시에 관련된 담론은 거의 모두가 건축이란 본질적으로 전시가 어려운(어떤 부분은 불가능한) 주제라는 주장으로 시작한다"고 까지 말한다.[1] 건축 전시는 실물을 전시할 수 없다는 근본적 특성으로 인해, 그리고 도시민들이 너무나 익숙하게 마주치고 있는 것(건축물들)을 '또다시' 보여줘야 한다는 점에서 일반적인 의미의 전시를 추구할 수 없다. 그런데 오히려 이러한 특성과 한계는 '건축'에 대한 우회적, 담론적, 비판적 경험의 제공을 시도하는 다양한 기획들이 만들어지는 출발점이 된다.

건축 전시가 건축의 또 다른 모습을 보여주는 일반적인 방법으로 그간의 건축의 역사에서 잊혀지거나 부각되지 않은 것들을 건축가 중심, 사료 중심의 전시를 통해 보여 주는 것이 있다. 국립현대미술관이 2013년 이후 기획한 일련의 건축 전시들이 대표적인 예가 될 수 있다. 또한, 건축 전시는 여기서 한 걸음 더 나아가서 건축의 일반적 테두리를 넘어서며 일반 대중들이 새로운 문제의식의 발견을 이끌어내려고 시도할 수 있다.[2] 특히 건축 전시가 미술관이라는(자신의 고유의 영역이 아닌) 장소에서 개최될 경우 관람객의 기대의 지평과 건축이라는 내용 상의 엇갈림 속에서 건축의 새로운 이해라는 효과를 만들어내게 되며 이러한 상황은 건축 전시 기획의 긍정적 조건이 될 수 있다. 즉 전시는 실물제시의 불가능성으로 인해 건축을 '제대로' 못 보여주는 것이 아니라 오히려 "그 직업의 전통적 경계 내에서는 불가능한 방식으로 건축을 표현"하는 수단이 될 수 있으며, 건축에 대해 고정관념을 넘는 이해를 도모할 수 있다.[3]

〈리얼-리얼시티〉 전시의 기획

이번 〈리얼-리얼시티〉 전시는 건축의 이해를 넓히려는 새로운 방식의 전시로 분류될 수 있을 것이다. 작고한 건축가 이종호를 포함한 8팀의 건축가 그룹은 영상 감독, 사진작가, 문화기획가, 도시 활동가, 설치 미술가, 화가들과 함께 전시에 참여하였다. 전시기획자들은 도시 문제의 이해와 개입의 방식에 대한 고민이라는 주제 속에서 건축의

---

1. 케이트 구드윈(Kate Goodwin), 「건축 전시의 문제 또는 가능성 (Exhibiting Architecture: Problems or Possibilities?)」, 『공간』 586호, 2016년 9월, 44쪽.
2. cf. Jean-Louis Cohen, "Exposer l'architecture", Cité de l'architecture et du patrimoine, Une cité à Chaillot: avant-première, Les éditions de l'imprimeur, 2001, pp. 31-39.

역할에 대한 확장된 이해를 제공하고 비판적으로 점검하는 것을 목표로 삼았다.

건축과 예술 및 문화계의 접목을 시도했다는 것 외에 이 전시의 기획상의 특징은 건축가 이종호(1957~2014)라는 도시 문제 속에서 건축의 한계에 대해 지속적으로 고민했던 역사적이며 개인적인 인물을 전시 기획의 출발점으로 삼았다는 사실이다. 이종호는 1990년대 이후 한국의 건축계에서 도시적 담론의 형성과정을 대변한다. 한국 현대건축의 논의가 그전까지 건축(가)의 정체성을 만들고 강화하기에 바빴다면, 1990년대 말부터 시작된 서울건축학교 여름 워크숍으로 대표되는 기성 건축가들의 도시 탐구와 논의는 한국건축이 경계를 재설정하고 도시, 사회 문제로 건축가의 문제의식을 확장해갔다. 특히 이종호는 건축의 단편적 개입과 도시의 복잡성, 자본의 패권적 힘과 공동체적 가치, 세계화와 지역적 욕망, 완성하는 것과 생성되는 것 등 양면적 가치가 충돌하는 도시 현실의 문제를 천착하였다. 그는 건축을 둘러싼 이중성에 대해 모두가 공감할 해법을 제시했다기보다는 우리가 고민해야 할 지점들을 보여주고 남겨주었다고 할 수 있다. 건축가가 빠지기 쉬운, 자신만의 색안경을 통해 '리얼리티'를 추구하는 것의 위험성을 경고하면서도 현실의 도시가 공동의 가치를 실현할 수 있는 방향으로 변화해나갈 수 있다고 믿었던 이종호 및 동료들의 태도는 '리얼-리얼리티'의 추구라는 문제적 표현 속에 담겨 있었으며, 이번 전시의 제목 속에 녹아있다.

〈리얼-리얼시티〉 전시는 확고한 참조점으로서가 아니라 문제적 출발점으로서 이종호 및 동료 건축가들의 행적을 택했고, 건축연구자와 미술기획자의 협업 속에서, 두 영역의 작가군을 교차시키며, 도시의 현실에 개입하는 방식이 건축적 방식에 국한된 것이 아님을 보이고, 현실은 다중적일 수밖에 없음을 예술가와 건축가들의 작업의 펼침을 통해 제시하려고 하였다. 그것은 무엇보다도, 계획자 / 사용자라는 도시를 무대로 한 두 대립적 관계를 극복해보려는 의도에서였다.

전시 참여작가들이 이종호의 생전에 그와 맺는 관계의 스펙트럼은 매우 다양하다. 평생의 건축 실무를 그와 함께해온 인물이 있는가 하면, 건축 바깥에서 활동하면서 다른 어떤 건축가보다 그를 가까이했던 이도 있다. 이종호의 건축교육 프로그램에 동료 교육자로 함께한 인물이 있는가 하면, 당시에 학생으로서 교육을 받으며 도시 리서치를 처음 접한 이들도 있다. 도시 개발과 스타 건축가 시스템에 비판적 견해를 피력해 온 이종호와 수 차례에 걸쳐 공감의 구체적 계기를 가져온 행동주의 예술가가 있는가 하면, 이종호와의 짧았던 만남과 대화가 이후의 도시적 기획에 지속적인 반향으로 남게 된 활동가도 있다. 또한 그와 실제적인 관계는 없었으나, 해오고 있는 작업이 드러내는 문제의식이 이번 전시가 펼치고자 하는 문제를 새로운 시선으로 보여주는 이들도 있다.

그러나 전시는 이들이 이종호와의 맺어온 실제적, 역사적 관계를 드러내지 않았다. 그것은 이 전시의 목적이 아니었으며, 오히려 도시문제에 대한 건축계와 예술계의 접근을 교차시키려는 기획에 비추어봤을 때, 그러한 관계의 정도를 드러내는 것은 무의미할 뿐만 아니라 장애를 만드는 것이었다.

---

3. Carson Chan, "Exhibiting Architecture: Show, don't tell," Domus, 17, Sep. 2010.

실제로 이번 전시의 참여 예술가와 건축가들은, 도시 리서치와 건축 설계의 연계 가능성을 보여주기도 하였고, 도시 개입에 있어서 예술가의 긴 호흡과 건축가가 건축프로젝트 시간적 단위에 의해 갖게 되는 빠른 호흡 사이의 간극을 보여주기도 하였다. 또한 유휴 공간의 재생이나 도시 재개발에서 주체적 역할을 하는 건축가를 포함한 계획자와 운영자, 그리고 그 개입을 자신의 일상으로 겪게 되는 사람들의 사이의 관계 및 간극이 전시 전반에 걸쳐서 드러났다.

도시의 현실과 미래, 그 가운데에서 건축의 역할을 고민하는 데 있어서 계획자의 영역과 도시를 살아가는 이들 사이의 거리를 좁히려는 것은 〈리얼-리얼시티〉전 만의 목표가 아니다. 도시를 '건축을 드러내려는' 최소한의 배경으로서가 아니라, 이해의 대상으로 여기는 모든 전시는 "도시는 누구를 위한 것인가"의 문제와 무관할 수 없다. 이종호가 생전에 진단했듯이 "사회와의 소통에 있어서 건축이 갖고 있는 근본적인 장애의 구조"가 해소되기까지 건축 전시는 이러한 장애를 넘어서려는 시도를 계속하게 될 것이다.[4]

---

4. 이종호, 「쉘 위 댄스?」, 『건축이란 무엇인가』, 열화당, 2005년, 105쪽.

REAL-Real City as an Experiment in Architecture Exhibition

Architecture exhibition has formed a cultural area since 2000. The returning exhibition of the Korean Pavilion of Venice Architecture Biennale at ARCO Art Center became a biannual regular event. Beginning with the exhibition *Figurative Journal: Chung Guyon Archive* in 2013, the Museum of Modern and Contemporary Art, Korea, has organized exhibitions about contemporary architects and architecture groups. The city of Seoul has opened a large event of Urban Architecture Biennale since 2017. In addition to these, independent curators have actively started architecture exhibitions, for example, *Limit Line Exhibition* (2008) and *Home, Where the Heart Is* (2014).

Nonetheless, these examples let us know that the events under the name of "architecture exhibition" have so many different characteristics and directions and even wonder what kind of similarities they have as the architecture exhibition other than the fact that they do not show actual work, or actual buildings.

ARCHITECTURE EXHIBITION: FROM REPRESENTATION TO PRODUCTION

Diversity in architecture exhibitions is not a phenomenon specific to the Korean situation. Architecture exhibition scholar Kate Goodwin even argues that "almost all conversations about architecture exhibitions begin with the assertion that architecture is difficult - in some cases impossible - to exhibit."[5] Architecture exhibition cannot pursue a general direction of exhibition, due to its essential inability to exhibit real things and in that it deals with very familiar things that citizens encounter every day. However, such characteristic and limit become a starting point where various projects are made to attempt indirect, discursive, and critical experience to 'architecture.' One way of architecture exhibition to show another aspect of architecture is to show the forgotten or ignored in the history of architecture in an exhibition centering on architects and historical sources. One example is a series of architecture exhibitions that the Museum of Modern and Contemporary Art, Korea, has organized since 2013. One step further, in addition, architecture exhibition can attempt to make the general public find out a new set of problems, by going beyond the general boundary of architecture.[6] Particularly the case when architecture exhibition is opened in the place of art museum (which is not its own area) generates an effect of a new understanding of architecture within the interwoven relationship between the audience's expectation and the content of architecture, and this situation can become a positive condition for organizing an architecture exhibition. In other words, an exhibition can become a tool "to express architecture in ways unavailable within the traditional bounds of its profession," rather than not showing architecture due to the impossibility of presenting a real thing, and thus, can provoke an understanding beyond the prejudice about architecture.[7]

CURATING OF THE EXHIBITION *REAL-REAL CITY*

This exhibition *REAL-Real City* can be considered as a new kind of exhibition that attempts to enlarge the understanding of architecture. Eight architect groups, including Yi Jongho (1957-2014) who passed away, participated with film directors, a

---

5. Kate Goodwin, "Exhibiting Architecture: Problems or Possibilities?" *Space*, 586, September 2016, p.44.

photographer, a culture organizer, urban activists, an installation artist, and a painter. The curators aimed to provide an expanded understanding of the role of architecture and critically assess it under the theme of the way of comprehending and intervening in urban problems.

In addition to the fact that this exhibition attempts to merge architecture and other realms of art and culture, one of this exhibition's characteristics is that it started with Yi Jongho an individual in history who had pondered upon the limitation of architecture in urban problems. Yi's work shows the formation process of the urban discourse in the realm of architecture in Korea since the 1990s. While the previous discourse of Korean contemporary architecture focused on construction and enforcement of the identity as architecture and architect, the exploration and discussion of the city by the preexisting architect, particularly through the Summer Workshop at Seoul School of Architecture since the late 1990s, reestablished the boundary of Korean architecture and expanded the problematics of architects into urban and social problems. Yi delved specifically into problems of the urban reality where ambivalent values crashed, for example, architecture's fragmentary intervention and the complexity of a city, capital's hegemonic power and the value of a community, globalization and local desires, and 'what is accomplished' and 'thing in the making': It can be said that he showed and left questions we need to think about, rather than provided a resolution to the ambivalence of architecture. For example, while warning the danger of an architect only pursuing 'reality' through his own biased lens, Yi and his colleagues believed that our city can transform itself to realize the public interest. Such an ambivalent and also dialectical posture was reflected in the expression 'Real-reality' they conceived and also in the title of this exhibition.

REAL-Real City chose the works of Yi and his colleagues as a problematic starting point, not as a solid reference point. In the collaboration of architecture scholars and visual art curators, the exhibition aimed to intersect artists in the two realms, to show that a way of intervening into a city is not confined to architectural ways, and to reveal that the reality is manifold through the opening of artists' and architects' works. Most of all, it intended to overcome the antagonistic relationship between planner and user on the stage of a city.

The spectrum of the relations between the participating artists and Yi Jongho is broad. Someone has worked on architecture planning with Yi and someone was closer to Yi more than others although he was outside of architecture. Someone was a fellow educator in Yi's architecture education program and someone first met urban research as a student in that program. Also, an activist artist had shared with Yi common critical perspective on the urban development and system raising a star architect, and another activist has enjoyed short encounter and conversation with Yi, a source for the later urban organization. Moreover, there are some people whose works reveal the exhibition's agenda in a different way, although they did not meet Yi.

However, the exhibition did not reveal the artists' actual, historical relation with Yi. It was not the purpose of the exhibition. Given its organizing agenda to intersect the realm of architecture and that of art regarding urban problems, revealing such relationships not only is pointless, but also serves as an obstacle.

---

6. cf. Jean-Louis Cohen, "Exposer l'architecture", Cité de l'architecture et du patrimoine, Une cité à Chaillot: avant-première, Les éditions de l'imprimeur, 2001, pp. 31-39.
7. Carson Chan, "Exhibiting Architecture: Show, don't tell," Domus, 17, September. 2010.

The participating artists and architects showed a possibility to connect urban research and architecture planning together and a gap between a relatively long process of an artist in urban intervention and the short process of an architectural project. In addition, the exhibition revealed relations and gaps between architects, planners, and owners, who play active roles in the regeneration of abandoned spaces and urban redevelopment, and ordinary people who would experience such interventions in their daily lives.

REAL-Real City is not alone in the effort to shorten the distance between the planner and the citizens in terms of architecture's role in-between the city's present and future. Every exhibition that considers a city an object of understanding, not a background 'to exhibit architecture' inevitably has to do with the question of "for whom a city is." Architecture exhibition will attempt to overcome such an obstacle until, as Yi assessed, "the foundational deformed structure of architecture in terms of communication with a society" is resolved.[8]

---

8. Jongho Yi, "Shall We Dance?," in Seung H-Sang et al., *What Is Architecture*, Yeolhwa-dang, 2005, p. 105.

이종호 : 아카이브룸

'아카이브룸'은 우리의 도시가 갖는 특수한 현실을 발견하고 그것이 갖는 잠재력을 끌어내려 했던 故 이종호(1957-2014)와 그의 동료들의 고민과 탐구의 기록들을 담고 있다.

이종호는 1980년대 김수근이 이끄는 공간그룹에서 실무를 익혔으며 1990년대에 양남철과 함께 설계한 율전교회, 바른손센터 등의 건축물로 한국 건축계에 뚜렷한 족적을 남겼다. 그러나 그의 행보는 건축의 울타리 안에 머물지 않았다. "건축이 사회 및 도시와의 소통에서 근본적인 장애의 구조를 가지고 있다"고 진단하며 '건축을 넘어서는 건축', 자폐적 건축이 아닌 도시의 잠재력이 드러나고 실현되는데 기여하는 건축을 모색했다.

아카이브룸은 1990년대와 2000년대에 그가 건축가, 연구자, 교육자로서 동료 건축가, 학자, 학생들과 함께 만든 활동의 기록들로 구성된다. 그가 쓰던 노트북 컴퓨터, 한국예술종합학교, 동료들의 소장자료, 건축사사무소 메타, 국립현대미술관 아카이브 등에 남아 있는 여러 자료들 중에서 그와 동료들이 우리 도시와 사회의 '리얼리티'를 찾아 나섰던 과정과 그 속에서 건축의 역할을 찾으려 했던 활동의 기록을 잘 보여주는 자료들을 선별하였다.

아카이브룸은 이번 전시에 참여한 여러 작가들의 작업이 이종호와 동료들의 고민과 여러 접점을 갖는다는 점에서 전시를 관통하는 맥락을 제시해 줄 수 있다. 반대로 참여 작가들의 작업은 이종호와 동료들이 했던 고민들의 현재적 의미를 되짚게 해줄 수 있을 것이다.

기획 및 글. 이종우
공간구성 및 영상작업. 줄리앙 코와네

자료 제공
국립현대미술관, 한국예술종합학교, (재)광주비엔날레, (주) 건축사사무소 메타, C3KOREA

1. 이종호의 (반)건축

이종호는 건축가가 기본적으로 자본과 권력에 의해 짜여지는 체제 내에 위치하고 있다는 사실을 인정하면서도 "체제 안쪽에 존재하면서 경계를 건드리는, 그래서 체제를 늘 깨어있게 만드는" 자로서 건축가의 역할을 강조했다.

독립 건축가로서 설계한 첫 건축물인 "바른손센터"(이종호+양남철)에서부터 도시의 특수한 상황 속에 건축이 개입하는 방식의 문제를 다루었으며, 유작인 마로니에 공원에서는 건축가의 개입 없이 장소가 스스로의 질서에 의해 만들어내는 공간의 가능성을 실험했다.

그는 건축의 목표가 "각각의 장소들이 남겨 놓은 희미한 의미들을 발굴하고 그것들의 흐름을 일깨우고 다른 장소들과 서로 연결해 나가는 데에 있다"고 보았으며, 여기에 이르는 방법을 다른 이들과 함께 찾아가기 위한 방법을 교육과 연구 속에서 찾아갔다.

또한, 그는 저서, 잡지 기사, 강연, 전시도록 글, 강의계획서 등을 통해 사회 및 도시와의 소통의 도구로서의 건축을 독자와 관객, 학생들에게 제안해 왔다. 특히 2005년 한 해 동안 건축잡지 C3Korea(건축과환경)에 연재했던 "확실치 않은 언어들" 시리즈는 그의 생각을 집약적으로 보여준다.

2. 서울건축학교

서울건축학교는 1990, 2000년대에 제도권 건축 교육의 바깥에서 새 시대의 건축가 교육을 목표로 했던 대안적인 교육기관이며, 건축가들이 건축의 문제를 도시 영역으로 확장해 가는데 중요한 계기가 되었다. 1995년 교육 과정을 시작한 서울건축학교는 1998년부터 제주, 무주, 양구, 순천 등 한국의 지방 도시를 대상으로 12년간 해마다 여름워크숍을 개최하였다. 여름워크숍은 건축가들의 주도로 스튜디오 공동 작업이라는 형식을 가지고 한국 도시의 현실을 발견하고 미래의 방향을 제안하는 자리가 되었다. 이는 단순한 현장 조사뿐만 아니라, 주민 설문조사, 세미나, 전문가 특강, 기행, 공동설계, 축제가 어우러지는 잔치였다. 서울건축학교의 여름워크숍은 참여한 학생들뿐만 아니라 튜터로 참여한 건축가들이 도시 읽기의 방법을 스스로 학습해 나아가는 학교였다.

이종호는 서울건축학교의 창립 준비과정에서부터 참여하였으며, 초대 교장이었던 건축가 조성룡 이후 2003년부터 학교의 책임을 맡았고, 한국예술학교에 부임한 2005년부터는 서울건축학교-

한국예술종합학교의 공조 체제를 만들고자 하였다. 서울건축학교와 관련된 다수의 자료는 이종호의 연구실에 보관되어 있었으며, 사후 학교의 도서관 아카이브실 등에 기증되어 보관되고 있다.

3. 지적 교류와 집단 지성	이종호가 건축과 도시에 관한 생각을 발전시킨 데에는 동료 건축가, 도시 및 사회를 연구하는 학자들과의 교류 및 그들로부터 받은 영향이 결정적이었다. 　그가 더욱 폭넓은 문화적이고 지적인 인맥을 넓혀가게 된 것은 독립하여 1989년 지인들과 함께 스튜디오 메타(studio METAA)를 설립하고 난 이후이며, 특히 1994년부터 서울건축학교 설립에 참여하면서부터이다. 이종호는 정기용, 조명래, 민현식, 김봉렬, 조성룡, 이선철, 김태형, 장용순 등 건축, 역사, 지리, 문화기획, 철학자, 미학자들과의 교류 속에서 도시와 건축에 관한 생각의 폭을 넓혀갔으며, 인문학적 지식, 현장 연구, 실천적 제안이 교차하는 지식 생산의 방식을 함께 만들어갔다. 그의 생각이 만들어지고 확장된 중요한 원천은 또한 책에 있었다. 그는 유학을 가지 않은 '토종 건축가'이자 누구보다 책을 많이 읽는 건축가로 알려져 있다. 그가 남긴 서가는 한국예술종합학교 도서관에 기증되어 4층 열람실과 지하 서고에 보관되어 있다.
4. 한국예술종합학교에서의 지방도시연구	이종호는 2005년부터 2014년 초까지 한국예술종합학교에 교수로 재직하면서 교육과 연구라는 두 가지 축을 가지고 도시의 현실을 탐구하였다. 한편으로는 대학원 설계 교육 과정의 일환으로서 8년간(2006-2013)의 서울에 대한 집단적이고 실천적인 연구를 진행했다. 다른 한편으로 서울건축학교 여름워크숍으로 시작된 한국의 지방 도시 연구를 그가 설립한 도시건축연구소(IUA)에서 새로운 방식으로 이어나갔다. 지방자치단체와의 직접적인 관계 속에서 진행된 지방 도시연구는 현장 조사를 통한 도시의 일상적 현실의 이해에서 출발하며, 도시의 미래에 대한 인문학적 지향점을 공간에 대한 감각적 제안 속에 담는다는 점에서 기존의 도시계획 전문가들의 방법과 큰 차이를 보였다. 　문화도시를 주제로 한 2005년의 광주와 순천 연구는 민현식, 정기용, 김영준, 김광수, 조명래, 이선철 등 서울건축학교에서 함께 했던 건축가 및 학자들과 함께 만든 공동연구이다. 이 두 연구는

발주처인 지방자치단체의 도시정책 변화에 기여하였고, 제주, 무주, 봉평, 나주, 경주, 대구, 경기도 등 다른 지자체 연구로 이어졌다.

5.
을지로와 세운상가

세운상가는 '을지로 프로젝트'(2012-2013년)의 한 부분이자, 건축의 도시적 역할에 대해 그가 생애 마지막까지 몰두했던 주제였다. 이종호는 세운상가군을 건축물로서가 아니라 서울 도심부에서 자발적 질서를 만들 수 있는 도시적 잠재력의 원천으로 보았으며, 개인적, 교육적, 학술적, 제도적 차원에서 이러한 잠재력을 확인하고 실현하는 데 노력을 기울였다.

한예종 전문사 과정을 이끈 이종호는 김태형, 김성우, 송재호 등 튜터들과의 공동기획 속에서 2006년부터 서울에 대한 다각도의 거시적 접근을 설계 스튜디오에서 시도하였고, 2012년부터 2013년까지는 보다 구체적이고 실천적인 대상으로 서울 도심의 을지로를 천착하였다. '을지로 프로젝트'에서 자신은 세운상가 연구에 집중하였으며, 또한 서울시의 세운상가군 재정비 조정 계획에 총괄계획가로 참여했다. 연구년을 맞아 세운상가의 사무실을 임대해 생의 마지막 해를 그곳에서 보냈다.

그의 사망 직후인, 2014년 3월부터 세운상가는 서울시의 도시 재생사업의 하나로서 지속가능성을 목표로 한 대안적 재개발 사업의 대상이 되고 있다.

JONGHO YI : ARCHIVE ROOM

Archive Room has documentation of struggles and explorations of Jongho Yi (1957-2014) and his colleagues who tried to find out the reality specific to our city and pull out its potentiality.

Jongho Yi obtained hands-on experiences at the Space, an architectural group led by Soogeun Kim, in the 1980s and was a remarkable figure in Korean architecture with his works such as Yuljeon Church and Barunson Center, which he planned with Nam-chul Yang in the 1990s. However, his itinerary did not remain only within architecture. Diagnosing that "architecture has a fundamentally deformed structure in terms of communication with citi and society," he pursued 'architecture beyond architecture,' or architecture contributing to realization of the city's potentiality.

Archive Room is constituted of the documentation of his activities which he, as an architect, researcher, and educator, made with his fellow architects, scholars, and students in the 1990s and the 2000s. Among many materials left in his laptop, Korea National University of Arts' collection, his colleagues' collection, METAA Architects&Associates, Gwangju Biennale Foundation and National Museum of Modern and Contemporary Art, Korea (MMCA) archive, it collects materials showing the process of him and his colleagues finding out the 'reality' of the city and society and the documentation of their activities to seek out the architecture's role.

Archive Room provides a context penetrating the entire exhibition as the participating artists share a common interest and thoughts with Jongho Yi and his colleagues. The artists' works also shed light on a meaning of Jongho Yi and his colleagues' questions in the present time.

Curated and text by Jongwoo Lee
Space design and film archive by Julien Coignet

Material provided by National Museum of Modern and Contemporary Art, Korea (MMCA), Korea National University of Arts, Gwangju Biennale Foundation and METAA Architects&Associates, C3KOREA

1. An (Anti) architecture according to Jongho Yi	Jongho Yi acknowledged the fact that an architect is essentially located in the system woven by capital and power, but also emphasized the role of an architect as "existing inside the system while touching the boundary, and thus, making the system always awaken." Since his first architecture as an independent architect, Barunson Center (Jongho Yi and Nam-chul Yang), he had dealt with a way of architect intervening into a specific situation of a city. In the case of the Marronnier Park, his last work, he experimented with a possibility of a space made from the place's own order, without adding a particular intention of the architect.
	He understood the architecture's purpose as "to find out vague meanings left on each place, awaken their flows, and connect with other places" and had sought out a way reaching to this purpose with others in education and research. Also, he had proposed to readers, viewers, and students the architecture as a communicating tool with society and city, through his own writings, magazine articles, lectures, writings in exhibition catalogues, and syllabi. Particularly, "Uncertain Ways in Using Language" series he wrote for architecture magazine C3Korea during the year of 2005 show his thoughts in a concise way.
2. Seoul School of Architecture (SA)	Seoul School of Architecture(SA) was an alternative education institute aiming to make a new kind of architects outside of the conventional architecture education in the 1990s and the 2000s and served as an important turning point for architects to enlarge architectural issues to the urban area. Starting its education in 1995, SA organized summer workshops in small cities in Korea, such as Jeju, Muju, Yang-gu, and Sooncheon, for 12 years. The summer workshop enabled architects to talk about the reality of cities in Korea and propose about their future in a form of collective studio work. This included not only field research but also residents poll, seminars, special lectures, trips, collective urban design, and festivals. In other words, it was a school where students and architects taught themselves the way of reading a city.
	Jongho Yi participated from the stage of the school's preparation and became the president since 2003, after the first president Sung-yong Joh. When beginning to work at the Korean National University of Arts in 2005, he tried to make a dual system of SA and the Korean National University of Arts(UA). Many documentations related to Seoul Architecture School were kept in Jongho Yi's office and they were donated to the university's library collection after his death.

3. Intellectual Exchange and Collective Intelligence	Jongho Yi developed his thoughts on architecture and city with an exchange with and influence from fellow architects and scholars working on city and society. 　　It was after he opened studio METAA with his friends in 1989, particularly since 1994 that he participated into the building of the Seoul Architecture School, that he started enlarging his cultural and intellectual networks. Jongho Yi expanded his thought within the exchange with scholars in architecture, history, geography, cultural planning, philosophy, and aesthetics, such as Guyon Chung, Myeong-rae Cho, Hyunsik Min, Bong-ryul Kim, Sung-yong Joh, Sun-chul Lee, Taehyung Kim, and Yong-soon Chang, and made a way of knowledge production where humanities, field research, and practical proposes intersect. Also, books are an important source for his thoughts. He was a 'native architect' who did not go abroad to study and one of the most ardent book-readers among architects. His library was donated to Korean National University of Arts and is now conserved in the fourth floor and underground storage.
4. Research on local cities at Institute of Urban Architecture at KNUA	Working as a professor between 2005 and 2014 at the Korea National University of Arts, Jongho Yi explored the reality of a city with two axes, education and research. On one hand, he conducted collective and practical research about Seoul for eight years (2006-2013). On the other hand, he continued the research on Korean local cities, started at the summer workshops at SA, in a new way at Institute of Urban Architecture (IUA). Progressed in the direct relationship with local governments, the research showed a huge difference from those of other specialists of urban planning in that it started from understanding ordinary realities of the city through field research and that it put the socio-historical vision of the city in a sensitive proposal about the space. 　　The researches on Gwangju and Sooncheon in 2005, themed cultural city, was collaborative research with the architects and scholars working together at SA, including Hyunsik Min, Guyon Chung, Young-joon Kim, Gwangsoo Kim, Myeong-rae Cho, and Seon-cheol Lee. The two projects contributed to the change in urban policy of the local governments and expanded to research on other locals, such as Jeju, Muju, Bongpyeong, Naju, Kyungju, Daegu, and Kyeonggi-do.
5. Euljiro and Sewoon Arcade	Sewoon Arcade was a part of his Euljiro project (2012-2013) as well as a theme he had concentrated on in terms of the role of architecture in city until his death. Jongho Yi understood the

arcade not as an architectural object, but as a source of urban potentiality in searching for an autonomous order in the middle of downtown in Seoul. He tried his best to acknowledge and realize such a potentiality at individual, educational, academic, and institutional levels.

Leading the Graduate School of Urban Architecture at KNUA, Jongho Yi attempted a multi-dimensional, macro-scale approach to Seoul in the planning studio since 2006, while co-organizing with tutors, such as Taehyung Kim , Sungwoo Kim, and Ze-ho Song . Between 2012 and 2013, he concentrated on Euljiro in the downtown of Seoul, as a more concrete and practical subject matter. In this 'Euljiro' project, he himself focused on the research on Sewoon Arcade and also participated as a master planner in the Sewoon Arcade Reorganization Plan of the city of Seoul. During the sabbatical year, he rented an office in Sewoon Arcade and spent his last year there.

Since March 2014, right after his death, Sewoon Arcade has been under the alternative redevelopment project of the city of Seoul, aiming for sustainability.

이종호 : 아카이브룸
JONGHO YI : ARCHIVE ROOM

'아카이브룸'은 우리의 도시가 갖는 특수한 현실을 발견하고 그것이 갖는 잠재력을 끌어내려 했던 故 이종호(1957-2014)와 그의 동료들의 고민이 담긴 기록들을 담고 있다.

이종호는 1980년대 김수근이 이끄는 공간그룹에서 실무를 익혔으며 1990년대에 양남철과 함께 설계한 율곡교회, 바른손센터 등의 건축물로 한국 건축계에 뚜렷한 족적을 남겼다. 그러나 그의 행보는 건축의 울타리 안에 머물지 않았다. "건축이 사회 및 도시와의 소통에서 근본적인 장애의 구조를 가지고 있다"고 진단하며 '건축을 넘어서는 건축', 자폐적 건축이 아닌 도시의 잠재력이 드러나고 실현되는데 기여하는 건축을 모색했다.

아카이브룸은 1990년대와 2000년대에 그가 건축가, 연구자, 교육자로서 동료 건축가, 학자, 학생들과 함께 만든 활동의 기록들로 구성된다. 그가 쓰던 노트북 컴퓨터, 한국예술종합학교, 동료들의 소장자료, 메타 건축사사무소, 광주비엔날레, 국립현대미술관 아카이브 등에 남아 있는 여러 자료들 중에서 그와 동료들이 우리 도시와 사회의 '리얼리티'를 찾아나셨던 과정과 그 속에서 건축의 역할을 찾으려 했던 활동의 기록을 잘 보여주는 자료들을 선별하였다.

아카이브룸은 이번 전시에 참여한 여러 작가들의 작업이 이종호와 동료들의 고민과 여러 접점을 갖는다는 점에서 전시를 관람하는 맥락을 제시해 줄 수 있다. 반대로 참여 작가들의 작업은 이종호와 동료들이 했던 고민들의 현재적 의미를 되짚게 해줄 수 있을 것이다.

기획 및 글 : 이종우
공간구성 및 영상 : 줄리앙 코와네

자료 제공 : 국립현대미술관, 한국예술종합학교, (재)광주비엔날레, (주)건축사사무소 메타

Archive Room has documentation of struggles and explorations of Jongho Yi (1957-2014) and his colleagues who tried to find out the reality specific to our city and pull out its potentiality.

Jongho Yi obtained hands-on experience at Space, an architectural group led by Kim Soogeun, in the 1980s and was a remarkable figure in Korean architecture with his works such as Yulgok Church and Barunson Center, which he planned with Yang Namchul in the 1990s. However, his itinerary did not remain only within architecture. Diagnosing that "architecture has a fundamentally deformed structure in terms of communication with a society or a city," he pursued architecture beyond architecture, or architecture contributing to realization of the city's potentiality.

Archive Room is constituted of the documentation of his activities which he, as an architect, researcher, and educator, made with his fellow architects, scholars, and students in the 1990s and the 2000s. Among many materials left in his laptop, Korea National University of Arts collection, his colleagues' collection, METAA Architects&Associates, Gwangju Biennale Foundation and National Museum of Modern and Contemporary Art, Korea (MMCA) archive, it collects materials showing the process of him and his colleagues finding out the 'reality' of the city and society and the documentation of their activities to seek out the architecture's role.

Archive Room provides a context penetrating the entire exhibition as the participating artists share a common interest and thoughts with Jongho Yi and his colleagues. The artists' works also shed light on a meaning of Jongho Yi and his colleagues' questions in the present time.

Curated and text by Jongwoo Lee
Space design and film archive by Julien Coignet

Material provided by National Museum of Modern and Contemporary Art, Korea (MMCA), Korea National University of Arts, Gwangju Biennale Foundation and METAA Architects&Associates

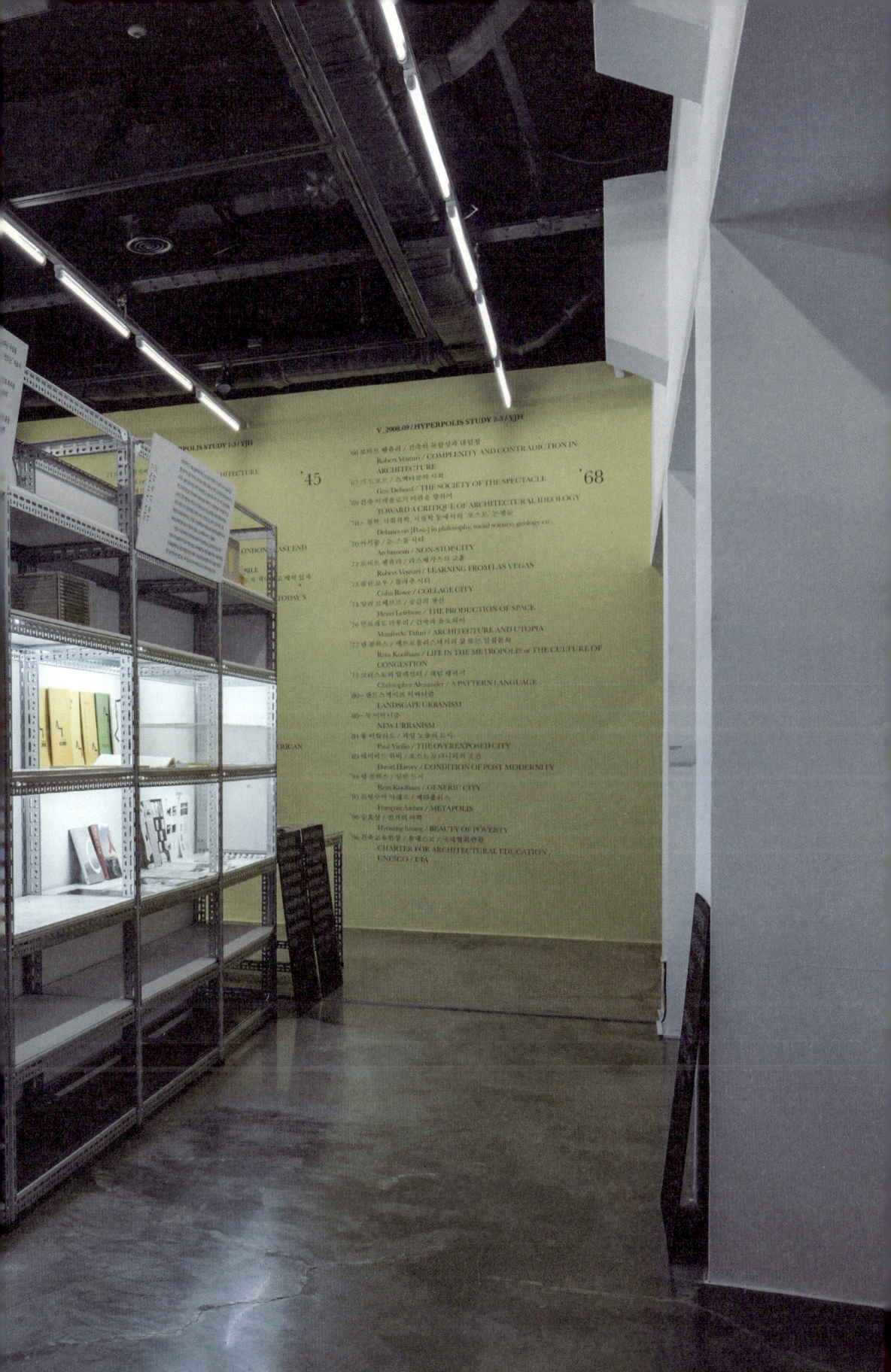

'45

'23 르 코르뷔지에 / 건축을 향하여
    Le Corbusier / TOWARD AN ARCHITECTURE
'48 ~ '51 피에르 알레친스키, 콘스탄트 / 코브라
    P. Alechinsky, Constant / CoBrA
'51 르 코르뷔지에 / 찬디가르
    Le Corbusier / CHANDIGARH
'53 스미드슨 부부 / 골든 레인 프로젝트
    A&P Smithson / GOLDEN LANE PROJECT
'53 니겔 헨더슨 / 런던 이스트 엔드의 사진
    Nigel Henderson / PHOTOGRAPHS OF LONDON'S EAST END
'56 요나 프리드먼 / 움직이는 건축
    Yona Friedman / L'ARCHITECTURA MOBILE
'56 리처드 해밀턴 / 도대체 무엇이 오늘날의 가정을 이토록 색다르고 매력 있게 만드는가?
    Richard Hamilton / JUST WHAT IS IT THAT MAKES TODAY'S HOME SO DIFFERENT, SO APPEALING?
'56 기 드보르 / 벌거벗은 도시
    Guy Debord / NAKED CITY
'57 국제 상황주의 그룹
    SI (Situationist International)
'58 스미드슨 부부 / 베를린 하우프슈타트
    A&P Smithson / BERLIN HAUPSTADT
'59~ 콘스탄트 / 뉴 바빌론
    Constant / NEW BABYLON
'60 루치오 코스타, 오스카 니마이어 / 브라질리아
    L. Costa, O. Niemeyer / BRASILIA
'60 메타볼리즘 건축작업
    Works of METABOLISM
'61 제인 제이콥스 / 미국 대도시의 죽음과 삶
    Jane Jacobs / THE DEATH AND LIFE OF GREAT AMERICAN CITIES
'63 아키그램 / 살아있는 도시展
    Archigram / LIVING CITY Exhibition
'63 캉딜리스, 조식, 우즈 / 베를린 자유대학
    Candilis, Josic, Woods / BERLIN FREE UNIV
'64 피터 쿡 / 플러그인 시티
    Peter Cook / PLUG IN CITY
'64 론 헤론 / 워킹 시티
    Ron Herron / WALKING CITY
'66 알도 로시 / 도시의 건축
    Aldo Rossi / THE ARCHITECTURE OF THE CITY
'66 슈퍼스튜디오 / A에서 B로의 여정
    Superstudio / A JOURNEY from A to B

'66 로버트 벤츄리 / 건축의 복합성
    Robert Venturi / COMPLEXITY ARCHITECTURE
'67 기 드보르 / 스펙타클의 사회
    Guy Debord / THE SOCIETY
'69 건축 이데올로기 비판을 향하여
    TOWARD A CRITIQUE
'70 ~ 철학, 사회과학, 지질학 등에서의
    Debates on [Post-] in philosophy
'70 아키줌 / 논-스톱 시티
    Archizoom / NON-STOP
'72 로버트 벤츄리 / 라스베가스의 교훈
    Robert Venturi / LEARNING
'73 콜린 로우 / 콜라주 시티
    Colin Rowe / COLLAGE
'74 앙리 르페브르 / 공간의 생산
    Henri Lefebvre / THE
'76 만프레도 타푸리 / 건축과 유토피아
    Manfredo Tafuri / ARC
'77 렘 콜하스 / 메트로폴리스에서
    Rem Koolhaas / LIFE IN CONGESTION
'77 크리스토퍼 알렉산더 / 패턴
    Christopher Alexander
'80~ 랜드스케이프 어바니즘
    LANDSCAPE URBANISM
'80~ 뉴 어바니즘
    NEW URBANISM
'84 폴 비릴리오 / 과잉 노출의 도시
    Paul Virilio / THE OVER
'89 데이비드 하비 / 포스트 모더니티
    David Harvey / CONDITION
'94 렘 콜하스 / 일반 도시
    Rem Koolhaas / GENERIC
'95 프랑수아 아쉐르 / 메타폴리스
    François Ascher / METAPOLIS
'96 승효상 / 빈자의 미학
    Hyosang Seung / BEAUTY
'96 건축교육헌장 / 유네스코 / UIA
    CHARTER FOR ARCHITECTURE
    UNESCO / UIA

V_2008.09 / HYPERPOLIS STUDY 3-3 / YJH

2-3 / YJH

'68

'00

'25

CONTRADICTION IN

모더니티
　　　Modernity
'92 알랭 투렌 / 현대성 비판
　　　Alain Touraine / CRITIQUE OF MODERNITY
서울의 모더니티
　　　Modernity in Seoul
'98 ~ '07 서울건축학교 여름 워크숍
　　　sa SUMMER WORKSHOP
'04 방들의 가출 / 2004 베니스 비엔날레 한국관
　　　CITY OF BANG / 2004 Venice Biennale Korean Pavilion
'04 한예종 도시/건축연구소
　　　UA INSTITUTE OF URBAN-ARCHITECTURE
'05 ~ '06 건축의 새로운 트렌드
　　　new trends of architecture
서울. 한국&아시아 도시들 – 하이퍼폴리스
　　　SEOUL. KOREAN & ASIAN CITIES - HYPERPOLIS
통일 시대의 도시-건축
　　　Urban – Architecture in the REUNIFICATION ERA
한국 도시의 새로운 상상력
　　　Neo-Imagination of Korean Cities
'10 하이퍼폴리스를 넘어서 / ??
　　　beyond HYPERPOLIS / ??
'12 두 도시 이야기. 1권 / ??
　　　A Tales of Two Cities . vol 1 / ??
'25

THE SPECTACLE

TECTURAL IDEOLOGY
논쟁들
science, geology etc..

LAS VEGAS

N OF SPACE

AND UTOPIA
집문화
OPOLIS or THE CULTURE OF

LANGUAGE

CITY

ST MODERNITY

RTY

L EDUCATION /

이종호의 도시담론 다이어그램, 2008
Diagram of urban discourses by Jongho Yi, 2008

SECTION 5
을지로와 세운상가

세운상가는 '을지로' 프로젝트(2012-2013년)의 한 부분이자, 건축의 도시적 역할에 대해 그가 생애 마지막까지 몰두했던 주제였다. 이종호는 세운상가 군을 건축물로서가 아니라 서울 도심부에서 자발적 질서를 만들 수 있는 도시적 잠재력의 원천으로 보았으며, 개인적, 교육적, 학술적, 제도적 차원에서 이러한 잠재력을 확인하고 실현하는데 노력을 기울였다.

한예종 전문사과정을 이끈 이종호는 김태형, 김성우, 송재호 등 튜터들과의 공동기획 속에서 2006년부터 서울에 대한 다각도의 거시적 접근을 설계 스튜디오에서 시도하였고, 2012년부터 2013년까지는 보다 구체적이고 실천적인 대상으로 서울 도심의 을지로를 천착하였다. '을지로' 프로젝트에서 자신은 세운상가 연구에 집중하였으며, 또한 서울시의 세운상가군 재정비 조정 계획에 총괄계획가로 참여했다. 연구년을 맞아 세운상가의 사무실을 임대해 생의 마지막 해를 그곳에서 보냈다. 그의 사망 직후인, 2014년 3월부터 세운상가는 서울시의 도시 재생사업의 하나로서 지속가능성을 목표로 한 대안적 재개발 사업의 대상이 되고 있다.

"세운상가군의 잠재력
전제
왜 잠재력인가
어떤 잠재력이 있는가
어떻게 그 잠재력을
현실화 할 것인가
누가 그 잠재력

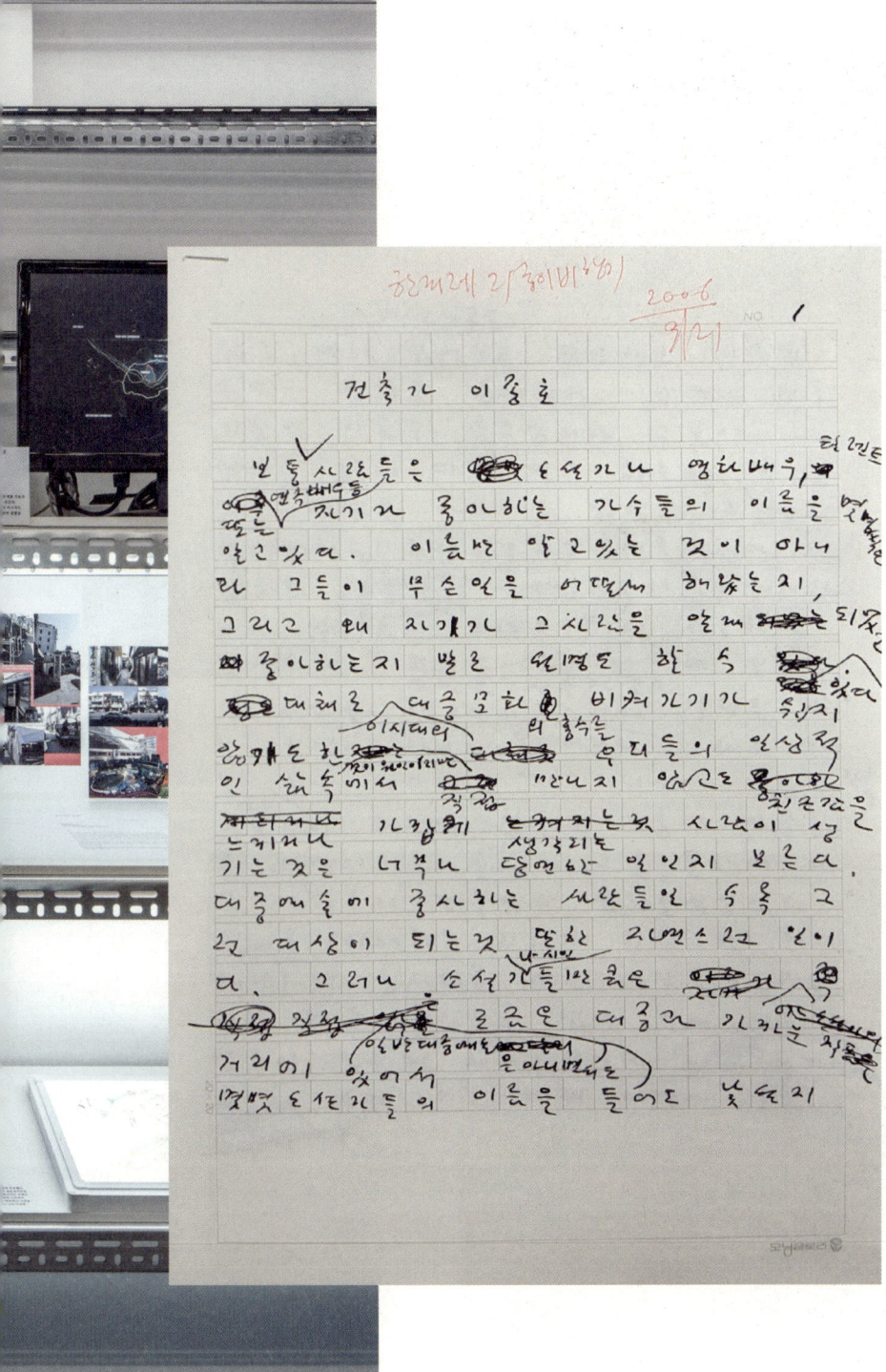

정기용, "이종호를 소개합니다" 육필원고 《한겨레21, 2006.10. 10》
*출처: 국립현대미술관 미술연구센터 정기용 컬렉션, 정구노, 김희경 기증

Guyon Chung, Original manuscript (Hankyoreh 21, October 10, 2006)
Material provided by National Museum of Modern and Contemporary Art, Korea (MMCA)

한국예술종합학교 전문사과정의 서울 연구 (2006-2013)

Research on Seoul at Institute of Urban Architecture at KNUA (2006-2013)

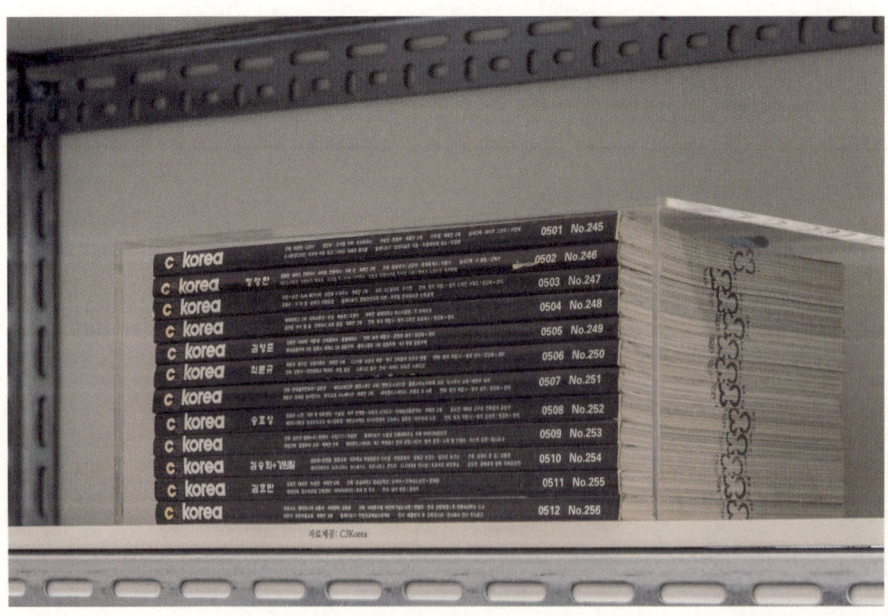

"확실치 않은 언어들", C3Korea, 2005년 1월~12월.

"Uncertain Ways in Using Language", C3Korea, 2005

서울건축학교(SA) 여름워크숍　　Seoul School of Architecture(SA), summer workshops

일시: 1996년 6월 1일
장소: 서울건축학교, 〈양재 287.3〉 빌딩, 서울 양재동.

*본 글은 《리얼-리얼시티》 전시의 '이종호: 아카이브룸'에 전시된 자료 중 VHS 비디오 테이프로 기록된 특강의 내용을 정리, 보완한 것이다. 서울건축학교(Seoul School of Architecture, SA)는 1996년부터 〈건축가 세미나〉라는 제목하에 교육 프로그램에 튜터로서 참여한 건축가들이 학생들에게 자신의 작업을 소개하는 특강을 지속적으로 진행하였다. 이종호의 특강은 1996년 6월 1일에 있었으며, 그 내용중에서 문화와 건축에 대한 자신의 기본적인 견해를 밝힌 부분을 발췌하였다. 비디오 테이프는 한국예술종합학교 예술정보관에 보관되어 있다. (정리. 이종우)

이종호 특강: 1996년 SA 건축가 세미나

부록

이 모자라고 부끄럽기도 하면서도 자꾸 이렇게 정리를 해보는 것은, 정리를 한다는 것은 인쇄물까지 도달하고 싶은 마음은 아직 없고 또 모자라고 하지만, 다행히 이런 기회들이 가끔씩 벌어짐으로해서 제가 제한된 자로나마 같이 얘기를 나눌 수 있는 기회가 소중하기 때문입니다. 그런 기회들을 통해서 제가 자신한테 어떤 가지고 있던 생각이 유지될 수 있도록, 또 그것이 제 생각의 원점으로 작용하도록 채찍질을 가하고자 하는 것입니다.

우리를 둘러싸고 있는 굉장히 많은 이야기들, 그리고 현실작업에서 부딪히는 많은 어려움점들 속에서도 놓치고 싶지 않은 어떤 물음을 계속 스스로한테나 또 외부에다 던질 수 있는 그런 힘을 갖기 위해서입니다. 나눠드린 텍스트의 배경은 대략 이렇게 설명드릴 수 있겠습니다. 첫째로는 굉장히 어렵기는 한데 절실할 수 있는 질문입니다만 건축을 왜 하는가에 대한 물음입니다. 그리고 둘째로는 제가 건축작업을 하고 있는 현재의 상황이, 공간적이든 시간적이든 어떠한 상황 속에 있는가 하는 점입니다. 그리고 그러한 상황이 저한테 어떤 영향을 미치고 있고, 저는 그 영향 속에서 어떻게 생각하고, 인식하는 방법들을 취해 나가고 있나. 그래서 일시적이나마 또는 반복적으로 그런 상황들에 어떻게 대처해 나아가고 있나 하는 것들을 정리해 보려고 합니다. 그렇게 정리해 나간다는 것은 결국은 보다 더 큰 자유를 얻고, 그런 자유 속에서 작업을 해나가는데 있어서의 어떤 구속들을 될 수 있으면 벗어 던질 수 있는 기회를 얻기 위해서입니다. 그래서 나눠드린 글 속에서는 불행하게도 직접적인 건축의 생성의 방법론, 소위 말해서 우리가 메쏘돌로지(methodology)라고 하는 내용은 별로 아니면 전혀 들어있지 않습니다. 특히 그런 기계적인 방법론에 대해서는 언급을 아직 피하고 있고, 또는 못하고 있고, 방법론이 설정되기 이전에 준비되어져야 한다든지 또는 기본적인 마음가짐으로서 간직해야한다는 얘기들이 적혀있습니다.

리얼리티의 추구로서의 건축

저는 사실은 요즘 떠돌아다니는 여러가지 이야기들 속에서 굉장한, 어떤 종류의 부유감, 즉 떠올라있는, 다리없는 유령같은 그런 부유감을 많이 느끼는데, 그것은 제가 느끼고 있는 어떤 현실에서는, 뭐 '리얼리티'라고 이해를 하셔도 좋을 것이구요, 그런 현실에서는 한꺼풀 유리된 듯한 그런 느낌들이 항상 저한테 전달이 됩니다. 그래서, 그렇지 않고, 부유감에 놓여있지 않고, 보다 더 실제적인, 땅에 다리를 단단하게 딛고 선, 그러한 상황을 제가 맞이할 수 있다, 도달할 수 있다라는 그런 희망이 막연하게 불쑥 불쑥 솟아나는데, 사실 그 과정 자체가 결국은, 저는 건축이 제가 수행할 수 있는 최대한의 자산이라고 생각을 하는데, 현재 취하고 있는 하나의 수단으로서 건축이 제가 도달하고 싶은 삶에 대한 방법하고, 그리고 삶의 어떤 넓이나 깊이 이런 것들을 확보해 나가는 어떤 좋은 수단이 아니겠느냐, 방법이 아니겠느냐 얘기를 합니다. 언젠가도 SA에서 말씀드린 일이 있었습니다만, 보다 더 저한테 좋은 수단으로서의 어떤 것이 등장한다고 하면, 그것은 쉽게 건축하고 대체될 수도 있지 않겠냐라고 생각을 하는데, 뭐 그런 가능성이 희박한 이유는, 그러한 가능성을 맞이할 수 있는 준비를 아무것도 하고 있는 것이 없기 때문에, 가능성은 희박하겠지요. 어쨌든 건축에 대해서 생각하는 기본적인 마음에 있어서 방금 전에 말씀드린 바가 진실이다 라는 것은 다시 한 번 강조할 수 있겠습니다.

텍스트의 범람과 혼동된 현실

저는 지금의 이 시대가 저희들한테 정말로 행복한 시기라고 생각합니다. 그것은 뭔가 도전해 볼 수 있는 꺼리들이 정말로 도처에 널려있고, 그러한 도전해 볼 수 있는 꺼리들이 끊임없이 또 다가오고하기 때문에, 그러한 상황에 직면해 있는 그 자체로서도 상당히 행복한 삶을 살고 있다고 생각합니다. 현재 우리를 둘러싼 사회 속에서 이루어지는 여러가지 이야기들은, 자칫 우리가 조금만 착각을 하고 그 이야기의 틀 속에, 거기에서 나누어지는 단어들, 문장들에 조금만 익숙해지면, 마치 우리도 그 틀에 얽혀서 돌아가고 있는 듯이 착각을 일으키게 만드는 요소들이 많다고 생각합니다. 예를 들자면, 정보에 관한 얘기들, 후기 산업사회에 관한 얘기들, 또 소비사회에 관한 얘기들, 또 많이 나옵니다만 일상과 관련된 얘기들. 이러한 텍스트들은 사실상 우리가 제공을 받은 텍스트들인데, 그러한 텍스트들에 조금씩 익숙해지다보면, 마치 그 텍스트들이 우리를 위해서, 또는 우리를 둘러싸고 발생된 텍스트들로 착각을 하고, 어떤 시대의 흐름에 조금도 벗어남이 없이 우리도 같이 흘러가고 있는가 하는 그런 착각을 만들어내지 않나 생각을 합니다.

또 그것이 더 나아가서는 그러한 텍스트들이 이루어지는 장소와 우리의 장소가 거의 시간적인 차이도 없이 같이 흘러나가니까, 또 굉장히 많은 소위 석학들도 지금 한국을 많이 방문하고 그런 상황 속에 있다 보니까, 그들이 스스로의 문제점들로 만들어낸 그런 텍스트들 속에 우리도 같이 들어 있는 그래서 철저히 동시대를 살아가는 듯한 그러한 착각을 많이 갖게 됩니다. 그래서 우리 몸에 어떠한 요소들이 기생하고 있는지, 아니면 거꾸로 우리가 어떤 요소들에 기생을 하고 있는 상황인지 잘 분간을 못하고, 저도 지금 그렇습니다만, 그렇게 지내고 있는 것이 아닌가 생각을 합니다.

때로는 어떤 분야들 중에, 특히 산업과 관련된 분야겠지만, 저희가 볼 때는 그럭저럭 흐름에 같이 맞춰간다거나, 때로는 앞서간다거나 하는 것을 볼 때도 있습니다. 나눠드린 텍스트 속에 제가 시간이라는 문제를 가지고 개별의 시간을 언급드렸는데, 그러한 개별의 시간들이 서로 다른 시간의 축을 가지고 있다는 것과 밀접하게 연관되는 이야기이기도 합니다. 그러한 특정 분야의 개별의 시간이 상당히 빠른 흐름을 갖고 있다손 치더라도, 그것이 우리가 궁극적으로 원하는 우리들에 관련된 시간 속에, 그것이 건축이라도 좋고요, 그런 쪽에 쉽사리 같이 투사해볼 수 있는, 비교해서 같이 흘러나갈 수 있는 그런 자리는 그렇게 쉽게는 마련되지 않을 것이라고 봅니다. 조금 더 범위를 넓혀서 오늘 주로 얘기를 나누고 싶은 '문화'와 관련된 분야에서 보면 더욱 더 그렇습니다. 왜냐하면 문화라는 것은 응용과학 내지는 산업에서의 흐름과는 달리, 상당히 누적적인 결과물들을 요구를 하고, 또 그런 누적적인 결과물들을 얻는 성취가 쉽게 얻어지는 것은 절대로 아니라고 봅니다. 그리고 이 문화 속에서의 얘기는, 문화 자체와 다른 분야 사이의 관계에서 만이 아니라 문화 내부에서도 또한 마찬가지라고 여겨집니다. 건축으로 들어온다 하더라도, 제가 하고 있는, 그리고 여러분들이 앞으로 할 내용들에 있어서도 마찬가지의 차이들이 있지 않나 합니다. 그래서 문화 속에서는 유별나게 몇몇 개인들이 뛰어난 성취를 얻는다 치더라도 그 개인의 성취가 집단전체의 성취로 확산되기에는 상당한 무리들이 따릅니다. 좋은 예는 아닙니다만, 예를 들어 때로는 우리 매스컴에서 자랑으로 여기는 백남준에 대한 얘기를 해보더라도, 백남준 씨가 현재의 세계가 요구하는 어떤 수요를 정말로 현명하게 충족시켜주며 가고 있는 뛰어난 활동가임에는 틀림없지만, 그의 움직임이 우리들의, 또는 저 개인의 감성하고 어떻게 닿느냐 하는 문제는 완전히 별개의 문제가 아닌가 생각합니다.

그렇기 때문에 제가 여기서 얘기하고자 하는 문화는 오히려 개인의 성취 이런 것 보다는, 어떤 집합으로서, 전체 집단으로서, 그 집단의 공동체 내에서 공유되는 어떤 내실, 내면이 같이 드러나 줄 때에, 그것이 어떤 공동체가 소유한 문화로서의 가치가 존재하는 것이 아닌가 생각을 합니다.

부유감을 벗어나는 방법: 개인적 경험과 추체험

그래서 제가 생각할때 작업이라는 것도, 문화영역에서의 작업이라는 것은 개인의 느낌으로만 빠져들지 않고, 또 그렇게 하다보면 어떤 '리얼리스틱'한 그런 쪽으로 빠져들지 않고, 언제나 자기를 둘러싼 현실들에 대해서 근본적으로 되물어보는 그러한 물음을 가져야 된다고 생각하는데. 지금 현재의 상황이 그러한 물음을 더욱더 강하게 또 지속적으로 묻지 않으면 안되는 시기에 저희가 태어나 있고 또 움직이고 있다는 것이, 저는 더없이 행복한 시기라고 생각을 해봅니다. 그리고 이렇게 물어본다는 것은 방법상으로 어떤 절차가 필요할 것 같습니다. 끊임없이 자기 주변에서 제기되는 물음들에 대해서 순수하게 물어 나가는 것이 문제가 아니고, 제가 볼 때는 일정한 순서를 갖는 질문서가 되어야될 것이라고 생각을 합니다. 이것은 기본적으로 앞서 잠깐 말씀드렸던, 제 주위의 현실들, 현실 속에서 이야기되어지는 여러가지 것들이 기본적으로 좀 부유하는 듯한, 제 느낌으로는 그렇습니다, 부유하는 듯한 그러한 감에서 벗어나지 못한다는 점과 상당히 관련이 깊습니다. (...) 제가 볼 때는 우선 그 부유감으로부터 이탈하기 위해서는 자기들 스스로의, 하나하나 자신들의 육화된 이야기들, 몸으로 이야기되어질 수 있는 것들을 정리를 해내야 될 것 같습니다. 같이 어떤 담론을 나눈다 치더라도, 그 담론을 나누는 자리에서 각각이, 스스로 어떤 이야기들을 사실은 내면에 담고 있는지, 이야기를 해낼 만한 어떠한 배경을 갖고 있는지를 서로 정리를 해놓고 이야기를 시작해야 된다는 생각이 듭니다. 그리고 그렇게 이야기를 시작했을 때, 끄집어낸 자기의 육화된 이야기가 자기의 주변과 일으키는 '공명(共鳴)'이라고 할까요, 같을 공(共)자의 '공'까지는 가지 않더라도, 울림을 어느 정도 느낄 수 있느냐, 그런 울림의

폭을 느껴보아야 한다는 것이 첫번째 순서가
아닌가 생각합니다. 그래서, 부유되지 않고
정말로 자기의 하나하나 작은 이야기들이
기록이 된다면, 두번째 단계로 들어갈 수 있지
않을까 생각합니다. 그렇게 정리된 자기 자신의
이야기라는 것은 사실 직접적인 체험의 범위를
벗어날 수 없습니다. 기껏해야 철들어서부터의
2,30년 그 정도의 얘기를 벗어날 수 없는데,
그것으로서 보다 더 큰 규모의, 문화와 관련된
것도 좋고 보다 큰 틀의 이야기를 진행하기에는
상당히 역부족입니다. 물론 상당히 많은 주변의
사람들이 건축이든 아니든 간에 그러한 자기의
직접적인 체험만 가지고도 알뜰살뜰하게
정리를 해서 끄집어 내보이고, 또 그것으로서
어떤 한 영역을 차지하고 있습니다만, 제가
여기에서 강조하고싶은 어떠한 전반적인
프로세스의 완결을 위해서는 그러한 정도의
이야기만 가지고서는 부족하다는 생각이
듭니다. 그래서 두 번째로 필요한 일은 그러한
체험을 벗어난 추체험(追體驗)의 영역을
말씀드리고자 합니다. 추체험의 영역이라는
것은 자기의 생활하고는 직접적인 관련이
없지만, 자기가 그 (상정된) 공간과 시간
속에서 체험할 수 있는 어떤 다른 영역, '거슬러
올라간다'는 표현을 제가 자주 씁니다만,
전통에 관한 얘기도 그런 영역에 속할 수 있고,
다른 사람의 인생과 관련된 것도 추체험의
영역이라고 할 수 있고, 어쨌든 현재의 자기가
확보할 수 있는 직접적인 영역을 벗어나는
쪽의 영역, 이러한 것들을 추체험이라고
표현합니다만, 그러한 영역을 넘나들어 보는
일입니다. 그러한 영역을 넘나들어 보는
과정 중에는, 정말로 말씀드리건데 건축의
영역만으로는 부족할 것이라고 생각을 합니다.

감성과 공동체 내에서의 문화

이러한 과정을 말씀드리는 것은, 그 과정을
통해서 얻을 수 있는 것이 있지 않을까, 그것은
지식도 아니고 어떤 다른 것도 아니고, 제가
등장시키고 싶은 단어는 올바른 '감성'입니다.
올바르게 느낄줄 아는 어떤 성정, 이러한 것이
제가 말씀드린 그러한 과정을 통해서 얻고자
하는 점입니다. '감성'을 이야기했다고 해서,
그러면 또 '이성'은 어떻게 되느냐는 질문은
안나왔으면 좋겠는데, 왜그러냐면, 제가
마음 속에 그러한 이분법, 또는 대항구조라고
하죠, 그러한 생각은 없어진지 오래되었습니다.
싫어하게 된지가 오래되었고, 모든 대상을
이것과 저것으로 나누어서 생각하지 않게 된지
오래되었는데, 여기에서 표현된 '감성'이라고
하는 우리가 상식적으로 알고 있는 '감성'과
'이성' 모두를 포괄하는 것일지도 모르겠습니다.

그렇게 해서 어떤 확대된 감성이
준비됐다면, 마지막의 순서가 따릅니다.
이 마지막의 순서는, 제가 바라기는 하되,
겉으로 드러나는 식으로 갈구하지는 않는
것인데.. 정말 바라기는 합니다. 이것이
뭐냐면, 어떤 개인적인 이야기에 대한 말씀을
드렸고, 그것이 좀 더 확대되어서 추체험의
영역에서 성취되는 감성도 말씀드렸는데,
결국 마지막의 순서는 이것들이, 즉 너와 내가,
저와 여러분들과 그리고 또다른 사람들과의
반복적인 작업들이 겹쳐진다고 한다면, 그러한
작업들이 겹쳐진 자리에서 작게나마 어떤 같이
얘기해볼 꺼리가, 얼음장 밑의 시냇물처럼
졸졸 흐르기 시작할지도 모른다는 가정이
있고 희망이 있습니다. 그러한 겹치는 자리가
좀 더 넓혀지고 했을때, 소위 말해서 아까

전면에 내세웠던 '문화', 또는 공동체 내에서의 문화, 이런 쪽에서 우리가 얻을 수 있는, 또 같이 공유해 나갈 수 있는 부분이 발생하지 않을까하는 희망이 있습니다. 이것은 물론 건축을 하는 우리들 내부에서만이 아니라, 몇 번 강조합니다만, 건축을 떠나서 여러 분야들 사이에서도 마찬가지의 상황이고, 그러한 상황들이 정말 바람직스럽게 많이 발생을 해준다고 하면, 전혀 육화되지 않은, 부유하는 이야기들을 나눌 수 밖에 없는 그런 상태보다는, 얼마나 즐거운 일일까 이렇게 기대를 합니다.

일시: 2019년 8월 24일 오후 4-7시
장소: 아르코미술관 3층 세미나실
모더레이터: 이종우(기획자)
참석자: 김광수(스튜디오 케이웍스), 김성우(엔이이디), 김성홍(서울시립대), 민현식(기오헌), 심소미(기획자), 원흥재(도시공작소), 유영진(스튜디오메타), 이선철(감자꽃스튜디오), 정이삭(에이코랩), 조장희(JYA-rchitects)

*본 글은 《리얼-리얼 시티》 전시의 연계 프로그램의 열린 '건축 라운드테이블'에서 나눈 대담의 내용을 녹취록을 바탕으로 하여 요약 정리한 것이다.
(정리. 이종우)

건축가의 도시 개입을 논하다

건축 라운드테이블

이종우   이번 토론회는 〈리얼-리얼시티〉 전시회의 연계 프로그램으로서 기획이 되었습니다. 전시방향이 점차 도시를 주제로 한 미술계의 흐름 등으로 확장되어 갔지만, 시작 부분에서는 이종호 교수가 했던 도시에 관한 고민과 개입 방식에 관한 고민이 있었습니다. 전시 관련해서 이 마지막 프로그램은 어떻게 보면 출발점으로 돌아간다고 볼 수가 있겠네요. 한국 건축계에서 80년대 말, 90년대부터 시작된 도시에 관한 고민, 그중에 중요한 자리를 차지하셨던 이종호 교수의 고민을 포함하여 그런 것들에 관해서 마무리 단계에 다시 점검해보자는 취지로 이 자리가 준비됐습니다. 여기 전부 건축가만 모신 것은 아니지만 건축을 중심으로 한 분야에서 도시에 관해 고민한다는 것이 미술계와는 차이가 있으리라 생각합니다. 도시라는 것, 변화하는 도시의 상황을 어떻게 이해해야 할 것인가라는 공통된 고민이 있지만, 그 이후에 어떻게 개입할 것인가에 대한 방법에서는 건축이라는 특수한 상황이 존재합니다. 굉장히 물리적인 개입을 해야 한다는 것이고, 도시계획가보다는 단편적이고 이례적인 개입을 하기 쉽다는 것, 그런 상황에 놓일 수밖에 없고 그래서 쉽지 않다는 것이죠. 특수한 분야에서 도시를 바라보는 방식이 있을 텐데 그런 상황 속에서 건축계는 어떤 식으로 개입을 시도했는가 하는 것을 1980년대 이후부터 확인하는 것에서 시작해보면 좋을 것 같습니다.

민현식   80년대 후반부터 건축가들이 도시에 관심을 가졌다고 말씀을 해주셨는데요. 그때부터 건축하는 사람들이 여러 문제에 대항해 싸우기 시작했습니다. 그 이유가 궁금합니다. 인문학 분야까지도 포함하는 '도시계획(urban planning)'이라고 하면 문제가 좀 달라질 수도 있지만, 오래 전부터 건축가 역시 도시를 다루는 사람이라 생각해 왔지요. 아마 1980년대 후반이라고 기억됩니다만, 언젠가부터 우리나라에 도시하는 사람과 건축하는 사람이 확연히 서로의 영역을 구분하게 되었습니다. 연도를 정확히 기억하지 못하지만, 건축법에 도시설계의 항목을 첨가하는 것을 계기로, '도시설계(urban design)'란 것이 무엇인가에 대한 토론회가 있었습니다. 도시공학 분야 대표는 강병기 교수님께서 맡으셨고, 그리고 건축하는 사람들의 대표로 제가 불려나갔습니다. 당시 강교수님이 '을지로 도시설계'를

주도적으로 수행하셨던 것으로 압니다. 그 즈음부터 도시
설계를 전공하는 사람과 건축 전공하는 사람이 나누어져서
서로의 영역을 침범하지 않는다는 묵계(默契)가 있었던 것은
아닌가 여겨집니다. 이러한 영역 갈등이 상당히 심각한 데까지
갔었던 사건이 파주출판도시였습니다. 제 기억에 강홍빈
박사님을 제외한 모든 도시하는 분들이 "건축하는 사람들이
어찌 도시를 다루느냐"고 격분하셨더랬습니다.

제가 도시에 대한 관심을 가졌던 이야기를 해보겠습니다. 1969년
말, 졸업을 앞둔 해에, 김수근 선생님이 '인간 환경 계획 연구소'라는
조직을 만드셔서, 70 오사카 엑스포의 한국관 설계도 하셨을 뿐 아니라,
전시 계획, 일부 전시물 제작까지 하셨지요. 그때 오사카 엑스포
한국관이 요즈음의 관점에서 보면 조금은 통속적이기는 하지만, 한국을
과거·현재·미래로 나누고, 과거는 우리의 전통문화 중 자랑할만한
것으로, 현재는 그때 한창 근대화에 박차를 가하며 경제 개발 5개년
계획의 성과를 선전하는, 소위 경제 강국을 (보여주고), 그리고
한국의 미래상을 열거하는 전시였습니다. 거기서 우리들 연수생들이
참여했던 부분이 '한국인의 미래주거'에 관한 구체적인 안을 만드는
것이었습니다. 이를 이론적으로 뒷받침하기 위해, 김수근 선생님을
중심으로 당시의 젊은 소장학자들을 초빙해서 미래의 한국은 어떻게 될
것인가를 주제로 포럼들을 열었습니다. 소위 미래학회의 탄생입니다.

그때 주도하셨던 분은 이어령 교수, 최정호 교수 등이었음을
기억합니다. 이분들의 논의를 바탕으로, 한국은 미래에 어떻게 살
것인가. 그리고 그것을 담을 주거 계획을 했었지요. 그때 우리에게
크게 영향을 주었던 경향은 일본의 메타볼리즘이었습니다. 70 오사카
엑스포 자체가 실은 메타볼리즘이었다고 생각합니다. 그 당시의
일본의 단게 겐조 선생을 비롯한 도쿄대학교 도시설계연구소의 젊은
건축가들이 동경만 계획 등을 내놓았고, '메타볼리즘'의 논리를 가지고
일본 건축이 세계적인 건축으로 확고한 지위를 획득했으며, 오사카
엑스포라는 엑스포 자체도 그런 이슈들로 넘쳐났습니다.

미래관 준비를 하면서 우리는 끊임없는 토론을 즐겼었는데,
그때 주로 텍스트로 다뤘던 것으로 그리스의 도시계획자이자
건축가인 독시아디스(Doxiadis)가 내세운 인간정주 사회이론, 즉
'에키스틱스(Ekistics, 1968)' 같은 것들이 있고, 어반 플래닝(Urban
Planning)과 어반 디자인(Urban Design)의 차이가 뭐냐 같은 이야기를

했습니다. 우리의 주 비판대상은 그 당시 김현옥 시장이 발표한 무궁화 형태로 된 서울시 도시 계획이었습니다. 그것이 당시 유행(?)하던 선형도시의 이론과는 전혀 다른 안이었지만, 시내 곳곳에 "도시는 선이다. 차선을 지키자"는 현수막이 걸렸더랬지요. 그리고 마침 그때 김태수 선생이 프로그레시브 아키텍쳐 어워즈(P/A Awards)를 받고 금의환향 하시면서 들고 오신, 서울에서부터 인천까지 이르는 선형 도시 같은 계획을 발표하셨던 것에 대해선 호의적이었습니다. 실은 그 직전에 도시 얘기를 많이 하게 된 것이 바로 세운상가하고 여의도 계획에서였죠. 세운상가를 가지고 김수근 선생께서, 그때 주 멤버가 윤승중, 김석철 등이었는데, 그분들이 서울의 도시의 구조를 건축으로 바꾸자, 서울은 종로, 청계천로, 을지로 등 동서의 길은 발달해 있지만, 거기에 동등한 위계를 가지는 남북의 길을 만들어 격자도시로 만드는 것을 제안했고, 더불어 보차(步車)를 공간적으로 분리하여 지표면 상부에 보행데크를 제안했었지요.

저의 세대 중 설계를 잘했던 분들 중 여럿이 미국 유학을 갔는데, 1970년대 전후로 미국에서 새로운 학문으로 대두되었던 것이 도시설계라는 분야였고, 아마 장학금도 많았을 뿐만 아니라, 지금까지 한국에서 건축공부를 했던 사람이 미국에 가서 새롭게 접하게 된 이 분야는 상당히 매력적이었겠지요. 당시 미국에 유학갔던 설계를 잘하던 분들, 예를 들면 강홍빈, 황기원, 안건혁, 임창복, 양윤재 이런 분들이 어반 디자인을 공부하고 와서 그것이 우리나라의 모든 도시와 건축 문제를 해결할 수 있으리라 여겼습니다. 70년대에 어반 디자인을 공부하고 온 분들이, 어느 정도 지위에 올라서 자기 생각을 펼칠 만한 때가 90년대 후반인데, 그때에서야 70년대에 배운 것들을 한국에다가 적용하게 된 것이 아닌가. 그 대표적인 예가 분당을 비롯한 신도시들, 그리고 파주출판도시의 황기원 선생의 안 등입니다. 어쨌건 간에 저는 "건축하는 사람들이 도시에 대해서 관심을 가져야한다"는 너무나 당연한 이야기를 하는 것이 참으로 이상하고, 지금은 도시하는 사람들과 건축하는 사람들이 서로의 영역을 침범하지 않는다는 게 참 비정상적이라는 생각을 합니다.

거칠기 짝이 없지만, 저는 이 세상에 두 종류의 건축가가 있다고 생각합니다. 예술가 같은 건축가와 인문학자 같은 건축가. 이종호 선생 1주기를 즈음해서, 제가 중앙일보에 칼럼 하나를 썼습니다. "인문학자 같은 건축가 이종호". 간단히 얘기하면 이렇습니다. 예술가 같은 건축가는 안도 타다오(安藤忠雄)나 프랭크 게리(Frank Gehry) 같은 사람이고, 인문학자 같은 건축가는 렘 콜하스(Rem Koolhaas) 같은 건축가다.

한국예술종합학교 건축과는 대게 두 번째 부류의 건축가들에 대해 관심이 많았어요. 커리큘럼이나 학생들 교육이나 그런 것들도 두 번째 쪽으로. 예술가로서의 건축가는 자기가 알아서 하는 것이고 가르친다고 되는 것도 아니라 여깁니다. 인문학자로서의 건축가라고 말하는 것이 정확한 표현은 아닐는지 모르겠지만, 제가 처음 학교에 들어가서 1학년 첫 수업이 "도시탐험"이었고, 은퇴할 때까지 계속했습니다. 물론 매해 대상으로 삼은 도시는 달랐습니다만. 그것이 잘 진행되어, 이종호 선생이 합류한 이후에 더 성숙하게 되었다고 여깁니다. 물론 그 바탕에는 서울건축학교의 여름워크숍이 있었지요.

이종우   제가 한국 건축가들이 도시에 관한 문제를 보게 된 시기로 1980년대를 말한 이유는 말씀해 주신 대로 도시계획가와 건축가의 영역이 서로 분리된 상황도 있었지만, 다른 이유로 그때가 특히 서울을 중심으로 한 도시재개발이 본격화된 시기이고, 그래서 도시의 상황이 급격하게 변하게 된 시기라는 점을 중요하게 생각했기 때문인데요. 도시에 개입하는 방식, 개발에 대응하는 방식에 대해 고민을 하게 된 것이 강남 개발이라든지 서울 도심지 재개발이라든지, 80년대 이후 도시의 급변하는 상황이 있었기 때문에 중요한 계기가 마련되었다고 생각을 해서 특별히 꼬집어 말씀드렸습니다.

김성우   이번 토론회 기획서를 보면 공공성과 관련된 질문을 많이 하셨는데 공공성이 무엇인가 이야기하다 보면 끝이 없을 것 같아서 이야기를 좀 다른 방향으로 해보겠습니다. 이종호 선생님 전시내용을 보면 도시 리서치를 통해서 우리나라 도시들이 가진 어떤 창발적 가능성을 찾으려고 노력하셨던 것을 알 수 있습니다. 이종호 선생님은 리서치가 갖는 잠재적인 가능성을 믿고 있었다고 생각이 드는데요, 이 자리에는 모여있는 다양한 분야의 전문가분들께 도시건축을 논함에 있어서 건축가의 리서치라는 것이 정말로 유용한 것인지 질문하고 싶습니다.
  오랜 기간 대학교에서 전문적으로 연구하시는 분을 만나보면, 리서치라는 것이 단기간에 진행해서 결론을 도출하는 것이 아니라, 적어도 10여년 이상 어떤 주제에 대해서 지속적으로 연구를 진행하는 것이고, 명확한 정답을 찾는 것이 아니라, 수집된 데이터가 지향하는 어떤 추세를 읽는 것이라고 이야기하시는 것을 들었습니다.

    반면 건축가의 도시 리서치라는 것은 상대적으로 짧은 기간동안 도시에서 발견되는 현상을 읽어서 빠르게 결론을 만들고, 이슈들을 생산하고 공론화하는 것에 더 큰 목적이 있는 것처럼 느껴집니다. 이종호 선생님의 작업을 이해하기 위해서 건축가의 리서치라는 주제에 대해서 이야기해보는 것이 필요하다는 생각이 들었습니다. 이 전시의 전체 맥락과도 연관이 있는 주제인 것 같고, 이 자리에 오랜 기간 도시건축관련 리서치를 직접 진행하고 계신 김성홍 교수님과 건축실무를 하고 계신 조장희, 김광수 선생님께도 리서치를 통해서 이슈를 만들고 소통을 시도하는 방법에 대해서 어떤 가능성을 보고 있는지 듣고 싶습니다.

김성홍   학교에서 졸업 작품을 하면 대부분 주제와 프로그램을 학생 스스로 정하는데, 주로 도시를 다룹니다. 졸업 설계에는 일종의 신화가 있습니다. 첫 번째는 스케일이 커야 한다. 두 번째는 사회적 이슈를 다뤄야 한다는 것이지요. 대부분 서울의 어떤 지역 장소의 역사, 그리고 물길 같은 물리적 특성을 조사해요. 그리고 요즘 가장 떠오르는 주제인 인구감소, 노인 문제, 공동체 같은 이야기를 하죠. 6개월 프로젝트를 한다면 4개월까지는 이런 리서치를 계속하다가 그 다음 한 달 동안 완전히 멘탈붕괴 상태가 오죠. 마지막에 결과물이 나오는데 그 결과물과 앞의 리서치와의 연결고리를 찾기 어렵죠. 이런 것이 매년 반복됩니다.

    도시계획가의 도시 리서치는 귀납적인 방법이고 건축가의 도시 리서치는 연역적인 방식을 취한다고 생각해요. 건축가는 자신이 추구하는 생각을 풍부하게 맥락화하기 위해서 리서치를 한다고 봅니다. 그런 면에서 5학년들의 졸업 설계 전 단계의 도시 리서치를 부정적으로 봅니다. 어떤 경우 전 귀납적 도시리서치를 아예 못하게 해요. 단순히 스케일의 문제는 아니에요. 스케일이 커지면 도시고, 작아지면 건축인 것이 아닙니다. 도시와 건축 사이에는 일종의 불연속지점이 있습니다. 건축과 도시의 본질적인 문제이고 자연스러운 현상입니다. 근본적으로 도시를 연구하는 사람들과 건축가는 생각도 방법론도 심지어 목표도 다릅니다. 민현식 선생님이 말씀하신 것으로 돌아가보면, 미국에서 유학한 분들이 도시설계를 가지고 들어와서 건축법에 담았고, 독일에서 공부하고 오신 분들이 독일의 B플랜, 상세계획을 가지고 들어와서 도시계획법에 담았어요. 그런데 사실은 두 가지가 내용이 별 차이가 없었죠. 그것을 2000년대 초반에 '지구단위계획'이라고 하는 도시관리계획으로 통합했죠. 그렇지만 여전히 도시와 건축 사이에 괴리가 존재한다고 생각합니다.

1960년대, 70년대까지 서울의 도시계획의 주요 수단이 토지구획 정리사업이었습니다. 일제 강점기인 1936년 시작을 했고 1960년대 다시 법과 제도로 수용하고 1987-8년까지 갑니다. 그 방법을 더 이상 쓸 수 없는 시기에 택지개발사업으로 대체를 합니다. 첫 번째가 대치동, 두 번째가 목동, 세 번째가 상계, 중계동입니다. 그 후 서울 밖으로 벗어나 1기 신도시도 생겨나고요. 1980년대 후반 도시계획의 틀이 소필지 단위의 구획 정리사업에서 대단위의 토지를 조성하고 용도를 분리하는 신도시 계획으로 전환합니다. 그런데 건축과 도시의 문제점이 본격적으로 노출된 시점은 1990년대라고 생각합니다. 도시개발의 큰 틀은 건축 밖의 영역에서 움직여 왔거든요. 서울 안의 도심재개발 사업은 1970년대 중반부터 있었어요. 그런데 잠실 저층 주거지를 비롯한 주택재건축 사업이 본격화된 시기는 1990년대 중반입니다. 이러한 대규모 사업을 보고 건축가들이 도시 문제를 자각하고 더 영역으로 넓히고자 하는 계기가 되지 않았나 생각합니다. 건축가들이 도시문제를 느끼기 시작한 것이 이 시기인 것이죠.

김성우   건축분야에서 도시를 바라보기 시작한 90년대부터 2000년대 초반까지 지속적으로 도시관련 체계가 재정비되었다고 말씀하셨는데, 그 때 정비된 제도가 현재에도 여전히 유용한 것인지요? 다시 변화해야 할 필요성은 없는지, 지속적으로 개선이 이루어지고 있는지 궁금합니다.

김성홍   건축가들과 가장 가까운 법이 건축법입니다. 건축사법은 자격에 관한 법이고 건축행위를 규정하는 법이 건축법이거든요. 하지만 필지 단위를 넘어서 블록, 지구, 지역 단위로 건축행위가 넘어가면 더 이상 건축법에 머물러 있지 않죠. 대표적인 것이 1970년대 주택건설촉진법으로 시작된 주택법이에요. 또 다른 법은 이름이 계속 바뀌었는데 흔히 도정법이라고 부르는 도시 및 주거환경정비법입니다. 서울의 도시건축의 가장 큰 변화는 이 두 법에 의해서라고 해도 과언이 아닙니다. 그리고 신도시를 만드는 택촉법(택지개발촉진법)이 80년대에 만들어졌습니다. 주촉법, 택촉법과 함께 도촉법(도시재정비 촉진을 위한 특별법)이 있습니다. 저는 이 세 법을 '삼촉법'이라고 부릅니다. 이 삼촉법이 한국의 서울의 도시를 구조적으로 흔들었습니다. 지금도 작동되고 있죠. 을지로의 세운상가 프로젝트, 백사마을 재개발, 잠실5단지 재건축사업이 난항을 겪고 있는데 언급한 법과 제도를 건드리지 않고는 건축가가 할 수 있는 것은 매우 제한적이에요.

김성우   학교에서 학생들과 도시 리서치를 할 때 학기제 시스템이 갖는 한계가 분명히 있습니다. 이종호 선생님은 도시 리서치를 진행할 때 학기제가 아니라 학년제로 바꿔서 일련의 주제를 연단위로 진행하는 체계를 만들었었죠. 그리고 한 해 연구를 해보고 더 연구할 가치가 있다면 그 다음 해에 같은 주제로 한번 더 진행한 경우도 있었습니다. 의미 있는 결과물을 만들어낼 때까지 밀어붙이는 힘이 있었어요. 그리고 리서치 단계에서 끝나는 것이 아니라 사회와 소통할 수 있는 방법까지 함께 고민하시곤 했습니다. 건축 실무를 하는 건축가들은 여러 업무에 치여서 리서치에 충분한 시간을 투자하고 완성된 결과물로 만들기 어려운데 그런 면에서 이종호 선생님이 한예종 전문사과정에서 구축했던 도시리서치 시스템은 의미가 있지 않을까 생각합니다. 이종호 선생님 살아계셨으면 김성홍 선생님이 말씀하신 것처럼 리서치에서 출발해서 제도의 개선 부분에도 힘쓰시지 않으셨을까 생각합니다.

김성홍   심소미 큐레이터가 쓴 전시문이 인상적이었습니다. 리얼을 두 번 하면 진짜 리얼에 가까워지는가 라는 김광수 선생님이 쓴 문구도 인상적이었고요. 리얼리티에 접근한다는 것이 어떻게 보면 환상이 아닌가 하는 말 공감합니다. 도시 연구는 도시를 이해하는 작업입니다. 도시 연구는 여전히 중요하고 해외 대학에서도 도시 리서치의 중요성을 강조합니다. 최근 런던 정경대(London School of Economics and Political Science)는 세계도시 비교연구를 활발히 하고 있습니다. 건축가뿐만 아니라 경제학자, 인문학자, 철학자, 도시행정가, 예술가도 참여하고 있어요. 이런 큰 플랫폼을 갖고 있다는 것은 중요합니다. 이종호 선생님이 했던 리서치는 전통적 도시계획의 틀로서 감지할 수 없는 도시 리얼리티에 대한 접근이라고 생각합니다. 도시계획가들의 리얼리티는 법과 제도와 사회적 갈등 이런 것들인데 건축가들은 이와 다른 감각적 스케일의 리얼리티를 포착합니다.

이종우   김성우 선생님께선 한예종에서 을지로 프로젝트를 이종호 선생님하고 같이 진행하셨고요. 어떤 이상화된 게 아닌 현실의 문제, 법적인 조건이나 이런 것들을 충분히 기반으로 해서 제안을 하려고 시도하셨고. 서울시에서 을지로 포럼을 진행하시면서 더욱 본격적으로 현실적인 문제와 싸우셨던 경험을 가지고 계시는데요. 혹시 그런 차원에서 한예종에서 진행했던 리서치 그런 것이 아무리 현실을 지향하고 리얼리티를 제대로 보려고 했지만 부족했다든지, 그 틀 안에서는 다룰 수 없는 것들이 있었다든지 이런 것들이 있었나요?

김성우   이종호 선생님과 함께 을지로를 연구하기 시작했을 때 처음에 학생들에게 을지로에 일단 나가서 발견할 수 있는 것을 20개씩 찾아보자고 했었습니다. 처음 찾아온 것들은 우리가 흔히 볼 수 있는 것들인데, 일반적이고 쉽게 발견되는 것들을 걸러내고 그것 말고 다른 것은 어떤 것이 있을지 한 번 더 찾아보고 다시 확인하고 그렇게 걸러지고 발견한 것들을 놓고 같이 이야기하면서 3~4개월을 보냈습니다. 주변에 항상 있었는데 간과했던 것들을 찬찬히 들여다보는 과정이었어요. 그 과정에서 사용자 인터뷰도 하고 사진으로 기록하면서 건축관련 리서치하는 사람들이 잘 다루지 않는 돈의 문제, 여러 사용자와 운영주체들 간의 복잡한 관계까지 들여다보고자 했습니다. 법 제도적인 문제까지도 살펴보려고 노력을 했는데, 원하는 데이터에 접근하기 힘들어서 깊게 들어가지는 못했습니다. 을지로 관련 리서치를 2년 간 진행 했음에도 불구하고 그것을 구체적인 건축 프로젝트로 제안하는 것까지는 도달하지 못한 채로 리서치가 마무리되었고 을지로 책이 출간이 되었습니다.
그 이후에 김태형 선생님이 서울시 도시공간개선단 단장으로 가시고 저도 서울시에서 발주한 을지로 관련 연구용역에 참여하면서 을지로 지하보도를 개선하고 활용하는 방안, 서울의 역사도심 지역 옥상을 이용한 입체적 보행연결 등 실제 프로젝트를 진행하기 위한 연구를 더 이어갈 수 있었습니다. 한예종에서 연구할 때보다는 좀 더 현실적이고 구체적인 프로젝트를 진행할 수 있는 상황이 되었는데, 우리가 리서치를 통해서 생각했던 아이디어를 구현하는 방법을 찾는 것이 정말로 어려웠습니다. 을지로 지역 주변 사용자들 간의 역학관계가 생각보다 훨씬 더 복잡했고 공공인프라를 운영하는 관리부서들도 모두 제각각이고 복잡하게 얽혀 있어서 풀어낼 방법을 찾을 수 없었죠. 아이디어가 좋으니 실현할 수 있을 것이라는 막연한 생각만으로는 일이 제대로 진행되지 않았습니다. 2015년 서울 도심의 근대 건축물 옥상을 활용한 공공영역의 확장방안, 을지로 지하보도의 활용방안을 연구했던 것들 모두 다 구체화되지 못했습니다.

그런데, 2017년쯤부터 서울시 실행부서에서 을지로를 바라보는 시선이 조금씩 바뀌는 것을 느낄 수 있었습니다. 저희가 체감할 수 있을 정도로 변화가 생겨나는 거예요. 협의를 하는 담당 주무관들이 관련 법과 제도를 이렇게 풀어서 하면 방법이 있을 수도 있다는 얘기를 하기 시작하는 거죠. 저희가 뿌린 생각들이 퍼져 나간다는 인상을 받았습니다. 처음 시도할 때는 정말 어려웠는데, 시간이 지나면서 점차 실현의 가능성이 보였습니다. 하지만, 여전히 어렵고 힘든 과정임에는 틀림없습니다.

이런 이유 때문에 학교에서 도시건축 리서치를 진행할 때 학생들이 '현실화'의 단계까지 가는 것은 솔직히 반대하는 입장입니다. 거기까지 가기에는 너무나 많은 문제들이 쌓여있고 한 번에 모든 것을 해결하는 것은 거의 불가능에 가깝습니다. 그럼에도 불구하고 한예종에서 2년을 온전하게 투자해서 을지로를 살펴보았기 때문에 어디서부터 시작해야 하는지 그 단초를 찾을 수 있었다고 생각합니다. 그런 면에서 이종호 교수님 돌아가신 이후에 한예종 전문사과정에서 진행했던 도시건축 리서치 과정이 사라진 것은 조금 안타깝습니다.

이종우   건축가들의 리서치와 관련해서 이선철 선생님께서는 여러 프로젝트, 주로 유휴공간이나 폐교 이런 것들을 이종호 교수님과 같이하셨는데요. 전시 준비 때문에 인터뷰로 만나 뵈었을 때 일종의 하드웨어와 소프트웨어의 결합이었다고 말씀을 해주셨고요. 건축가의 작업 영역이라든지 거기에서 자연스럽게 협업을 통해 이어져 나갈 수 있는 다른 부분들에 관해서 많이 지켜보셨을 것 같은데요. 건축가들이 할 수 있는 작업 영역이 디자인에 그치는 것인지, 아니면 거기에 어떤 식으로 더 발전되어 나갈 수 있는지, 혹은 다른 전문가들의 참여가 필수적이라고 본다면 어떤 식으로 결합해야 하는지 말씀해주셨으면 합니다.

이선철   저는 예술경영을 전공했고 그 당시에 예술경영을 국내에서 공부할 데가 없었기 때문에 런던에서 공부했는데요. 1992년 졸업할 때 소논문 주제가 지역공동체를 기반으로 한 유휴시설의 재활용이었습니다. 학교에서 인턴십을 할 곳을 지정해줘서 거기에서 활동을 바탕으로 논문을 쓰게 하거든요. 바터시 아트 센터(Battersea Arts Centre)라고 구청 건물을 개조한 연극계에서 꽤 유명한 복합문화공간인데 거기서 일을 하다 보니 그런 데에 관심이 생긴 거고요. 전 어디까지나 프로그래머, 기획자니까 이종호 선생님의 소프트웨어 파트너라고 보시면 될 것 같아요.

  이종호 교수님은 저한테는 저보다 나이는 많으시지만 요즘 시쳇말로 인생 파트너였습니다. 기본계획이나 연구 용역을 맡으셨을 때 대부분 클라이언트가 지자체이거나 공공기관이어서 옛날처럼 건물을 짓고 끝나지 않고 내용적인 부분이 필요하다 보니 제가 컨소시엄 파트너처럼 함께 많은 것을 했던 거죠. 오늘도 책이 놓여있는 것을 보니까 그때 같이 했었던 연구보고서를 출력하면 한 30권은 됐겠다 싶네요. 돌아가시고 나서 한예종 도시건축 연구소에 아카이빙이 잘 되어있을 줄 알았는데 잘 안 되어 있어서 오히려 제가 가지고 있는 외장하드를 아카이빙 자료로 내어 드리기도 했었습니다. 그런 배경을 말씀드려야 제가 여기 왜 있는지 이해하실 수 있으실 것 같고요.

  이종호 교수님과 속칭 하드웨어와 소프트웨어의 분담을 위해서 같이 일을 했는데요. 오히려 제가 더 공부를 많이 했을 정도로 어떤 한 대상지가 생기면 그 주변을 압박해오는 듯한 느낌으로 굉장히 지역 리서치를 많이 하셨어요. 대표적인 게 나주에 도래마을이라고 나주시 전체를 다 공부할 수 있게 리서치를 같이 했었습니다. 그리고 대구에서 옛 연초제조창을 맡을 때도 대구를 종횡무진하며 연구를 했는데 나중에 대구시에서 그것을 보고 받고 정책연구보다 더 내용이 충실하다고 들었어요. 저도 대학에서 강의할 때 그 연구보고서의 앞 단만 가지고도 한 학기 강의할 정도로 인문학적 리서치가 굉장히 탄탄하셨다는 생각이 듭니다. 지금도 문화공간이나 폐교와 관련된 일을 맡을 때 옛날에 했던 연구보고서만 가지고도 할 수 있을 정도로 맥락이나 구조, 리서치의 프로세스들이 아주 단단하게 되어 있습니다. 폐교나 대구처럼 폐 공장 심지어 폐 산업시설에 불려가서 일할 수 있었던 것이, 그때 굉장히 많은 리서치를 했던 것이 하나 있었고요.

  이종호 교수님이 아까 말씀하신 대로 인문학적 소양이 깊으시다 보니까 이것이 저한테는 단순한 어떤 공간의 완성이 아니라 거의 인문학 공부를 하는 듯한 느낌이었어요. 예를 들면 나주에 백호문학관이라는 문학관 설계 기본계획을 하는데 대부분 건축가의 프레젠테이션 자료를 보면 엔지니어링적인 측면으로 바로 가기 시작하는데요. 말씀드리기 창피하지만 (제가) 백호 임제 선생이 누군지 모르고 있다가 제가 뭐

하는 사람이냐고 물었더니, (이종호 교수님이) 황진이의
남자친구라고 그러시면서 프레젠테이션의 시작을 백호 임제
선생이 황진이를 그리워하는 시의 한 대목을 보여주셨어요.
이 때문에 아주 긴장감이 도는 첫 킥오프 미팅 때 지역
유지들의 민심을 많이 얻으셨어요. 그런 정무적 감각도
굉장히 뛰어나셨던 것 같아요. 보통 지자체나 공무원들과
부딪힘도 많고, 그런데 어떤 인문학적 배경이나 소위 말하는
스토리텔링 요소를 가지고 납득할만한 공감대를 형성하는데
아주 탁월하셨던 기억이 납니다. 스토리텔링 상상력도
풍부하셨고요. 굉장히 훌륭한 프레젠터였던 것 같아요.

<u>이종우</u>　　이종호 교수님이 뛰어났던 부분이 예상되는 인물을
상정하고 그것을 시뮬레이션하는 부분이라는 얘기를 하셨는데요.
이것과 관련해서 김광수 선생님이 쓰셨던 글이 있는데 건축가가 도시
연구를 하는 것이 필요하고 온당한 일인가라는 주제로요. 그러면서
건축가가 도시에 개입하는 입장에서 도시를 연구한다는 것은 굉장히
당연한 일이라고 하셨고요. 그러면서도 건축가가 도시에 개입하는데
있어서 겪게 되는 무기력함에 대해 얘기하셨습니다. 일단 너무나
복잡한 문제를 다뤄야 하고 그런데 그 복잡한 문제를 다뤄야 하는
것마저도 주어지기가 쉽지 않고요. 그래서 무기력함 속에서 개입하게
된다고 얘기하신 것이 중요한 지점인 것 같습니다. 다른 분야의
전문가와는 달리 건축가가 도시에 개입하는데 있어서 가장 큰 장점,
능력은 무엇이냐고 했을 때 상상력과 구체성을 꼽으셨구요. 도시에
관한 관심으로 연구 작업을 하시는 것과 건축 설계는 별도로 보이기도
하고 연관성이 있어 보이기도 하는데요. 그런 두 가지 일을 동시에 다룰
때 어떤 입장에서 진행하시는지 이런 것들을 듣고자 합니다.

<u>김광수</u>　　도시는 항상 관심의 대상이고 건축 설계 작업은 항상
하는 일입니다. 두 개가 분리되어 있다는 것은 전혀 말이 안 되는
얘기고 항상 연관성을 가지고 있다고 생각을 합니다. 하지만
처음에 말씀하셨던 그런 리서치의 선형적 혹은 합리적 과정을
통해서 자연스럽게 건축적 결과물이 나온다는 것은 판타지라고
생각을 합니다. 혹은 판타지인 줄 알면서도 건축가들은 도시
리서치 과정이나 결과물을 의사소통이나 설득을 위한 도구로 쓰는

것이라고 생각을 하고요. 리서치와 건축설계는 강력한 불연속성이 있다고 저는 생각을 해요. 리서치를 하는 것과 건축설계를 하는 것 뿐만 아니라 도시를 설계하는 것도, 그 사이에는 강력한 불연속성이 있어요. 하지만 그래서 상관없다는 것이 아니고 대단한 상관성이 있는데 불연속성이 있을 뿐이다라는 유보적 전제에서 작업을 해서 끝까지 가다 보면 "어, 이게 이렇게 만날 수 있네?" 하는 상황이 생긴다는 것이죠. 그런 경험들을 좀 많이 하다 보니까 저는 작업할 때 꼭 뭔가 논리적으로 귀납시키려 한다거나 하지는 않아요.

저는 이종호 교수님과 몇몇 작업들을 했고, 특히 서울건축학교에서 스튜디오를 몇 번 같이 진행하며 많이 배우기도 했습니다. 서울건축학교의 워크샵을 통해 이종호 교수님 뿐만 아니라 선배 건축가들이 도시를 대상으로 작업하는 모습들을 보면서 많이 배웠습니다. 하지만 또 한 편으로는 당시 해외에서 일찍 유학한 몇 몇 선배 건축가분들이 도시실무 쪽에서 일하시는 상황도 있었지요. 그런 분들이 작업해서 80년대 말 90년대 초에, 분당이나 일산과 같은 신도시들이 생겨나고 다가구 주택들이 생겨나고 이런 시점이었는데요. 이러한 접근들은 정말 물량적으로 진행되는 것이었죠. 200만 호 주택건설을 하고 그런 시점이었으니까요. 그 시기는 기존 도시의 성격들이 다 사라져가는 상황이거나 성격없는 신도시가 등장하는 것과 함께 88올림픽 전후로 유흥문화가 팽창하고 근린 생활 시설에 간판이 덕지덕지 붙으며 이상한 변종 건축물들이 번성하는 그런 시기였었죠. 서울건축학교 워크샵은 아마도 이러한 도시상황에 대한 비판에서 시작된 것인지도 모르겠어요. 저도 그랬지만 이종호 교수님을 포함해서 서울건축학교를 중심으로 한 건축가 분들이 특히 그러한 정량적 접근과는 다른, 도시의 퀄리티, 삶, 혹은 리얼한 것이라 부를 수 있는 것들을 집요하게 관심을 두고 지켜보고 리서치하고 어떻게 해서든 삶의 실재를 담는 건축/도시 담론을 잡아내려고 하셨던 것 같아요. 저도 그 과정을 같이 많이 했었고요. 말씀하신 것처럼 그러한 담론은 다시 구체성과 함께 형식화시켜야 하잖아요. 그런데 그 형식화의 지점에서는 많은 건축가들이 계속 무력해지는, 일종의 '졸업 설계'하는 느낌 혹은 5학년 학생이 된 듯한 느낌이 들고는 했었습니다. 뭔가 불가능한 것을 붙잡으려하는 느낌이 있었지요. 대부분의 건축가들이 설계를 10년, 20년 넘게 했어도 항상 그 상황에 봉착하고 실패를 반복했던 것 같은데, 이종호 선생님은 계속 포기하지 않으셨던 것 같아요. 많은 건축가들이 도시연구에서 물러난 시점 이후에도 계속 그러한 작업을 집요하게 했었으니까요. 제가 도시 관련해서 특별한 경험을 했던 것은 순천 문화 도시 기본 계획이라는 것을 정기용 선생님, 이종호 선생님, 그리고 이진욱 소장 등과 함께 했을 때였어요. 매우 많은 리서치를 했었고 특히 현장 조사를 대단히 많이 했었는데 그 과정에서 순천의 구시가지에 과거 성곽의 흔적이 있는 것을 발견한 거였었죠. 순천시 관계자들도 전혀 몰랐었다고 하는데, 사라진 성곽의 흔적을 옛날 일제강점기의 원적도를 찾아서 발견하고, 기본구상에 대한 아주 많은 실마리가 풀렸던 경험이 그것입니다. 또한 주변의 역사적인 상황뿐만 아니라 두 분은 특히 사람들에 관심이 많으셨고 사람들을 끊임없이 만나면서 대화를 나누고 그랬었어요. 이 과정을 거치다 보니까 어느 순간 매지컬한 포인트가 생겨서 뭔가 그것들을 담을 수 있겠다 싶은 개념과 방법론이 생기게 되었고 구체화된 제안으로 이어졌던 것이죠. 만약 순천시가 저희가 제안했던 것을 그때부터 꾸준히 실행했었으면 지금 훨씬 더 대단한 도시가 될 수 있었을 것 같아요. 그때 그나마 순천의 공무원들한테 얘기했던 부분들이 얼마 전에 가보니까 진행은 되고 있었고 지금도 그 과정에 있긴 한 것 같은데 그런 것들이 좀 더 밀도 높게 진행되었으면 좋았겠다는 마음이 큽니다. 순천에서 작업했던 것은 이종호 교수님도 그렇고 저희도 그렇고 꽤나 신기한 경험으로 남아 있습니다.

민현식   '아시아 문화 중심도시 광주 기본계획'을 이종호교수와 진행하던 때, 제가 그 프로젝트의 책임연구원이었습니다만, 그때 우리가 제일 먼저 열심히 한 것이, 만나는 사람마다 질문하는 것이었어요. 그 인터뷰는 시도때도 없이, 별의별 사람들에게 다 했습니다. "'광주' 하면 뭐가 제일 먼저 생각나세요?" 99.9%의 첫 대답은 '무등산'이었어요. 대답의 두 번째가 '예향', 세 번째가 '소외'였어요. 그 연구용역 다음에 벌어진 일이 '아시아 문화 전당' 현상설계입니다. 그때 작고하신 정기용 선생이 심사위원이었던 것이 천만다행이라고 생각하는데, 심사 중, 프랑크 게리 같은 요상한 형태를 가진 안은 광주에 적합하지 않다는 기류가 흘렀고, 우규승 선생의 안이 당선작으로 선정된 후 안팎으로 시끄러운 와중에 광주 시장이 저에게 전화했어요. 아시아문화전당 당선작을 보니까 좋은 것이 없다. 그 분 생각에는 아마, 빌바오의 구겐하임

미술관과도 같은 특별한 형태의 거대한 문화 전당을 상상하고
있던 거죠. 제 대답은, "제가 보기에 광주에 세워진 것 중에
가장 광주답지 않은 것이 5·18 묘지의 탑입니다. 문화전당 역시
무등산보다 더 높은 걸 만들려고 하십니까. 아무리 해도 무등산은
이기지 못할 것이고, 그런 걸 만들어 놓으면 무등산이 오히려
죽는다" 대개 이런 논지였습니다. 전 그게 굉장한 성과라고 봅니다.
그런 것이 생기지 않은 게 큰 성과라고 생각합니다.

이선철 이종호 선생님과 소도시에서 일을 많이 했는데요. 강릉에
명주동 같은 경우는 시장님이 직접 명주동의 원도심을 살리는 계획을
하라고 말씀해 주셨어요. 이종호 선생님의 단점이 한 가지가 있는데
레토릭이 좋으시고 스토리가 잘 되어 있는데 조감도를 보여주면 사람들이
어리둥절 한 거예요. 박수근 미술관 때는 군수님이 다혈질이라서 조감도를
보고 땅에 있는 듯 마는 듯하다고 그러시고. 사람들이 시각적으로
스펙타클한 것을 원했을 때 그런 점에서 다르기 때문에 이미 동의는 했으니
뭐라고는 못하는 그런 요소가 있었거든요.
  다 아시겠지만 이종호 선생님이 약간 결벽증 같은 게 있어서 기본
계획까지만 하시고 실시설계 시장에는 잘 안 뛰어드셔 가지고. 그래서 초기
계획은 잘 세워놓으셨는데, 실시설계 입찰 단계에 가게 되면 완전히 다른
것이 나오는 경우를 굉장히 많이 봤거든요. 시에서는 그래도 실시설계하는
팀을 일부러 불러서 이종호 선생님이 잠시 계셨던 세운상가까지 와서 시
공무원 하고 실시설계하는 건축사를 데리고 와서 기본 계획을 설명하고
"가능하면 이걸 이어갔으면 좋겠다"고 얘기하고.

김성홍 건축과 도시 사이에는 불연속 지점이 있음에도 불구하고 두
영역은 연관이 있다고 말씀해주셨는데요. 유럽과 아시아 도시와 서울의
같음과 다름이 무엇일까 하는 것이 저의 계속된 질문입니다. 서울의 도시
계획과 도시 조직의 변화, 그 뒤에 숨어있는 힘이 무엇인지 들여다 보고
있는데요. 우선 서울의 양극화된 도시조직을 들 수 있습니다. 김성우
선생님이 연구했던 소필지들은 격자형으로 잘 조성된 곳들입니다.
도심과 구릉지에는 이보다 작은 필지들도 있습니다. 반면 10만 제곱
미터를 넘는 단지로 이루어진 지역이 있습니다. 그런데 우리 도시에는
이 사이의 중간단위가 없어요. 중규모의 블록 위에 세워지는 집합적,
공공건축이 드물기 때문에 건축가들의 사회적 위상이 낮은 것 아닐까

합니다. 가로주택정비사업(노후불량건축물이 밀집한 가로구역에서 종전의 가로를 유지하면서 소규모주거환경을 개선하기 위한 사업)과 같은 사업 수단이 있지만 시장에서 작동이 안 되고 있습니다. 건축가들은 도시계획을 비판합니다. 그렇지만 발을 담그는 노력은 추상적입니다. 서울의 지구단위계획을 심의하는 위원회에서 참여하면서 왜 그런지 이해하고 있습니다. 왜 우리도시는 3차원의 도시관리계획을 만들지 못하는가? 이런 근본적 문제에도 불구하고 건축가들은 도시계획에 상상력을 보탤 수 있습니다. 무언가를 촉발시키는 능력이 있습니다. 다른 분야의 사람들이 할 수 없는 일입니다. 그런데 도시의 중요한 결정에 건축가는 늘 배제됩니다. 무지하기 때문이기도 하고 무시하기 때문이기도 합니다. 도시의 큰 틀을 결정하는 도시계획위원회와 도시건축 공동위원회에 총괄건축가와 도시공간개선단장이 참여하지 않는 것을 큰 문제라고 인식하지 않는 것 같습니다. 건축가와 도시계획가들은 다른 언어를 사용합니다. 안타까운 일입니다.

김광수 　왜 그런지에 대한 이유가 아까 말씀하셨듯이 도시계획 쪽 업역의 전문화와 네트워킹이 건축사무소의 그것과 달라서 일까요?

김성홍 　여러 이유들이 있겠지만 태도나 관점의 근본적 차이입니다. 공공기관에서 도시계획 분야는 엄밀히 따지면 두 그룹이에요. 토목전공과 도시전공에 행정경험이 결합된 구도입니다. 그들 사이에도 다른 언어를 씁니다. 이종호 선생님이 기본설계까지는 잘하셨어도 실시설계가 잘 안 된 이유는 그들과 다른 언어를 썼기 때문에 소통이 안 되었을 수 있어요. 누군가 번역을 해주어야 하는 거죠. 도시의 변화와 과정에 개입하려면 공유하는 언어를 써야 합니다. 그들이 안되면 절박한 내가 언어를 바꿔줘야 돼요. 모든 건축가들이 이것을 다 할 수가 없어요. 그래서 중간에 번역을 하는 사람이 있어야 하는 거죠. 이런 구도가 되면 논의가 풍부해질 것 같아요.

이선철 　말씀하신대로, 공공영역에 최적화된 건축가들이 있고.

김성홍 　공공행정은 업무가 정형화되어 있어요. 규정과 절차에 따라 훈련이 된 사람들에게 원론적인 것을 이야기 하면 "우리가 그것을 모르는 것이 아니다. 지금 절차대로 하기도 버거운데" 이런 반응이 나오는 거죠.

이선철 프로세스에 굉장히 강하고, 건축적 상상력은 곧 원가에 침해를 주기때문에, 자유로울수록 싫어하고.

김성홍 조금 전 이야기했던 신도시도 결국 뇌관은 돈이거든요. 택지개발사업자는 비싼 땅을 집약시켜 높게 파는 것이 사업의 성패를 가른다고 생각하죠. 이런 토지이용계획을 신념처럼 믿는 사람들에게 다른 이데올로기가 담긴 이야기를 하면 이상해져 버리는 거에요. "이 사람이 우리 사업을 못하게 하려고 훼방을 놓는구나" (이렇게) 간극이 아주 큽니다. 우리나라 아파트 단지의 건축적 문제를 압축하면 도시의 집합성이 결여되어 있다는 것입니다. 이 문제는 프로토타입의 단지 배치를 바꾸어야 하는데 이를 주장하는 순간 이해당사자들은 자신들의 경제적 권리를 침해한다고 반발하죠. 잠실5단지에서 조성룡 당선자가 겪었던 논란의 핵심도 이것이죠. 서울시를 비난하는 빨간 현수막이 걸려있더라고요.

이종우 그런 부분에 관해서 건축가분들은 다른 태도를 갖고 계신 건 아닌지 궁금하네요. 아까 김광수 선생님이 이종호 교수님 특징에 관해서 이야기할 때 어떤 삶, 퀄리티, 진정성, 윤리적인 가치 이런 것들을 중요시 하셨다고 말씀하셨는데, 그런 것이 어떻게 보면 실질적인 차원에서 장애가 될 수 있는 측면도 있고요. 건축가분들은 그런 생각의 프레임과는 다른 방식으로 작업을 하실 것이라는 생각도 듭니다. 특히 조장희 소장님 같은 경우는 전에 로우 코스트 하우스 시리즈로 집 없는 사람들을 위한 주택으로 봉사활동을 하시고 그랬을 때 어떤 생각을 갖고 하셨는지 궁금합니다.

조장희 일단 말씀하신 로우 코스트 하우스 시리즈 같은 경우에는 당시에 무엇이든 주어지면 열심히 하는 과정이었어요. 그래서 이것들이 나중에 모였을 때 어떻게 바라볼 지는 둘째 문제였고요. 그 당시에는 그때그때마다 어떤 주제에 대해 저가로 실험할 수 있는 것이면 해보자는 의미가 있어서 지금 논의되고 있는 도시나 공공적 주제하고는 조금은 다른 것 같고요.

저희가 2012년도에 독립을 해서 실무를 시작한 때는 하나의 개별 필지가 있고 거기에 어떤 개인이 의뢰를 한다고 하면 도시라는 것은 이 필지 인근, 주변의 도시가 어떻게 만들어져 있고 이 필지와 어떤 영향이 있는지 정도를 파악하는 선에서 리서치라고 할 것도 없이 조사 정도를 하는 수준이었어요. 그 다음에 건축주 요구의 따라서 건물을 괜찮게 잘 만들 것이냐 그런 노력으로 이어져 왔던 것 같아요. 그래서 제가 바라보는 도시라는 것은 뭔가 변화시켜야 하는 대상이라기보다, 주어져 있고 현재 어떻게 작동하고 있는지 그리고 어떤 변화들이 일어나고 있는지를 파악하는 대상이지, 내가 이 도시를 어떻게 큰 방향으로 이끌어야겠다는 생각까지 하는 정도의 대상은 아닌 것 같습니다.

최근에는 약간 특이한 경우가 있는데 도시 설계를 전문적으로 하는 엔지니어링 업체하고 인연이 닿아서 그쪽하고 같이 프로젝트를 두세 개 정도 하고 있어요. 일반적으로 엔지니어 업체는 어떤 도시에 대한 용역이 들어오면 필지의 용도 지구를 바꾼다든지 아니면 도로를 바꿔서 필지를 예전에는 10층 정도의 규모였다면 이것이 주변에 어떤 영향이 있어서 40층으로 높여야 한다, 또는 용적률을 높이고 기부 채납을 해서 여기를 어떤 용도로 바꿔야한다, 그런 식으로 서울시에 제안을 하고 하는데, 그 제안에 있어서 건축적인 상상력이 부족한 거죠. 목표는 떠오르는데 이것을 어필할 수 있는 건축적인 공간 또는 매력적인 공간이 과연 어떤 것이냐까지를 제안하진 못하죠. 그분들이 도시 계획과 엔지니어링을 해왔기 때문에 이 제도를 어떻게 이용해야 할 것인지에 대해서는 잘 알지만 건축적인 공간이 어떻게 나올 것이냐에 대해서 약하기 때문에 그런 부분에 있어서 저희와 협업을 해오고 있습니다.

최근에는 양양 쪽에 어촌마을이 있는데 어촌마을 주변 몇 만 평을 다 개발하려는 프로젝트가 있어요. 그런데 어떤 경험이 좀 특이하냐면 저희가 어떤 필지가 주어지면 필지를 조사해서 규제를 보고 안 되는 건 안 되는 거고 되는 것 안에서 설계를 하는 단계로 넘어가는데요. 거기 있는 사람들은 "안 되는 걸 어떻게 하면 되게 하지" 생각을 해요. 개념 자체가 다른 거죠. 필지도 완전히 다 묶여 있고 개발도 안 되게 되어 있는데 너무나 자연스럽게 전체 그림을 그리는 거예요. "이것은 이렇게 풀면 되고 이것은 저기랑 얘기해서 이렇게 풀면 되고" 이런 전제로 그림을 그렸으면 좋겠다고 해요. 예전에 하나의 필지, 단지 설계를 했을 때 제약 속에서, 그 안에서 어떻게 풀어낼 것인가를 고민하는 상황이었는데, 지금은 쉽게 말해서 다 된대요. 이렇게 해도 되고 저렇게 해도 되고. 그러니까 어떤 제약을 넘어서 어떻게 좋은 것을 만들어 낼 것이냐, 그리고 어떻게 사람들이 와서 즐기고 잘 살 수 있는 공간을 만들어 낼 것이냐에 대한 고민을 지금은 하고 있어요. 너무 자유도가 높아서 오히려 저희가 스스로 조절도 하고 제안도 하는 그런 과정을 거치고 있는데요. 지금 같이 하는 엔지니어링 업체는 특이한 것이, 전통적으로 다른 업체는 어디서 용역이 들어오면 대부분 용도지구 정도를 바꾸고 통과시켜주고, 건폐율, 용적, 높이 맞춰주고 통과시켜주고 하면 보통 그 일은 끝이에요. 그러면 거기에다가 클라이언트가 어떤 건축가든 대형 설계사무소든 의뢰해서 빌딩을 지어서 개발하는 그런 과정인데요. 지금 그 회사의 대표 같은 경우에는 자기가 수십 년 동안 그렇게 해왔는데 그것보다 이것을 개발하면서부터 건축적인 그림을 같이 그려서 한 번에 제안을 하고 싶고 이후에까지 자기가 관여를 하고 싶어 하세요. 약간 시행의 마인드가 조금씩 섞이면서 접근을 하다 보니까 단순히 도시 계획하고 건축하고 딱 끊어서 업역이 나뉘는 게 아니라 그분도 뭔가 더 하고 싶어 하고요. 그러다 보니 저희가 도로를 이쪽으로 내고 뭐 이렇게 하자는 제안에 대해서 유연하게 도시 계획 쪽에도 반영이 되는 경험을 하고 있어요. 실제로는 이게 이루어지려면 1~3년 있다가 실행이 될지 안 될지 결정이 나겠지만 지금 단계에서는 굉장히 유연하게 작업을 진행하고 있습니다. 그런데 제도를 잘 모르고 이것을 어떻게 만들어야 도시를 바꿀 수 있을지에 대해서 모르고 있지만, 이런 협업의 사례들이 긍정적인 결과로 나온다고 하면 충분히 가능성은 있지 않을까. 물론 벽도 나누어져 있고 각자의 자존심도 있고 서로 말도 안 된다고 이야기하지만 이해관계가 좀 맞았다고 하면은 가능성도 있다고 생각을 합니다.

정이삭　　비슷한 이야기일 것 같은데요. 사실 도시 리서치를 하는 이유가 건축 자체에서 새로운 것을 찾을 수도 있지만 새로운 측면을 주도적으로 발견하려고 하는 것 같아요. 그래서 도시를 조금 새롭게 봐서 새로운 제안을 하려고 하면 어떤 한계들에 부딪히는 지점들을 발견하게

되고요. 그것이 어떤 제도 같은 것일 수 있죠. 말씀하신
대로 하면 할수록 안 되는 것에 대한 이유를 발견하는
과정이기도 한데 그 과정들을 겪다 보면 아주 미세한
개선을 할 수 있는 지점을 발견하기도 하는 것 같아요.

    제가 경험했던 것 중의 하나는 한양도성 보호각 설치하는 작업이
있는데요. 생각해보면 한양도성에 기본 보호각 시설이라고 하면 그냥
한양도성 잘 가리면 끝나는 작업이지만, 그것의 기본 구상을 만들 때
성곽이 만들어지기 전에 지형은 어땠을까 이것부터 시작해서 도면을
그리고 성곽이 만들어졌을 때 그리고 조선신궁이 들어왔을 때 전부
조사했어요. 조선신궁은 성곽을 보호하는 보호각을 만든다고 하면
배제되는 대상이었는데 조선신궁의 형상이라든지 군사 정권 시절에
만들어졌던 분수대의 흔적이라든지 뭐 이런 것들을 다 하나의 풍경으로
놓으면서도 한양도성이 잘 보여지는 것이 좋을 수 있다는 방향으로 제안을
했어요. 그런데 그때 역사 쪽, 문화재 쪽 선생님들한테 엄청난 공격을
받았죠. 한양도성만 빛나게 해야 한다. 저는 그것이 물론 생각의 차이일
수도 있지만 상상력의 차이일 수도 있다고 생각을 했거든요. 이것이 꼭
제 생각이 맞다 그분들의 생각이 맞다 그런 논리가 아니라, 이런 것을 한
번 생각을 해보고 결정을 할 수 있지 않나. 왜 한양도성 보호각 만드는데
건축가가 기본 구상을 만드느냐 건축가가 아니어도 되는데. 그런 것을
생각할 수 있는 사람이 있으면 좋겠는데 없으니까 건축가가 하게 된 것
같아요. 그러한 길이 이종호 선생님도 초기에 고민하셨던 지점이었던 것
같아요. 이종호 선생님이 리서치라고 하는 것의 중요한 가치 중 하나라고
생각하셨던 것 같고. 어쨌거나 결국은 새로운 것을 만들려고 하는 의지와
더불어 제도를 조금이라도 개선해보고자 하는 의지 같은 것들이 있으셨던
것 아닌가. 그래서 그것이 좀 많이 아쉬운 것 같아요.

  김성홍 그런 프로젝트들이 점차 많아질 것 같아요. 서울시도 눈이
높아졌기 때문에 도시계획 엔지니어링 업체에서 가져온 반복적 제안으로는
만족하지 못합니다. 건축주들의 눈도 높아져서 더 좋은 것을 기대합니다.
건축가들의 참여가 늘어나야 합니다. 건축의 자율적 원리와 언어를
심화하고 강점으로 가져가야죠. 한편으로는 다른 사람들과 대화하는
전술과 전략들도 가져야 합니다. 도시계획 행정가와 엔지니어링 전문가는
법의 틀 안에서 일합니다. 건축가들은 법에 지레 겁을 먹죠. 아주 복잡할
것이다. 다른 사람이 할 일이다. 그렇지만 건축가들의 지식, 경험, 역량으로

조금만 노력하면 파악할 수 있습니다. 과거와 달리 온라인에 모든 법을 한눈에 볼 수 있는 국가법령정보센터가 앱이 있습니다. 조금만 노력하면 얼개를 파악할 수 있습니다. 건축가가 알고 있는 지식과 경험에 비하면 아무것도 아니라고 생각해요.

렘 콜하스(Rem Koolhaas)가 90년대 초반 강남의 글라스타워에서 강의를 한 적이 있습니다. 외국 스타건축가들이 강의를 직접 들을 기회가 없었을 때입니다. 강연장에 들어갔는데 앉을 자리가 없어 복도와 연단 앞에 발 디딜 틈이 없을 정도로 많은 사람이 앉아 있었습니다. 토론자로 나선 교수들도 긴장하고 있는데 렘 콜하스가 보여주는 내용이 스키폴 공항의 유동인구, 경제적 효과와 같은 다이어그램과 숫자밖에 없었어요. 심오한 공격을 준비한 토론자들을 무색하게 만들었죠. "저 사람 교활할 정도로 전략적인 사람이구나" 생각했죠. 건축의 언어를 기대하고 온 건축가들에게 다른 언어를 내민 거죠. 두 가지 언어를 갖고 들어가서 필요할 때 반대의 언어를 쓸 거라 봐요. 기업가와 행정가를 만나면 새로운 미학과 도전을 꺼내겠죠. 건축의 브리콜레르(bricoleur) 같은 거죠.

<u>정이삭</u>　이선철 선생님이 좀 전에 이종호 선생님이 행정가들을 만났을 때 쉽게 감동시켜버리는 지점이 있다고 하셨는데 그것이 리서치의 힘이기도 한 것 같고요. 예전에 제가 사실은 부동산 개발회사에 가고 싶어했었는데, 이종호 선생님이 CBRE라는 회사를 소개시켜 주셨어요. 그래서 면접도 봤었는데, 그 회사에서 이종호 선생님을 좋아하는 이유가 리서치를 기반으로 해서 지역에 돈 많은 사람이나 정치하는 사람한테 굉장히 설득력 있어서라고 하시더라고요. 이종호 선생님이 그런 말씀도 하셨거든요. 나는 연구자는 아니다. 나는 건축가다. 그 이야기가 명확하게 기억나는 이유가 연구자와 건축가 사이의 근본적인 차이는 있어야 한다고 생각하기 때문이에요. 어쩌면 우리가 더 해야하는 역할이 연구 자체보다는 기존에 연구된 지점들에서 놓치고 있는 것을 통찰력을 가지고 감지를 하고 파고들어서 좀 더 다른 측면으로 몰고 갈 수 있는 힘을 발견하는 것 또한 굉장히 중요하다고 생각합니다. 힘을 어디에 두느냐의 얘기인 것 같아요. 두 가지 언어를 다 할 수도 있고 물론 두 가지 언어를 다 중시해야겠지만, 두 가지 언어를 하고자 하는 마음 속에서도 태도가 달라질 수 있을 것 같다고 생각했어요.

<u>이선철</u>　그때 CBRE가 뭐라고 얘기했냐면, 우리는 세상을

72

엑셀의 창으로 보는 사람들이라고 했거든요. 부동산 회사잖아요. 용산국제업무지구 개발할 때… (이종호 교수님이) 어떤 멀티한 언어를 자유자재로 구사함으로써 최적화시킬 수도 있겠지만 상대방이 갖고 있지 못한 점을 드러냄으로써 엑셀 창으로 보는 사람들을 설득하셨었어요. 아름다운 그림을 보여주시면서 "저 양반이 반드시 우리의 파트너가 되어야겠다"라는 반대 매력(Opposite attraction)을 해주신 것 같아요. 설사 우리의 랭귀지는 약하더라도 그것은 우리가 알아서 할 테니 이 부분을 보완해주면 전체 그림이 훨씬 풍요로워진다라는 것에 대해서 많이 느낀 것이 있습니다.

김성홍   원흥재 소장님은 이번 전시에서 리서치를 많이 하셨던데.

원흥재   네. 2010년에 함께 공부하였던 동료들과 그 시절을 떠올리며 도시연구의 가치에 대해 다시 리마인딩하는 좋은 시간이었던 것 같습니다. 저는 실무를 하면서 느낀 리서치의 가치를 몇 가지 경험적인 예로 말씀드릴 수 있을 것 같네요. 제가 회사생활을 할 때가 '턴키'와 'PF' 발주의 마지막 시기였습니다. 몇만 제곱미터가 넘는 공공청사 프로젝트들을 1년에 2~3개씩 설계했으니 양적으로는 매우 풍족했던 시기였지요. 반면에 건축과 공공영역에 대한 진지한 고민은 부족했던 때였던 것 같습니다. 금융위기 터지고 나서 2~3년 후 대형 공공건축의 발주 물량도 많이 줄어들었을 때 건축계가 질적인 고민을 본격적으로 시작한 시기가 아닌가 싶습니다. 저도 이때 회사 그만두고 한예종에서 여러 연구를 진행하면서 이러한 부분에 대한 반성과 나름대로의 깨우침이 있었죠. 이종호 교수님이 리서치하면서 제일 강조하셨던 것이 건축과 도시 그 자체에 앞서서 그곳에 사람, 그리고 그들이 살아가는 모습이었던 것 같아요. 그 모습들을 면밀하게 성찰해야 새로운 가능성을 가진 건축이 나온다고 말씀으로, 작업으로 보여주셨던 것 같아요.
우리나라 건축사 1만2천 명 중에 이런 고민을 하면서 일하는 사람들은 아마 1%도 안 될 거에요. 일이 들어오면 그냥 상황과 현실에 맞춰서 특별한 고민 없이 빨리빨리 하는 식이죠. 아까 김광수 소장님께서 리서치를 하고 그것을 자기 설계에 접목하는 것은 판타지에 가깝다고 말씀하셨는데, 저도 일부 동의합니다. 사실 리서치를 하고 어떤 결론에 도달해 막상 적용하려면 여러 현실적 제약사항도 많고 잘 안 돼요. 초기의 주장이 다 희석되어 버리기도 하고. 그럼에도 불구하고 저는 이것이 프로젝트에 대한 다수의 '공감'과 미래의 '비전'을 이끌어내는 중요한 도구라고 생각합니다. 당장은 실패했지만 계속 버리지 않고 꾸준히 반복적으로 적용시키면 리서치로 도출한 아이디어가 어느 순간에는 실현이 되고 사람들의 공감을 이끌어내는 부분이 있더라구요.

정이삭 소장님이 건축가가 개입할 수 있는 것 중에 공공 건축의 생성 전에 어떻게 만들어야 하는가에 대한 리서치, 소위 '기본구상'에 대해 말씀하셨는데요, 이것이 더욱 확대되어야 한다고 생각합니다. 제가 작년 말에 서울 인근 모 지자체의 동 주민센터 공모에 당선이 되었어요. 주민센터와 치매보호시설이 복합되어 있는 거의 최초의 신축건물일 거에요. 저는 발주처의 상황 같은 건 전혀 모르고 그냥 지침이 정하는 것 안에서 설계를 했죠. 당선 이후 주민들 모아놓고 설명회를 하는데, 나오는 반응이 너무 놀라웠어요. "치매? 왜 우리 동네에 치매야? 집값 떨어지면 어쩔라고…" 난리가 났죠. 이런 상황의 원인에 대해 발주처에 물어볼 필요도 없었어요. 사전조사 및 주민의견을 포함한 기본구상이 전혀 이루어지지 않은 상태에서 그냥 공모 발주 내보낸 거에요. 구청 앞 설계사무소에서 개략 규모검토만 해서 말이죠. 결국 구청 입장에서는 당선안은 뽑았는데 주민은 원하는 바가 완전 다르니 결국 주민이 원하는대로 다 해주라고 저희한테 시켰어요. 그래서 설계 다 바꾸고 완전히 다른 건물이 되었죠. 정해진 시간에 모든 걸 다시 협의하려니 시간도 엄청 오래걸리고 결국 설계 퀄리티도 낮아졌어요. 서울시같은 경우는 공공 프로젝트의 기본구상이 규모를 떠나서 잘 실행되고 있는 것 같아요. 완벽하진 않지만 투자도 많이 하고 주민 및 사용자와 인터뷰 같은 것을 곁들여 도시스케일에서의 미래를 구체적으로 제시하는거죠. 그런데 아직 서울을 벗어나면 이런 작업들의 의지나 가치인식이 희미해요. 각 지자체마다 공공건축가제도를 도입하고 있는데 이런 기본구상의 필요성을 인식시켜 건축가들이 공공에 기여하는 또다른 역할을 제시해주어야 할 때라고 생각합니다.

심소미   그간 예술가들과 도시 리서치를 익숙하게 해와서 건축가들의 방법론이 어떻게 될까 궁금했어요. 전시에서 보이는 것뿐만 아니라, 리서치의 과정에서 건축적인 물성이 뭐가 등장할 수 있는지, 그리고 그것을 전달하는 방식이나 프로세스에도 관심이 많았거든요. 앞서서 이종호 건축가가 프레젠테이션 하실 때 건축가의 언어, 발화의 방식에서 오는 교감, 설득력, 소통의 방식에 대해서 말해주셨는데요, '리얼시티 프로젝트'가 워크숍에서 그간의 리서치내용을 공유하고자 프레젠테이션하는 것을 보면서 건축가가 전달하는 스토리텔링의 화술 자체가 상당히 전달력이 있다, 이런 것이 중간에 계속 발화되고 공유될 수 있는 자리들이 외부와의 관계 속에도 있다면 어떨까. 도시와 관련해서 건축가들의 리서치라는 것이 어떤 효용성이 있느냐는 지점에서 사실 효율성보다는 간극이 더 많잖아요. 그럼 이 간극을 줄여나가려는 방법들이 분명히 필요한 것 같고, 그것이 전시로는 부족한 것 같아요. 전시는 형식적인 것과 시각 언어라는 점에서 한계가 분명히 있기 때문이에요. 소통할 수 있는 최근 건축 큐레이팅이나 건축 전시 이야기가 많이 나오고 있으니까. 어떤 발화의 방식이나 그런 것들이 교환되고 프로세스를 공유하는 장들이 더 있었으면 좋겠다는 생각이 들어요.

원흥재 리서치가 힘을 발휘하려면 지속성이 있어야 한다고 생각해요. 건축가들이 자기작업을 전달하는 방법이 사실 쉽지는 않잖아요. 일반인이 보면 전문 용어도 많고 보이는 방법도 생소하고. 리서치가 번안이 되고 시각화 되고 더 일반화되고... 이런 단계들이 시간을 가지고 쭉 직선으로 가야 하는데 이게 지속성을 갖기가 힘들어요. 아까 김성홍 교수님께서 말하신 런던 정경대 같은 후원 프로그램이 없으니, 연구를 하고 싶으면 자기 사비를 들여 자발적으로 하지 않는 이상 거의 유지가 불가능한 일이죠. 서울건축학교 같은 경우도 선생님들의 열정이 뒷받침이 안 되면 어려운 거였잖아요. 저만 하더라도 이번 전시 준비를 하는데 주위에서 "너는 일 안하냐?", "돈 안벌어?" 가치가 있는 일인걸 알면서도 경제적으로 이를 계속 유지시키기가 너무 어려운 거에요. 좋은 연구들이 현실에서 빛을 발할 수 있을 때까지 계속적으로 유지시킬 수 있는 주체가 절실하게 필요합니다. 저는 서울시 도시공간개선단이 이런 역할을 할 수 있는 가능성이 있다고 봐요. 리서치를 수행하는 건축가들의 연구를 장기간 지원함과

동시에 연관된 다른 분야의 프로젝트들과의 소통할 수 있는
장을 만드는 컨트롤타워같은 역할이랄까. 저는 이번 전시가
단순히 보여주는 것으로 끝나는 게 아니라 앞으로 도시와
건축을 둘러싼 다양한 분야의 집단적 연계주체를 모색하는
계기가 되었으면 하는 바람이 있습니다.

<u>심소미</u>　　여전히 건축 전시는 대형 스케일 중심인 편이라, 리서치에
대한 작은 전시들처럼 소형의 사건들이 다양하게 등장했으면 좋겠어요.
사실, 현실에서 건축가라는 이름을 달고 계시는 분들을 보면 다
소장님이고 어느 정도 입지가 있는 분이잖아요. 건축가라는 이름에
대한 한계가 사회적으로 존재하고 있고, 그게 건축계뿐만 아니라
사회 전반적인 프레임이기도 해, 건축적 가치를 인정 받는다든지
혹은 공유하는 장이라는 것에 대한 기준점들이 너무 많은 것 같아요.
그럼 이것들을 어떻게 가로지르고 허물 수 있을까. 이번 전시에서
리서치를 통해 이례적이고 단발적인 건축 콜렉티브가 발생을 했어요.
전시를 통해 등장하는 무명의 콜렉티브, 이런 게 사소할 수 있지만
현실에서 시도조차 쉽지 않은 뭔가를 기대해볼 수 있지요. 건축을
둘러싼 현실적인 한계, 권위와 형식과 위계를 전시라는 플랫폼을 통해
가로지를 수 있지 않을까. 건축과 현실, 리서치와 실천 사이의 간극은
또 다른 논의의 장을 촉구하는 하나의 가능성일 수도 있지요.

　　　　　　　　　　　김성홍　　도시 리서치와 건축 실무 사이의 간극에 대해서
말씀해주셨는데요, 여전히 대학에서 하는 도시 리서치는
중요한 프로그램 중 하나입니다. 전 세계 대학의 워크숍
프로그램에는 늘 리서치가 중심이죠. 서울시립대도 아시아
대학과 도시 리서치를 십 년 이상 해오고 있습니다. 서울에
많은 대학이 분산되어 있기 때문에 이런 연구결과가 응집력을
갖지 못하는 측면도 있어요. 서로 협력하고 건축가들도 대학에
와서 역할을 할 수 있으면 좋겠다는 생각이 들어요. 내년
베니스 비엔날레 건축전도 도시를 다룰 것 같습니다. 어떻게
하면 우리가 같이 살 수 있을까 하는 주제입니다. 세계화로
인한 도시 문제, 인구 문제, 환경 파괴의 문제 이런 것들에 대한
화두가 계속 등장합니다. 이런 상황에서 건축이 무엇을 할 수
있는가 지속적으로 물음을 던지는 것입니다. 나오는 답이 이런

거예요. 건축가는 궁극적으로 만지고 볼 수 있는 물리적 실체를 만드는 사람들이며, 이들의 가장 큰 힘은 상상력이다. 건축의 힘은 여기에 있죠. 앞으로도 학술회의, 비엔날레, 워크숍에서 도시 주제는 계속 등장할 것입니다. 현대사회가 직면한 가장 큰 문제가 도시에 있기 때문이죠.

리얼—리얼시티
REAL—Real City

07.12 -
08.25

도시의 숨겨진 잠재력과 건축·문화·예술의 움직임

오늘날 우리가 무수히 리얼리티를 거론하고 있음에도 불구하고, 도시의 현실과 소통하지 못하는 이유는 무엇일까? 전시는 해묵은 말이 되어버린, 그러나 여전히 도달하기 어려운 '리얼리티'를 되짚어내고자 한다. 전시는 건축의 도시적 역할을 고민하며 삶의 리얼리티를 찾아 나섰던 건축가 故 이종호와 동료들이 남긴 질문을 현재의 맥락으로 이어받는다. 특히 건축의 한계와 과제로부터 시작하여 현실을 파고든 도시·문화적 움직임에 주목하여, 한 건축가가 남긴 흔적과 고민을 동시대의 다양한 실천으로 열어두어 생각해보고자 한다.

전시는 故 이종호와의 교류 속에서 집단적 실천을 함께 한 동료 건축가·인문학자·예술가·문화기획자의 활동과 더불어 새로운 세대의 실천을 서로 매개하고 대조해보면서, 도시 현실을 향한 미완의 실천에서 파생될 또 다른 가능성을 짚어본다. 공공영역과 도시 문제를 다뤄온 건축가, 보잘것없는 현실의 층위를 탐구해온 예술가, 도시 현장과 연대해온 콜렉티브, 지역 사회와 소통해온 문화공간의 움직임을 통해 도시 현실의 숨겨진 잠재력을 성찰하고, 이에 대한 논의를 확산하는 자리를 가질 것이다.

어쩌면 리얼리티의 배후에 있는 현실에 접근하고자 하는 생각 자체가 환상일지도 모른다. 그 뒤편에는 환상을 생산해내기 위해 작동하는 사회적 욕망과 모순들이 뒤얽혀 있을 수도 있다. '리얼(REAL)'에 대한 과도한 집착은 '리얼'을 지속적으로 생산하게 만듦으로써, 현실을 그 실체로부터 더 멀리 떼어내 버릴 수도 있다. 그렇다 하더라도 이 집요함은 적어도 우리가 보고 싶어 하는 "리얼시티(Real City)", 이를 지속해서 구축해내려는 이 세계의 비껴간 욕망과 간극을 역설적으로 끄집어낼 것이다.

미술관의 입구에서 노출된 뼈대마냥 관객을 맞이하는 이 텅 빈 구조체는 무엇인가? 아르코미술관과 마로니에공원의 경계 지점에 세워진 파빌리온은 관리 주체가 다른 두 공공영역 사이에 개입한 건축적 제스쳐이다. 기본적인 구조체만으로 관객을 맞이하는 파빌리온은 그 자체로 닫힐 수 없음을 내비치며, 이로부터 표피가 열린 통로의 형태를 갖는다. 도심 내보이지 않는 경계를 파고들어 간 파빌리온은 분리된 영역을 통로의 구조로 엮어 나가며 관객들과 소통하고자 한다.

〈마로니에 파빌리온〉은 《리얼-리얼시티》 전시를 알리는 시각적 매개 역할과 동시에 그러한 두 장소 간 도시적 간극을 보완하는 실험 장치이다. 파빌리온은 이 여정에 진입한 관객과 소통으로 다가갈 '생성의 장소'를 향한다.

* 〈마로니에 파빌리온〉은 아르코미술관의 외부 공간에 전시 기간 동안 설치 되었습니다.
* 협력: 종로구청

What is this empty structure, an exposed skeleton that welcomes the audience at the entrance of the museum? The pavilion built on the boundary between Arko Art Center and Marronnier Park is an architectural gesture intervening in-between two public areas controlled by two different subjects. The pavilion at the boundary welcomes the audience only with its essential structure. This work reveals the inclosability, and thus, possesses a shape of a tunnel which surface is open. The pavilion, penetrating into the invisible boundary, attempts to interweave the separated areas by the means of a structure of a tunnel and communicate with the audience.

Marronnier Pavilion plays a role of visual medium announcing the opening of the exhibition and it is also an experimental device to fill a gap between the two places. The pavilion heads toward a becoming place which would approach to the audience through communication.

* *Marronnier Pavilion* is an outdoor installation for the exhibition *REAL-Real City* at Arko Art Center.
* With the kind authorization by Jongno-Gu Office

METAA (우의정, 이상진)
METAA (Euijung Woo, Sangjin Yi)

〈마로니에 파빌리온〉은 대학로 마로니에공원과 아르코미술관의 경계에 만들어지는 진행형 장치라 할 수 있다. 아르코미술관이 자리한 것은 꽤 오래 전 일이다. 이를 대면하고 있는 마로니에공원은 2012년 건축가 이종호를 통해 새롭게 재구성하면서 보다 확장되고 개방적인 모습으로 변모하였다. 두 영역은 공간적 소통과 교감을 통해 방문객들의 자연스러운 흐름이 있어 보인다. 그런데, 세밀히 보자면 공원과 미술관 두 장소 사이에 보이지 않는 영역의 나뉨을 느낄 때 가 있다. 그 이유가 종로구청(마로니에공원)과 아르코미술관이라는 서로 다른 관리 주체로 인한 것인지 아니면 또 다른 인자가 있는 것인지는 명확지 않다. 어찌 보면 공공의 장소는 사회적 안전장치가 요구되는바 그로 인해 발생하는 지극히 현실적 현상일 수 있다. 마로니에 파빌리온은 전시를 알리는 시각적 매개 역할과 동시에 그러한 두 장소 간 존재할 수 있는 미세한 도시적 간극을 보완하는 실험 장치이자 또 다른 생성의 장소(becoming place)가 되기를 바란다.

/ METAA (우의정, 이상진)

Marronnier Pavilion is an ongoing device on the boundary between Marronnier Park and the Arco Art Center. It has been long that Arco Art Center was built. Facing the Center, Marronnier Park was changed into a more open and liberal shape by architect Jongho Yi reorganizing it in 2012. The two areas seem to have shared natural flow of the visitors through spatial communication and sympathy. When looked closely, however, the two also distinguish their areas. It is not clear whether it's because they are managed separately, by Jongno-gu and Arco Art Center, respectively, or because of other factors. Maybe, it's a natural phenomenon, as a public space requires a social safety device. We hope that *Marronnier Pavilion* becomes an experimental device filling a gap between the two areas, and a becoming place.

/ METAA (Euijung Woo, Sangjin Yi)

METAA
〈마로니에 파빌리온〉
2019, 강관과 아크릴 구조물, 450×900×450cm

METAA
Marronnier Pavilion
2019, Steel pipe and tempered glass structure, 450×900×450cm

METAA
〈마로니에 파빌리온〉
2019, 혼합매체, 가변설치

METAA
Marronnier Pavilion
2019, Mixed media, Variable installation

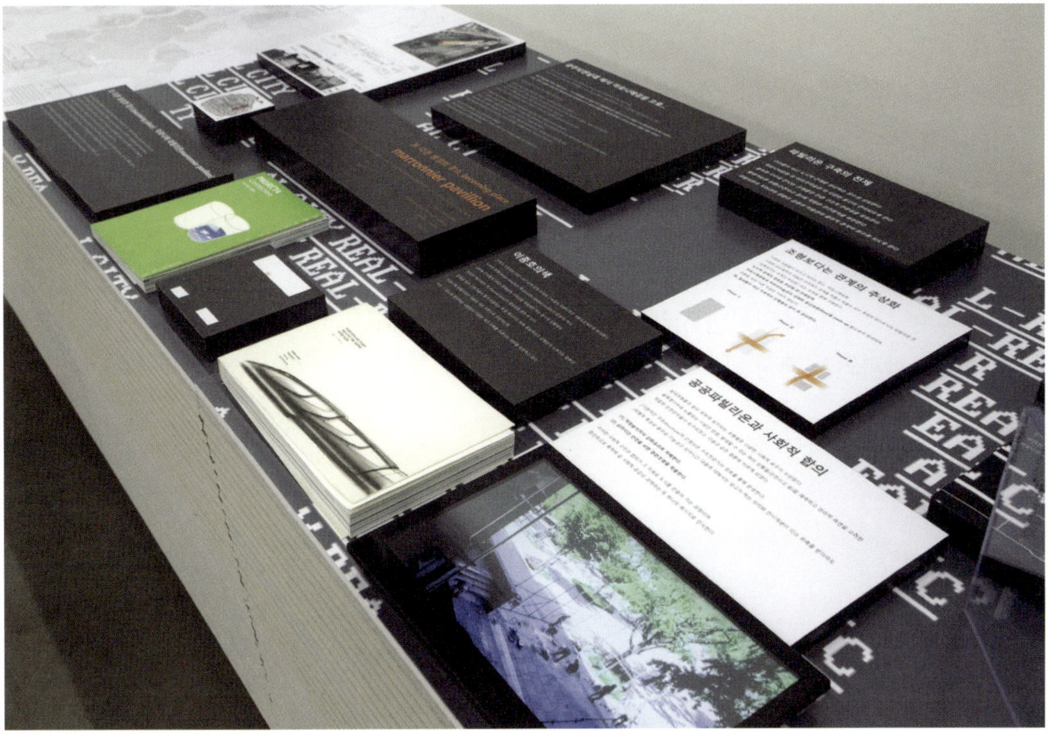
marronnier pavilion
조형보다는 관계의 추상화
공공파빌리온과 사회적 합의

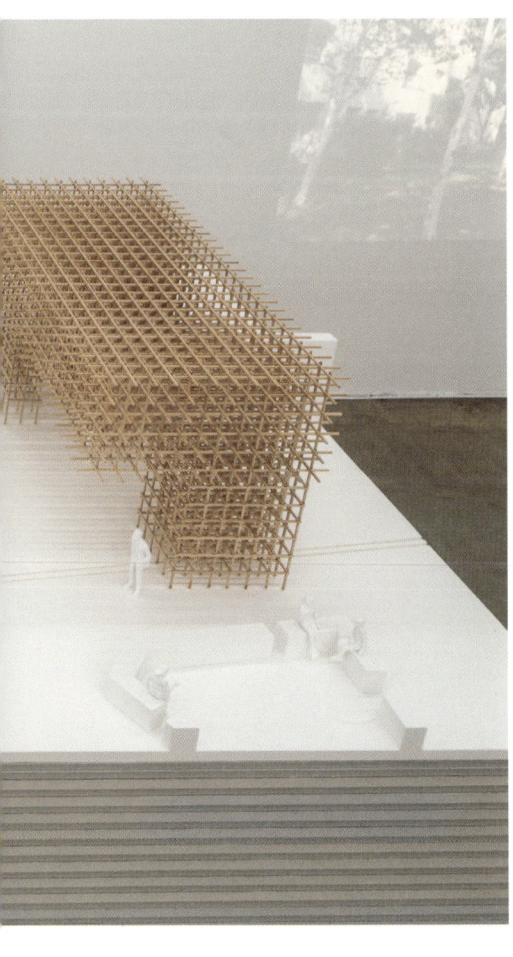

건축가 김성우는 2014년 이종호와의 소필지 주거지에 대한 연구를 이어받아, 자본에 의해 허물어져 온 주거지가 직면한 현실적 한계를 질문해왔다. 아파트 단지가 아니라면 원룸화 외 다른 방법은 없는 것일까? 건축적 개입이 쉽지 않은 현실에 대응하고자 2017년 직접 일원동의 한 단독주택을 리노베이션한 사례를 소개하여, 소필지 주거지의 남겨진 과제와 지속가능한 방안을 탐색한다.

Continuing the research about small scale housing blocks with Jongho Yi in 2014, architect Sungwoo Kim has questioned the actual limitation that residential areas demolished by capital have encountered. In this exhibition, he introduces a case of a house he renovated in 2017, in order to react to the reality in which an architectural intervention is not easy. Through this work, he seeks out a question unsolved and a way about the small scale housing blocks.

김성우
Sungwoo Kim

도시 안에는 단독, 다가구, 다세대, 오피스텔, 원룸, 원룸텔, 쪽방,
고시원, 그리고 도시형 생활주택까지 다양한 소필지 주거지의
소규모 주거유형이 존재한다. 하지만 도시와 철저하게 단절된
비좁은 주거공간은 번듯한 단지형 아파트와 비교되는 열악한
주거환경이라는 비판 속에 최소 주거공간에 대한 기준, 단위 주거의
집합방식, 주거유형 속 공공공간의 해석 등이 이야기되지 않은 채로
그대로 남겨져 있다. 소필지 주거지에서 원룸이 아닌 다른 대안은
무엇이 있을 수 있는가? 점차 원룸촌으로 바뀌어 가면서 동네라는
개념이 소멸되고 거주민들이 여러 주거유형을 떠돌아다니는 문제는
어떻게 해결할 수 있는가? 인구가 줄어들고 가족이 해체되는
급격한 노령화 사회에서 소필지 주거지역의 새로운 거주방식은
어떻게 정의될 수 있는가? 소필지 주거지의 기록은 2014년 故
이종호 선생님과 한국예술종합학교에서 진행한 소필지 주거지의
연구내용과 2017년 단독주택을 리노베이션하며 겪었던 여러
사건들을 기록하면서 소필지 주거지의 새로운 정착방식에 대하여
이야기한다.

　　　／김성우

In a city, there are various types of small-scale housing blocks, ranging from a detached house, a shared house, a studio, One-room apartments, One-room-tells, a slice room, a room for students, and urban housings provided by the government. Entirely separated from the city, however, the tiny dwelling spaces are criticized for harsh living environment compared to apartment complex. Also, they remain without any discussion on the standard of the minimum living space, organizing methods of housing unit, and interpretation of public space in the housing types.

What would be an alternative to the small scale housing blocks, instead of One-room apartments? How can we solve the problem that, as One-rooms flourish, the concept of "town" disappears and residents wander between many different housing types? In the rapidly aging society where the population decreases and families are disassembled, how can we define a new way of living in small-scale housing blocks? *A Retrospective Research on the Small Scale Housing Blocks in Seoul* talks about how the small scale housing blocks became established, by showing results of the research of small-scale housing blocks conducted by Korean National University of Arts and Professor Jongho Yi in 2014 and many incidents during the renovation of a detached house in 2017.

/ Sungwoo Kim

김성우
〈소필지 주거지의 기록〉
2019, 혼합매체, 가변설치
* 참여: 유재강

Sungwoo Kim
A retrospective research on the small scale housing blocks in Seoul
2019, Mixed media, Variable installation
* Participation: Jaekang Yoo

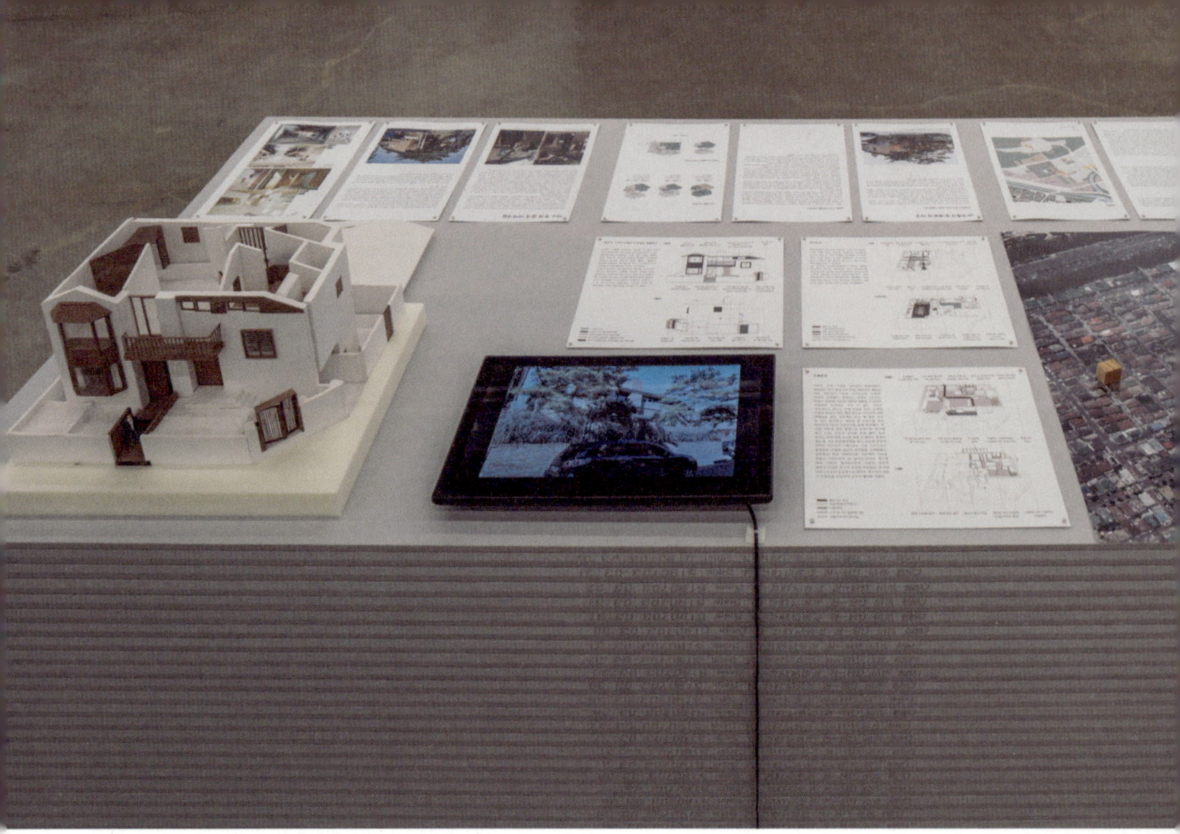

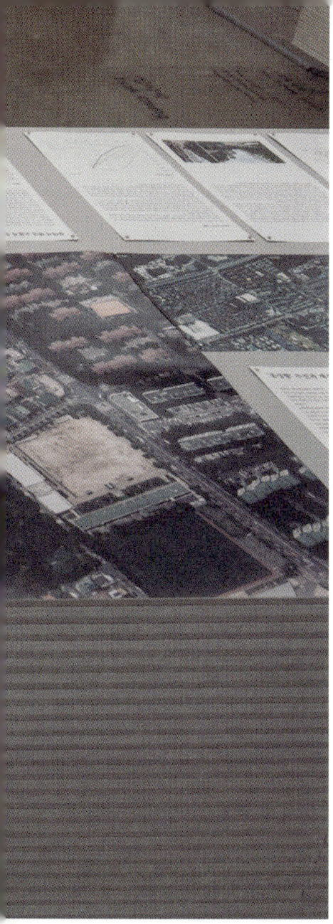

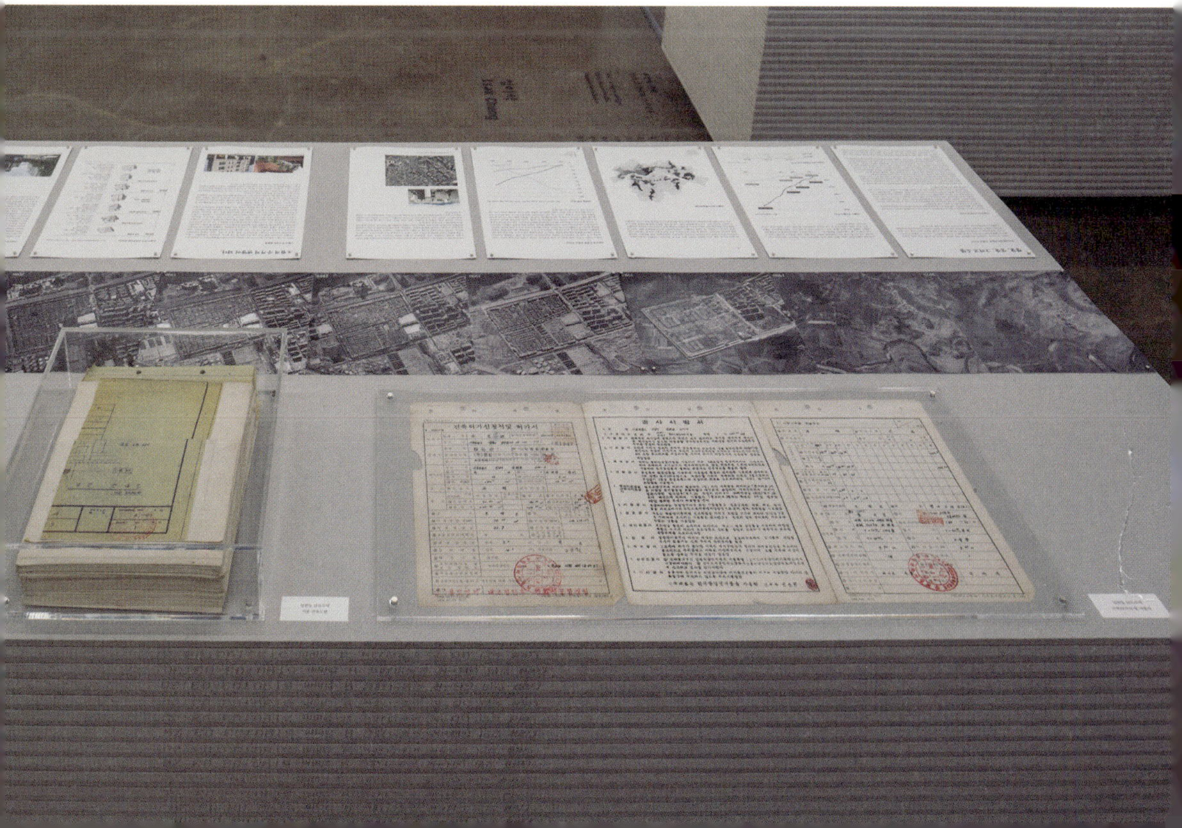

일원동 항공사진 (1975-2015)
Aerial Photographs of Irwon-dong (1975-2015)

1980

1983

1993

1999

감자꽃스튜디오는 2004년 평창의 한 폐교를 통해 지역문화를 활성화하고자 한 문화기획자 이선철이 시작한 공간이다. "인적 없는 산골짜기 한가운데 떨어진 환하게 반짝이는 인공위성"을 상상하며 이곳을 리노베이션한 故 이종호의 바람처럼, 감자꽃스튜디오는 지역 공동체와 청년, 다양한 예술가와 기획자들이 교류 속에서 지역의 안팎으로 소통의 폭을 넓혀오고 있다. 이번 전시에서 감자꽃스튜디오는 〈분교의 진화〉라는 주제로 스튜디오의 상징이자, 故 이종호 건축가의 아이디어였던 폴리카보네이트 재질 위로, 열다섯 해 동안 한 지역 분교가 지역의 공공성을 담보하는 공간으로서 어떻게 기능해왔는지, 그 궤적을 담아 올린다.

PotatoBlossomStudio is a space by culture planner Sunchul Lee to activate community culture through an abandoned school in Pyeongchang in 2004. As, Jongho Yi, a renovator of the school, wished it to be "a brightly shining satellite fallen in the middle of a mountain," local communities, young generations, artists, and directors of PotatoBlossomStudio have communicated inside and outside of the region. The exhibition shows the journey of PotatoBlossomStudio that has experimented, adapted, changed, and evolved with different generations in different times.

감자꽃스튜디오 (남소영, 이선철)
PotatoBlossomStudio (Soyoung Nam, Sunchul Lee)

강원도 산골에 떨어진 인공위성. 깜깜한 산속에서 홀로 반짝반짝 빛나고 있는 건물. 마을 사람들에게 호기심의 대상이자 즐거움이 되는 곳. 〈감자꽃스튜디오〉, 그 당시에는 가칭 〈평창노산문화스튜디오〉라고 불렸던 폐교의 재건축을 계획하며 이종호 선생님은 '인적 없는 산골짜기 한가운데 떨어진 환하게 반짝이는 인공위성'을 떠올리셨다고 합니다. 돈키호테같은 문화기획자 이선철 대표의 이미지나 그가 꿈꾸는 공간의 이야기가 이종호 선생님에게는 그런 느낌이었던 것 같습니다. 이질적이면서도 반짝이는, 미지의 곳에서 날아온 진화된 무언가. 2004년의 리모델링은 크게 학교의 기본 구조는 유지하되, 전면에 폴리카보네이트로 마감된 아트리움 공간을 더해 새로운 파사드와 역할을 만드는 것으로 진행되었습니다. 작은 예산으로 유리 대신 선택한 폴리카보네이트 외관은, 그 후로 십여 년 간 〈감자꽃스튜디오〉의 상징이 되었습니다. 반짝이는 빛과 내외부 움직임들을 어렴풋이 담아내면서, 낯설고 이질적인 '지역문화공간'이라는 역할이 주민, 예술가, 방문객들 서로서로에게 편안하고 익숙해질 수 있도록 하는 공간의 힘을 만들어냈던 것 같습니다.

〈감자꽃스튜디오〉라는 이름으로 15년 차가 되는 올해이고, 그사이 건축가의 고민을 담아 공간은 한 번 더 변화되었고, 그 단단하고 유연한 그릇 안에서 〈감자꽃스튜디오〉는 점차 좀 더 새로운 역할과 사람들을 맞이하며 작동하고 변화해 왔습니다. 더 이상 학생이 없이 문 닫은 분교에서, 지역주민을 위한 문화공간이자 문화예술교육 공간으로, 수많은 예술가, 기획자, 정책가들의 크리에이티브 스페이스로, 또 지역 청년들이 새로운 꿈을 꿀 수 있는 공유공간이 되어 왔습니다. 이번 전시 '분교의 진화'는 건축가 이종호와 함께 나눴던 고민 이후, 공간이 어떤 역할들을 담아왔고 새로운 가능성을 진화시키며 작동했는지에 관한 내용을 담고 있습니다. 이 모든 첫 고민을 나눠준 이종호 선생님이 그립고 늘 감사합니다.

/ 감자꽃스튜디오

A satellite far from a mountain in Kang-won do. A building sparkling alone in the dark mountain. PotatoBlossomStudio brings curiosity and joy to residents. As planning on the reconstruction of the abandoned school Pyeongchang Nosan Cultural Studio, Lee Jong-ho was thinking 'a satellite fallen down in the middle of a deep forest, sparkling alone.' Lee Jong-ho might find Lee Sunchul, a cultural creator who look like Don Quixote, and the place he dreamed of as such. Something foreign but bright, which flew away from an unknown place. In 2004, the school was remodeled in a way to maintain its basic structure, but make a new façade and function by adding Atrium finished with polycarbonate. The surface of polycarbonate, chosen instead of glass because of the short budget, has been a symbol of PotatoBlossomStudio for ten years. While showing the sparkling light and interior and exterior movements, it created in the space a power to make the unfamiliar 'regional cultural space' familiar to residents, artists, and visitors.

  It has been called PotatoBlossomStudio for 15 years and the space was transformed once again by the architect's thoughts. In its rigidity and flexibility, PotatoBlossomStudio has embraced a new function and visitors. It became from a closed school to a cultural space and arts and culture education space for its residents, a creative space for many artists, directors, and policy makers, and a shared space for the local young people to dream again. The exhibition *Activation Reality* shows what kind of function the space delivered and what kind of possibilities it developed after our questions discussed with architect Jongho Yi. We will always miss and thank Lee Jong-ho, who was always there at the moment of our first thought.

 / PotatoBlossomStudio

감자꽃스튜디오
〈분교의 진화〉
2019, 혼합매체, 가변설치

PotatoBlossomStudio
Activation Reality
2019, Mixed media, Variable installation

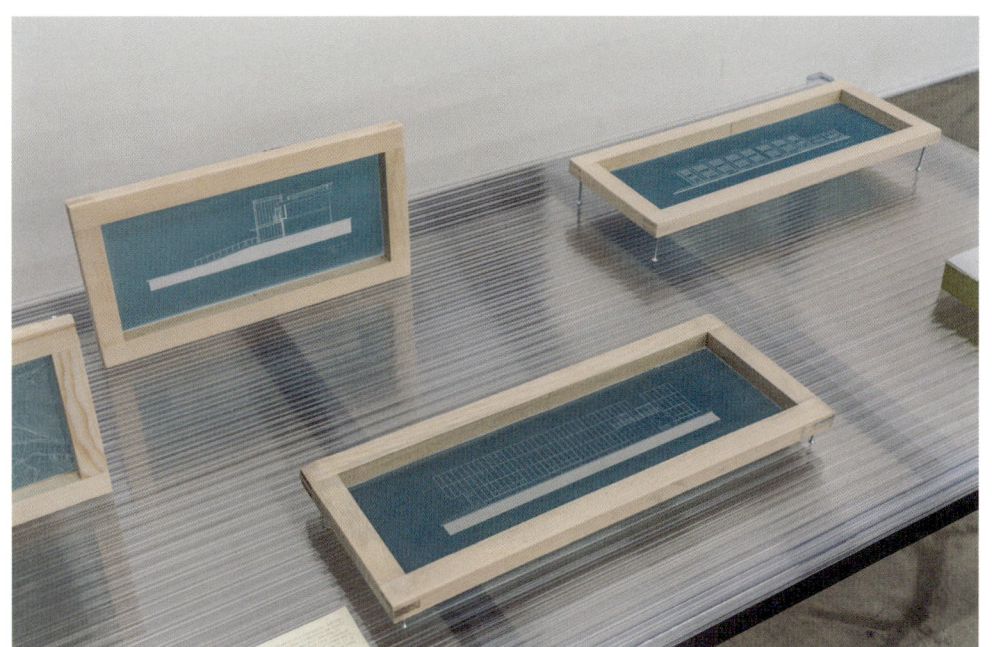

감자꽃스튜디오,
2005, 낮/밤, 1차 리모델링 후

PotatoBlossomStudio,
2005, Day and Night, After the 1st renovation

감자꽃스튜디오, 2014, 낮/저녁, 2차 리모델링 후

PotatoBlossomStudio,
2014, Day and Evening, After the 2nd renovation

건축 외에도 전시, 공공미술, 도시연구, 공연 등 다양한 분야에서 건축의 역할을 수행해 온 건축가 정이삭은 그간의 "비(非) 건축" 프로젝트들을 짚어봄으로써 건축의 경계 너머의 실천적 가능성을 예고해 보인다. 동시에 그의 비건축 작업은 건축가에게 부여된 업역의 한계와 굴레를 반어적으로 누설한다.

Architect Isak Chung has worked on an architecture's role in many areas, including architecture, exhibition, public art, urban research, and performance. In this exhibition, he foresees a practical possibility beyond the boundary of architecture by looking back at the Non-architecture project. His non-architecture work ironically reveals a limitation and a restraint imposed to an architect.

정이삭
Isak Chung

927MBI

건축과 비건축의 생산물을 구분하는 기준은 무엇일까. 전시를
준비하며 건축과 학부시절 작업파일을 들춰보다가 발견한 세 가지의
폴더 구분, '설계'와 '비 설계' 그리고 '무언가 될 것들'. 설계가 곧
건축이었던 건축과 대학생이 사용한 설계라는 단어를 건축이라고
바꿔 읽는다면, 나라는 존재는 여전히 건축과 비 건축, 그리고
무엇인지 알 수 없는 영역의 경계 사이사이에 놓여있는 것 같다.
2004년 학부 졸업을 앞두고 만든 붉고 노란 커버의 포트폴리오에
담긴 작업들을 보며 그 방황의 시작이 오래전 시작되었음을 다시금
깨닫는다. 본 전시의 작업들은 건축과 학부와 대학원 시절, 그리고
2013년 이후 에이코랩이라는 사무실 명으로 활동하며 작업한 것들
중에 건축을 다루고는 있지만, 건물의 설계와 관계없는 작업들의
모음이다. 책 영상, 모형, 설치 등으로 표현되는 아카이브 형식이다.

/ 정이삭

What is a criteria to distinguish products of architecture from those of non-architecture? As preparing this exhibition, I found out three categorizations of "planning," "non-planning," and "things to be something" from my files during college years. If change the word "planning," which is basically architecture to an architecture student, into "architecture," I still find myself located on the boundaries between architecture, non-architecture, and something unknown. As looking at the red and yellow cover of my portfolio made right before the university graduation in 2004, I realized again that this wandering has started long ago. Shown at this exhibition is a collection of works about architecture, but unrelated to planning, among my works during the college and graduate years and the a.co.lab years.

/ Isak Chung

정이삭
〈비설계, 설계〉
2019, 혼합매체, 가변설치

Isak Chung
Non-seolgye, seolgye
2019, Mixed media, Variable installation

건축가 조진만은 서울의 고가 하부공간을 조사하고, 이의 시범사업으로 옥수동 고가에 공공영역을 조성하는 등 분리된 도시조직에 개입하는 건축을 해오고 있다. 전시에서는 현재 진행 중인 두 개의 프로젝트 (창신숭인 채석장 전망대, 낙원상가 공용공간 재생)를 통해, 도시 경관에 도달하기 위해 구축되는 보행로의 의의와 가능성을 다룬다. 단절된 보행로를 잇는 입체적 구성과 흐름을 통해, 경관 너머 공공영역으로서의 확장성을 도모한다.

Architect Jinman Jo has worked on architecture intervening the separated urban organics, for example, by investigating the space beneath overpass of Seoul and making public space on Oksu-dong overpass. At the exhibition, he touches on the meaning and possibility of pedestrian passages constructed to reach to the urban scenery, through two projects, *Changshin Quarry Viewing Gallery* and *Renewal of Shared Space at Nakwon Arcade*. By doing so, he looks at a possibility to expand the shared space beyond the scenery, through the three-dimensional (vertical-horizontal) organization and flow connecting the broken pedestrian passages.

조진만
Jinman Jo

"창신숭인 채석장 전망대"와 "낙원상가 공용공간 재생"은 현재 한창 공사가 진행 중인 작업이다. 두 작업에서는 입체적 보행의 건축적 개입을 통해 도시 속 오랜 시간 닫히고 단절된 영역에서의 경관과 공공의 가치를 새롭게 접근한다. 서울의 지붕이자 숨겨진 비경 창신동. 약 백 년 전 이곳은 경성부 직영 채석장으로 서울역, 시청, 구조선총독부, 한국은행 등의 근대 서울의 기반이 되는 건축물들을 위해 숨 가쁘게 제 살을 깎아 빚어내었다. 지금은 청소 차량 차고지, 무허가주택, 경찰기동대 등이 무질서하게 들어서 잊혀진 이곳에서 새로운 전망대를 촉매로 장소의 기억과 독특한 경관의 재생을 도모한다.

     낙원상가의 경우 세계 최대의 악기 상가이자 우리나라 1세대 주상복합시설로, 80년대 문화적 번영 이후 2000년대 쇠락의 과정 속에서 수많은 철거와 재생의 논의가 있어 왔다. 이번 작업은 구조물이 가지는 보행의 단절을 주변 가로와 내부 시설로 통하는 입체적 동선을 통해 서로 유기적으로 연계한다. 경관의 단절은 네 개의 옥상 정원을 통해 주변의 자연 / 역사 경관을 향유하는 쉼터로 도모하고, 곳곳에 산재한 유휴공간을 활용하여 상호 간의 매개를 시도한다.

     / 조진만

Two works, Chang-sin Sung-in Quarry Observatory and Nakwon Arcade Public Space Renewal Program, are in progress. In the two works, I take a new approach to value of the landscape and the public in urban areas that have been closed and isolated a long time ago, through architectural intervention of multi-dimensional walking. Chang-sin dong is a roof of Seoul and a hidden beauty. One hundred years ago, it was a quarry run by the Japanese government and cut itself to build the foundation of the modern Seoul, such as Seoul station, the City Hall, the Japanese Government-General of Korea, and the Bank of Korea. Nowadays, a garbage truck parking lot, illegally built houses, and police stations occupy this area. This art work tries to renew the place's memory and its unique scenery by using this new observatory as a stimulator.

Nakwon Arcade is the hugest music instrument mall in the world and the first generation of the mixed-use building in Korea. Since the cultural prosperity of the 1980s, it has gone through decrease and generated many discussions of demolishment and renewal. This work connects paths of the building in an organic way by means of multi-dimensional itinerary to surrounding streets and interior facilities. I will transform the isolated scenery into a resting area where one can enjoy the surrounding nature and historical sites. I also attempt to connect many abandoned spaces by using them.

/ Jinman Jo

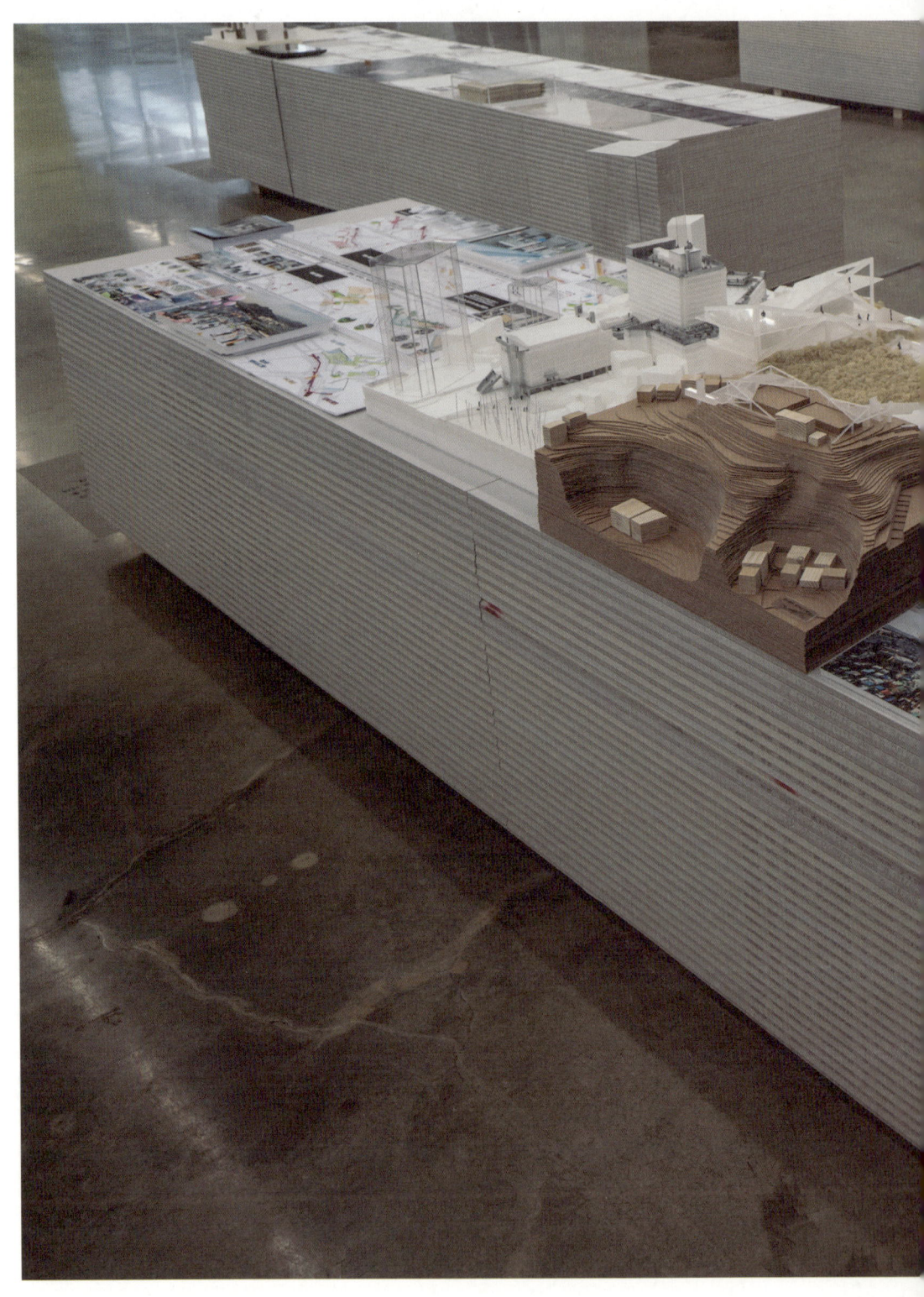

조진만
〈입체보행도시로 다시 연결되다〉
2019, 혼합매체, 가변설치

Jinman Jo
Walking City: New dimension for public
2019, Mixed media, Variable installation

창신숭인 채석장　　　　　　　　　　Chang-sin Sung-in Quarry

건축가 우의정은 故 이종호와의 건축 작업에 25년간 동행하며, 도시에 부족한 공공영역에 대한 건축적 고민을 이어왔다. 신자유주의에서 모호해진 공공(public)의 개념을 되짚으며, 공유와 사유의 개념이 혼성된 두 사례를 다룬다. : '공공의 영역에 민간이 결합하는 장소 (언더스탠드애비뉴)' VS '민간의 영역에 공공이 결합하는 장소 (산속 등대)' 두 작업에는 각자의 욕망에 의해 단절되고 공공성이 옅어진 오늘날의 도시 조직을 서로 엮는 시도가 담긴다.

While accompanying the architectural project with Jongho Yi for 25 years, architect Euijung Woo has pondered upon public space that a city lacks. The architect touches on the 'public,' a concept ambiguous in neo-liberal era and deals with two examples shaped by mixture of the publicly owned and the privately owned. There lies an attempt to weave today's urban organization, which is separated by different desires and losing publicity, as liminal space.

우의정
Euijung Woo

식역공간(liminal space)은 공적인 영역과 사적인 영역을 가로지르고 결합하며 경계를 특정하지 않는 상황에서 대안을 찾아가는 창조적 공간이다. 도시 조직은 각자의 욕망에 의해 단절과 상징의 형상으로 변질되어 오고 있다. 이렇게 공공(public)의 개념이 엷어지는 현실에서 건축가는 실질적 공공영역을 확대하는 동시에 여러 영역 간을 접속시키며 네트워크의 가능성을 증대시켜야 하는 과제를 안는다. 이때 도모되는 식역공간은 스스로의 활력을 만들고 그것을 다시 인접 도시 공간으로 펼쳐내어 네트워크를 만들어 낸다. 이러한 과정 속에서 식역공간은 또 다른 공공영역으로 접속되어 나아갈 수 있다.

    / 우의정

A liminal space is a creative space looking for an alternative as crisscrossing and combining the private and public spaces and blurring their boundaries. Urban organization has been changed into something similar to rupture and symbol because of each one's desire. In the real life where the concept of the public is fading away, an architect obtains responsibility to expand actual public areas, and at the same time, connect various areas and amplify the possibility of networking. The liminal space generated from this creates itself energy, and then, networks by delivering the energy into adjacent urban space. In this process, the liminal space can go further to another public area.

/ Euijung Woo

우의정
〈건축가 이종호와 공유한 시간들〉
2019, 혼합매체, 가변설치

Euijung Woo
Time Spent with Architect Jongho Yi
2019, Mixed media, Variable installation

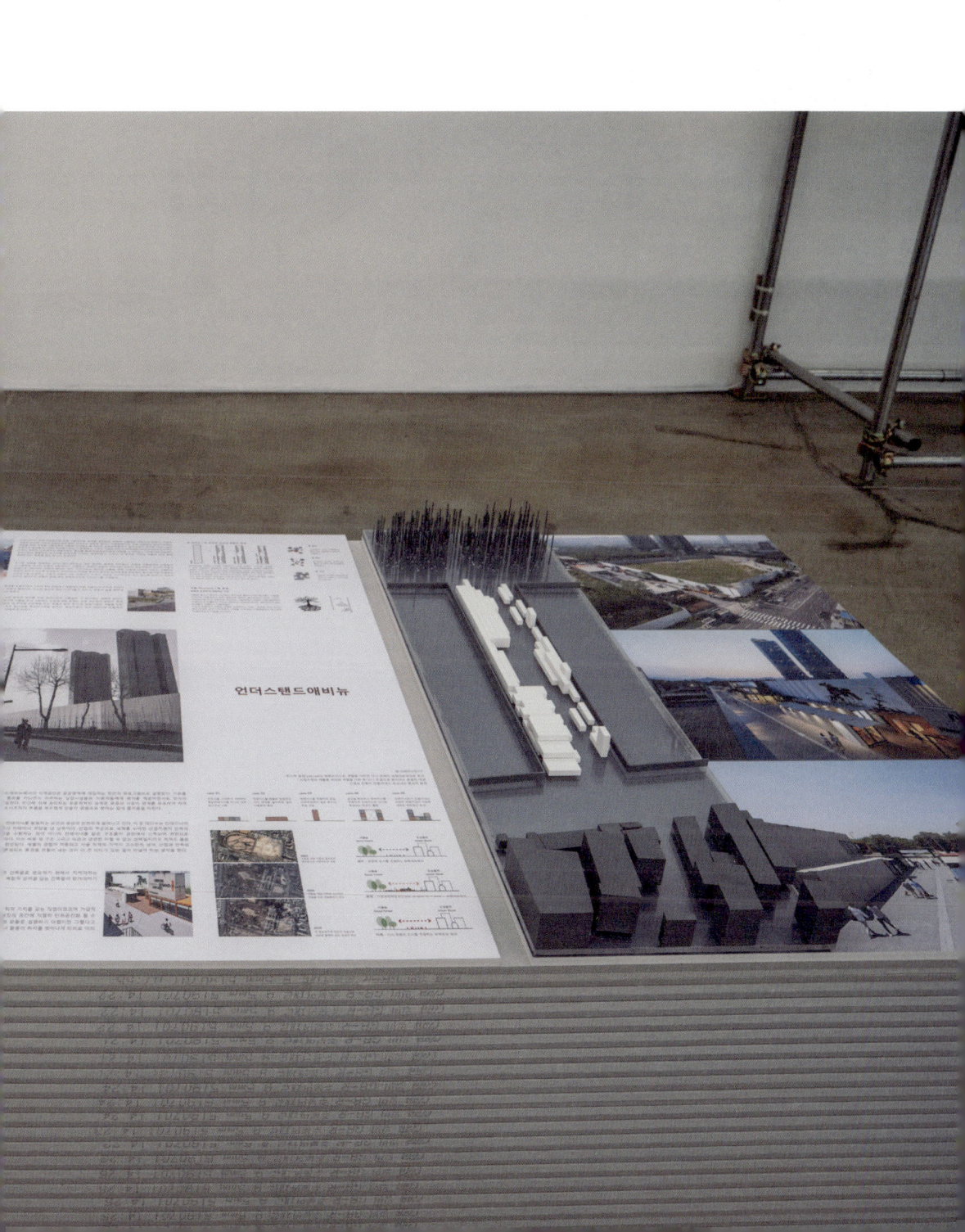

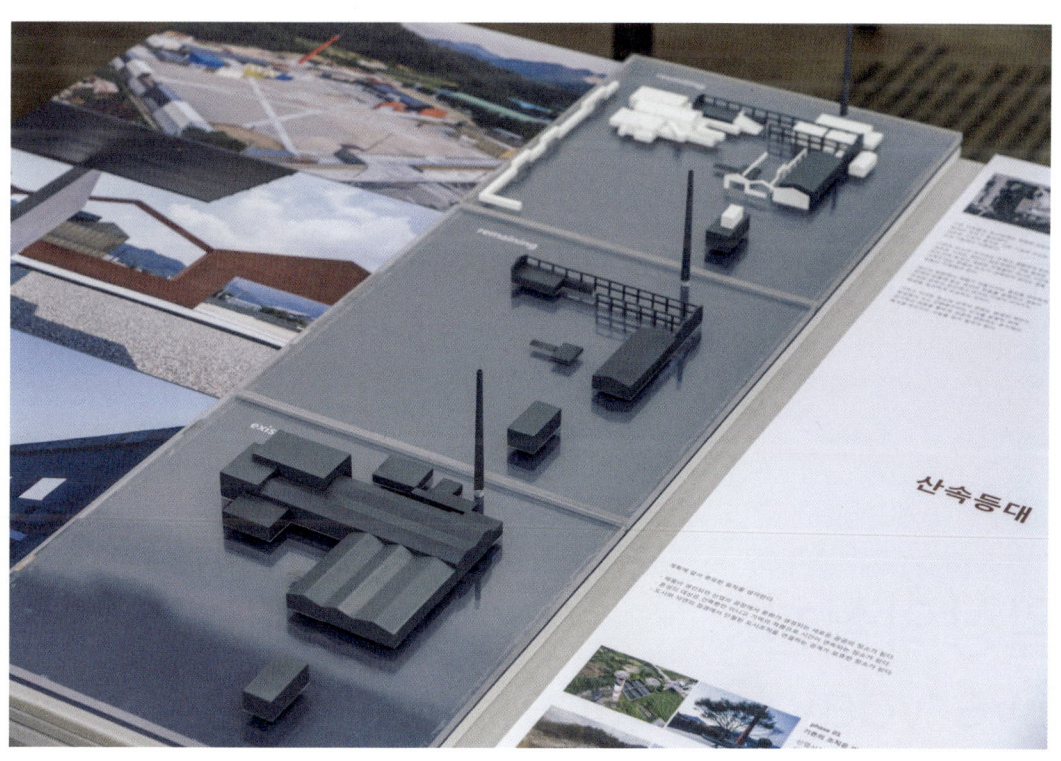

산속등대

일상의실천은 이번 전시에서 작가이자 그래픽 디자이너로 참여하였다. 전시의 대표 디자인은 도시가 갖는 구축적 / 도식적인 인상을 해체하고 대신 규정할 수 없는 움직임과 동력을 시각화한다.

벽면 전체에 들어간 대형 타이포그래피 설치 〈남겨진 언어〉는 전시 제목인 'REAL-Real City'의 알파벳을 하나씩 제거해 나가며, 이미지와 언어의 경계를 실험한 작업이다. 언어의 해체로부터 발생한 행간의 틈새, 붕괴한 의미의 자리에는 故 이종호가 건축의 한계로부터 도시적 역할을 고민했던 사유의 흔적들이 병치 된다.

영상 작업 〈움직이는 도시〉는 전시의 배경이자 맥락인 아르코미술관, 마로니에공원, 도시 풍경의 개별 이미지를 프로그래밍으로 해체하고 재조직한 것이다. 이미지는 통합적 인상보다는 바이러스처럼 분열-증식-변이하는 움직임을 취함으로써, 하나로 규정할 수 없는 도시의 인상을 개개인의 연속적 만남과 열린 형태로 제시해 보인다. 이러한 이미지의 시퀀스를 따라 흐르는 故 이종호와 동료들의 텍스트는 전시에서 도시로 향하는 관객의 움직임으로부터 흩어져 나가며 또 다른 도시 공동체로 마주하길 희망한다.

Everyday Practice participate into this exhibition as an artist and graphic designer. The main design of the exhibition destructs structural / formulaic impression of a city, but visualizes the unclassifiable movement and impulse.

A large typography installation on a wall of the first floor, *Remnant of Languages* experiments the boundary between image and language, by removing the alphabet characters of the exhibition title, *REAL-Real City,* one by one. In the place of cracks between phrases generated by the destruction of languages, or the place of a collapsed signification, lie traces of the thoughts Jongho Yi had regarding architecture's limitation and its role in a city.

Moving City is a result of disassembling and reorganizing individual images of Arko Art Center Gallery, Marronnier Park, and urban landscapes, which are backgrounds and contexts of the exhibition. The image takes a movement in which it divides, proliferates, and transforms like virus, and thus, provides the impression of the city through continuous encounters with individuals and in an open form. Flowing along the sequence of these images, texts by Jongho Yi and his colleagues are scattered with the audience moving from the exhibition to the city and hope to see other communities in city.

일상의실천
Everyday Practice

```
  CITY REAL-REA     I         REAL              EAL
                              L-REAL            -REAL
의 껍질 바로 안쪽..          EAL-REA           AL-RE
    체계 내부의 게릴라.       R                REAL-
영역의 건축가" - 2004         REA              EAL-R
                      A       EAL              AL
L CI       L         TY RE      AL C          과도한 자
L CI             L   ITY R      EAL           개인과 제도로
L CI                 TY RE      AL C          '공공의 감각'과 '
L CITY REAL          TY RE      EAL           어떻게 유지시켜
L CITY REAL-         TY RE      AL C
L CITY REAL-R        ITY R      AL C          AL-RE
                     TY REAL-REAL C           AL-RE
사람입니까?           REAL-REAL CIT            REAL
                     Y REAL-REAL CI           L-REA
                     EA      L CI             L-REA
존재하면서 경계를 건드리는    I  R    L-REA
어있게 만드는                L CI             L-R
같은 거죠. - 2002             CITY   -         건축가
                      A       L CI   L-RE     규
L CITY REAL-RT        Y REA    L CI   L
L CITY REAL-          ITY R    EAL   EAL-

L CI     REAL-R    C         AL RE     TY    AL-RE
CITY REAL-REA    I          REA'.
CITY REAL-RE                L REA
CITY REAL-R                 EAL-REA
       REAL                 REAL R
                     TY RE    REA
                      Y REA
                     TY R
                      L ITY
```

일상의실천
〈남겨진 언어〉
2019, 벽면에 시트커팅, 120×300cm

Everyday Practice
Remnant of Languages
2019, Vinyl wallpaper, 120×300cm

```
                        AL-RE        TY
                         REAL
                        L-REAL
                       EAL-REA
 일라.              R                 RE
 04                REA                E
               A        EAL
 TY RE              AL C
 TY R           EAL
 TY RE              AL C              '곰
 TY RE          EAL                   어
 TY RE              AL C
 TY R               AL C
 TY REAL-REAL C
     REAL-REAL CIT
 Y REAL-REAL CI
```

체계 안쪽에 늘 존재하면서 경계를 건드리는   I   R
서 체계를 늘 깨어있게 만드는   L CI
　　　바이러스 같은 거죠. - 2002   CITY
　　　　　　　　　　　　　　　A   L CI
 Y RE   L CITY REAL-RT   Y REA   L CI
 TY R   EAL CITY REAL-   ITY R   EAL   E

 CITY   -   AL CI   REAL-R   C   AL RE   TY
 CITY REA   CITY REAL-REA   I   REA'.
 CITY REAL   L CITY REAL-RE   L REA.
 CITY RE   AL CITY REAL-R   EAL-REA
                 REAL   REAL R
                                   TY RE   REA
                                    Y REA
                                    TY R
                              L ITY

```
             REAL-R  L CI        REAL   ITY RE
             EAL-REAL CITY           A              만일 우
              L-REAL CITY R                         그와 같이
             AL-REAL CITY           E
             EAL-     CITY         R      '진짜' 리얼리티를
             REA     L CITY        L              그리고
             REAL-    CITY         RE      사태는 다른
                              EAL-R
한 자본,                          T      REAL
제도로부터의 욕망 등으로부터        I      REAL
각'과 '희망의 공간'을              A      REAL CITY REA
지시켜 나갈 것인가? - 2004
                              ITY
             AL-RE       TY R            장소의 힘은
             AL-RE       TY             사건을 예비하고
             EAL-RE      ITY R      충동하는 데 있다. - 2
             REAL-       CITY R
```

```
             REAL-

건축가란 누군가에 의해서,
규정된 바는 없다.

       건축가는 시대가 요청
       변화되어야 한다.

             EAL-REA
              L-REA
             AL-REA
             EAL-
             REA
             REAL-
             R       EA
             REAL-REA
             EAL-
```

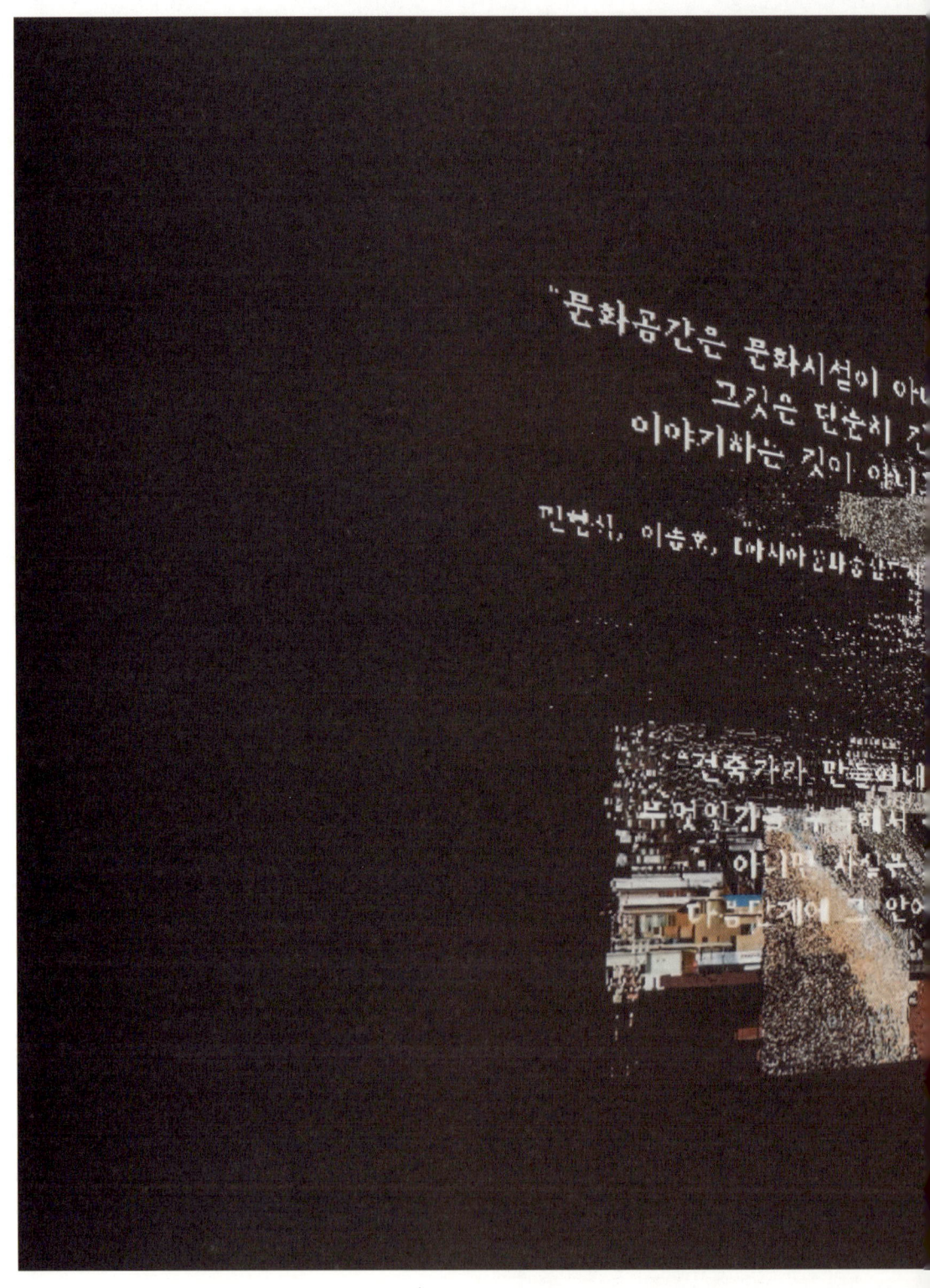

일상의실천
〈움직이는 도시〉
2019, 단채널 비디오, 무한루프, 가변설치

Everyday Practice
Moving City
2019, Single-channel video, Infinite loop, Variable installation

최고은은 상품물신의 세계에서 가전제품, 그것도 폐기된 냉장고나 에어컨 등 더 이상 소비되지 않는 상품의 물질성에 관심을 가져왔다. 작가는 이를 미니멀하고 차가운 배열로 다룸으로써, 가전제품의 아주 작은 부분에까지 배어있는 사회적 규율과 규범을 정교하게 들여다보게 한다. 이 단순한 사물의 배치로부터 작가는 현대인의 일상적 환경을 이루고 있는 주거공간의 조건, 소비의 양태를 매우 대범하게 발견할 뿐만 아니라, 오늘날 우리를 둘러싸고 있는 도시공간과 주거공간, 물질사회의 이분화된 세계를 간접적으로 체험하게 한다. 이번 전시에서 〈화이트 홈 월〉은 아르코미술관의 천장에 매달린 설치는 공간의 수평적 구도와 배열에 반응하여 구성된다. 이 작업은 테이블 존과 아카이브룸 사이에 개입하여 공간의 흐름을 잇고, 조율하는 동태를 취한다. 공간을 사선으로 가로지르며, 수평과 수직, 통합과 분열, 정지와 움직임 사이에서 '동적인 회전력'을 부여하는 작업이다.

Goen Choi has been interested in the materiality of the goods that are not consumable any more, such as small appliances, abandoned refrigerators, and air conditioners, in the world of commodity fetishism. She let us closely look at the social order and standard imbued in the smallest parts of the appliances, by making the materiality into minimal and cold arrangements. From this simple arrangement of the things, she finds out the condition of living space and the status of consumption that constitute contemporary daily life. Such works provide us with indirect experiences of the urban space and living space surrounding us and the dual world of material society.

최고은
Goen Choi

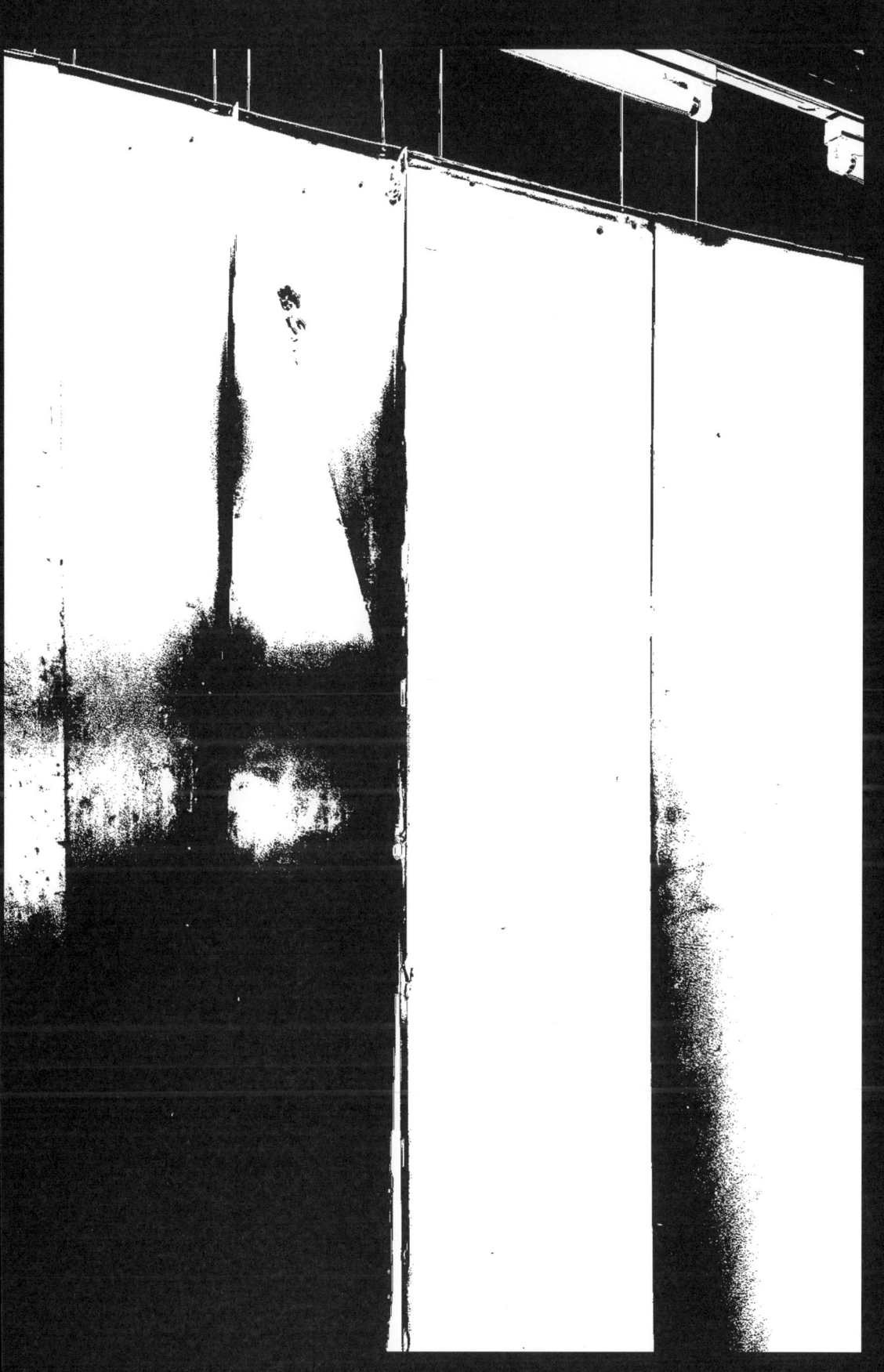

〈화이트 홈 월 White Home Wall〉은 현대 주거 공간을 이루는 백색 가전—가정용 스탠딩 에어컨의 껍데기를 이어붙여 전시장 천장에 흰 벽을 구축한 설치 작품이다. 50여 대의 가전 표면에서 발견되는 흔적들, 즉 스케일, 비례, 타공, 색, 나아가 공통점과 차이점, 일반성과 개별성을 추상의 요소로 변주함으로써 사적인 영역으로 스민 도시의 균질화를 드러낸다. 전시장 내부를 직선으로 가로지르는 〈화이트 홈 월〉은 실제 물리 공간을 분할하거나 관객의 동선을 방해하지는 않지만, 그것이 점유한 위치, 각도, 리듬감을 통해 비물질적인 운동성과 속도감을 전시장 내부에 확산한다. 이때 작품 표면의 백색은 흔히 미술관(화이트 큐브)의 배경으로 약속되어 온 백색과 반응한다.

/ 최고은

White Home Wall is an installation work in which I made white walls from the ceiling of the gallery space with shells of white electronic appliances, particularly floor standing air conditioner, that constitute the present dwelling spaces. I reveal an urban homogenization permeated into private space, by changing traces on the surface of the 50 appliances, such as scale, proportion, perforation, and color, and of similarities and differences, or universalities and particularities into abstraction. *White Home Wall*, diagonally crossing the exhibition space, neither separate actual physical space nor disturb the viewer's movement, but dispersed non-physical motility and pace into the interior space through its position, angle, and rhythm. The white on the work's surface reacts with the white of the white cube, a long lasting background of an art museum.

/ Goen Choi

최고은
〈화이트 홈 월〉
2019, 스탠딩 에어컨, 가변설치

Goen Choi
White Home Wall
2019, Standing air conditioner, Variable installation

건축 사진을 찍으며 도시를 기록해온 김재경은 현실에서의 세부적인 장면을 겸허한 시선으로 담아내왔다. 그가 사진을 수행하는 방식은 미학적 측면 너머, 정치적, 윤리적 측면을 현실로 연장하는 실천적 여정을 지닌다. 작가가 기록한 수많은 장소는 다수가 우리 사회에서 지워졌으며, 그 배제의 서사는 여전히 도시 곳곳에서 진행 중이다. 이 모든 기록들은 결코 과거의 특정 시간에만 속하지는 않는다. 전시에서는 그의 사진이 대항적으로 발언하고 있는 시간성에 주목하여, 총 470여 점의 사진을 세 개의 영상으로 몽타주 해본다. 세 영상에서 이미지는 상이한 속도로 재배치되어, 망각과 출현, 그리고 반복 사이를 오간다.

Recording cities through architecture photographs, Jaekyeong Kim has captured life scenes in detail with a humble look. His way of photographing has been a practical journey which political and ethical aspects, beyond aesthetic ones, extend to the reality. Many of the places documented by the artist are erased in our society and the narrative of exclusion is still going on in here and there of the city. All this documentation never belongs to a specific time of the past. Focusing on the temporality his photographs show, the exhibition makes a montage of three films out of 470 photographs. The images are rearranged in different speeds and go back and forth between oblivion and appearance and between repetitions.

김재경
Jaekyeong Kim

대칭으로 각기 짝을 이루던 집은 지붕을 덧씌워 빗물을 막거나
손봐야 하는 일이 커지면 증축도 했다. 국민주택단지의 동일한 집이
시간에 따라서 변모한 모습을 연속해 보여준다. (Facade_신월6동)

아파트단지로 표상되는 집단주거지는 그동안 많은 문제점을
드러내었다. 고급화의 길에서는 땅값의 상승 아래 빛과 그늘이
따랐다. 턱없이 치솟은 부동산 가격은 세대 사이의 갈등 요인으로
옮겨붙는 듯하다. (잠실시영아파트)

주거성은 무엇이며 사회적 존재로서 도시민의 유대는 어떤 것인가.
주거의 상품화는 인간이 어떻게 살 것인가 묻는 일을 잊게 하며
수단으로써 잠시 살고 또 옮기도록 하는 불안 요인이 되었다.
(동생들이 사라졌어)

/ 김재경

The symmetrical house went through extension work, when it needed to add more layers of roof to prevent leaking. The work shows a transformation of a house in the Community Housing in time. (*Façade_Sinweol-6 dong*)

A collective dwelling area has shown many problems. When aiming a quality improvement, there have been bright and dark sides as the land value increases. The incredibly increasing real estate becomes an issue for a generational conflict. (*Zamsil Siyoung Apartment*)

What is the habitability and what is the unity among citizens as a social being? The commercialization of dwelling becomes a reason for anxiety, which makes one to forget to ask the ways of a human being to live, and to temporarily live in one place and move out. (*My brothers are lost*)

    / Jaekyeong Kim

김재경
〈Facade 신월6동〉
2007, 3채널 비디오, 무한루프, 가변설치

Jaekyeong Kim
Facade Sinwol 6-dong
2007, Three-channel video, Infinite loop, Variable installation

김재경
〈잠실시영아파트〉
2004-2005, 3채널 비디오, 무한루프, 가변설치

Jaekyeong Kim
Jamsil Si-young Apartment
2004-2005, Three-channel video, Infinite loop, Variable installation

김재경
〈동생들이 사라졌어〉
1999-2012, 3채널 비디오, 무한루프, 가변설치

Jaekyeong Kim
My brothers are lost
1999-2012, Three-channel video, Infinite loop, Variable installatio

영상 편집: 강신대
Edited by Sindae Kang

정재호는 작년에 그린 그림의 장소를 올해 초 다시 찾았다. 장소를 다시 그려내기 위해서이다. 자본의 욕망으로부터 하염없이 쇠퇴하고 있는 이곳은, 얼마 전부터 재개발의 목적으로 4구역이라 불리고 있다. 작가는 세운상가의 옥상에서 시선을 낮추어 장소를 바라보며, 누적된 삶의 질감으로 집결된 풍경을 그려내고자 한다. 해가 뉘엿뉘엿 저무는 시각을 담은 그림은 동시대가 밀어내고자 하는 잔해로 가득한 삶의 풍경을 서서히 드러낸다. 보잘것없는 흔적도 놓치지 않는 작가의 구체적인 그리기는 땅거미의 시간대에 내려앉은 노곤한 공기, 오늘도 무사히 보낸 안도와 한숨, 불안한 내일에 맞선 삶의 의지를 포용한다.

Early this year, Jaeho Jung revisited a place of his painting last year. He was to draw the place again. Decayed from the capitalist desire, the place has been called *District 4* by redevelopment force. The artist looks at it at the level of the roof of Sewoon Arcade and draws the assembled scenery with the texture of piled lives. The paintings of the dusk, the time of day and night shifting, gradually reveal 'continuation of life,' or the scenery of life full of debris which the contemporary tries to abandon. The artist's concrete drawing, which even captures trivial traces, embraces a lazy air, a relief and sigh of the day, and the will of life facing the uncertain tomorrow.

정재호
Jaeho Jung

새로 단장한 세운상가의 옥상에 오르면 사방으로 청계천과 을지로의
오래된 풍경이 펼쳐진다. 바닥이 보이지 않을 정도로 촘촘하게
이어진 슬레이트 지붕들과 일제강점기부터 지어진 것으로 보이는
건물들의 옥상에는 오랫동안 치워지지 않아 몸의 일부가 되어버린
잔해가 가득하다. 이곳은 얼마 후엔 재개발되어 사라질 것이다.
마지막으로 이 풍경에 붙여진 이름은 세운 4구역이다. 오래된 것을
향수로 바라보는 것은 가능한 일이지만 죽음을 앞둔 것은 그렇게
하지 못한다. 나는 이 풍경에 대해 어떤 말을 덧붙일 용기가 없다.
그림도 마땅히 그래야 할 것이다. 밑칠한 한지에 아크릴 물감으로
건물을 짓고 색과 질감을 덧붙이고 부속과 잔해들을 올리는 과정은
마치 도시가 형성되고 시간이 축적되는 변해가는 과정과 같다. 이
풍경의 모든 것을 그려낸다는 것은 애초에 불가능한 일이겠지만
내가 할 수 있는 그림의 방법이란 그것밖에 없다는 걸 안다.

/ 정재호

On the newly renovated rooftop of Sewoon Arcade, you see a landscape of Cheng-gye River and Uljiro. Slate roofs densely filling to the extent that you cannot see the ground and the roofs of buildings seem that they were built during the Japanese Occupation period. These roofs are covered with debris, which became one with the roofs. This place will vanish soon due to the redevelopment. The last name given to this landscape is Sewoon District Four. One can look at an old thing with a feeling of nostalgia, but cannot so at a thing destined for death. I am not courageous enough to say anything about this landscape. A painting should feel like me. All the process of building a building, applying color and texture, and piling up parts and debris with acrylic paint on a processed Korean traditional paper is similar to the process of a city appearing and changing as time goes. It is impossible to draw everything of the landscape, but at the same time, I know that painting is the only way I can do.

/ Jaeho Jung

정재호
〈4구역〉
2019, 한지에 아크릴, 270×360cm

Jaeho Jung
District 4
2019, Acrylic on Korean paper, 270×360cm

김무영의 〈동네 안 풍경〉은 서울의 오래된 동네들을 느린 시간으로 기록한 다큐멘터리 영상이다. 1시간 30분가량의 긴 시간을 구성하고 있는 것은 극적인 사건도 미장센도 아니다. 작가는 평범하기 그지없는 일상의 풍경, 한없이 소소한 삶의 단편들을 영화의 시간으로 연장시킨다. 영화는 동네의 풍경, 즉 과거의 기억들을 아카이브 하는 동시에, 이 동네가 곧 사라져버릴 것이라는 불안을 담아낸다. 동네의 문화와 사람들 그리고 건물들은 이미 그 동네에서 사라져버린 뒤 다시 나타난 환영처럼 스크린 위에 나타난다.

Mooyoung Kim's *Surveying Landscapes* is a documentary film which slowly shot old villages in Seoul. What constitutes the one-hour-and-half-long film is neither a dramatic event nor a mise-en-scène. The artist extends the most ordinary life's landscape, the extremely trivial life's fragments, through the time of film. The film archives the village's landscape, or the past memories, and simultaneously, delivers an omen of collapse of the village. After disappearing, the village's culture, people, and buildings reappears on the screen like illusions.

김무영
Mooyoung Kim

영상 작업은 옛날 동네를 아카이브한다. 아카이브되는 동네의 문화, 사람들, 건물 등은 이미 사라져버린 환영처럼 작업에 나타난다. 이 환영은 작가가 가지고 있는 어린 시절에 대한 향수이자 한국 사회가 가지고 있는 반복되는 재개발의 기억이다. 과거에 대한 향수와 기억은 붕괴된 현재에 대한 하나의 증상으로 작업에 나타난다. 작업은 아카이브를 하는 역할을 하지만 동시에 붕괴의 전조를 포착한다.

/ 김무영

This video work is an archive of the past village. The village and its culture, people, and buildings appear in the video as if they are illusions already gone. These illusions are a nostalgia for the artist's childhood and a memory of Korean society's repetitive redevelopment. The nostalgia and memory of the past appears as a symptom of the collapsed present in the work. The work serves as an archive, but at the same time, captures a cursor of the collapse.

/ Mooyoung Kim

김무영
⟨동네 안 풍경⟩
2016, 단채널 비디오, 1시간 24분 21초

Mooyoung Kim
Surveying Landscapes
2016, Single-channel video, 1hour 24min 21sec

오민욱은 다큐멘터리 영화를 통해 도시의 변형과 배제의 역사를 추적해 왔다. 현실의 내밀한 이야기를 서서히 접근하는 다큐멘터리 영화는 충격적인 이미지들이 매 순간 쏟아지는 상업 영화에 비해 시선을 포획하기 쉽지 않지 않다. 그러함에도 불구하고 그의 영화는 장르의 한계를 너머 영화의 물성과 경험에 대한 지속된 실험으로 관객의 시선을 사로잡아 왔다. 스크린에서 도시재개발의 폭력성과 이를 시각적으로 소유하려는 욕망을 끊임없이 분산시키고 사물과 사운드, 이미지와 말에 집중하게 만드는 영화의 힘은 무엇일까? 전시에서는 영화가 되묻는 세계의 구축방식과 이를 교란시키는 스크린의 물성을 공간으로 연장해 보고자 했다.

Minwook Oh has traced the transformation of a city and the history of exclusion through documentary film. His films have captured the audience's attention with its continuous experimentation of the genre's materiality and experience beyond the limits of the genre of documentary. What would be the power of the screen to disperse the violence of the urban redevelopment and the desire to possess this violence in a visual way, and to make the audience concentrate on things, sound, images, and words? The exhibition attempted to extend in the spatiality the way of constructing the world the film asks and the materiality of the screen that disturbs this way.

오민욱
Minwook Oh

〈라스트 나이트〉(2015, 14min)는 제2차 세계대전과 한국전쟁을 거치며 부산 범전동에 주둔했던 캠프 하야리아가 부산시민공원으로 탈바꿈하는 과정을 담은 장편 다큐멘터리 영화 〈범전〉(2015, 86분)을 제작하는 과정에서 생산된 기록을 바탕으로 만든 작품이다. 부산시민공원 조성이 시작되면서 캠프 하야리아 인근의 기지촌은 이주와 철거를 빠른 속도로 겪게 된다. 이 기지촌의 마지막 밤과 그 밤을 앞둔 주민들의 마지막 기념사진. 도시의 무수한 밤들 가운데 인간과 기능을 다 한 시멘트, 그리고 무명의 고양이와 잡초 들이 보냈던 지나간 밤들이 흐트러진다.

〈철길, 건축물, 부지, 화분〉(2017, 1min)은 캠프 하야리아 인근 기지촌을 탐사하며 생산된 두 개의 기록물, 〈범전〉(2015, 86min)과 〈라스트나이트〉(2015, 14min)로부터 약 18개월의 시간이 지난 시점(2017)의 동일 장소를 재방문하는 과정에서 생산된 작품이다. 기지촌에 살던 사람들은 기능을 다 한 시멘트와 함께 사라졌다. 그 자리엔 새로운 기능을 부여받은 시멘트가 강철 뼈대를 채우는 피와 살이 되어 자라고 있다. 조망 불가능한 자본의 광범위함이 만들어낼 새로운 폐허의 미래도 그 곁에서 멈추지 않고 속도를 경신한다.

/ 오민욱

The Last Night (2015, 14min.) is based on documentations produced in the making process of *A Roar of the Prairie* (2015, 86min.), a full-length documentary film, in which the Camp Hialeah transformed into Busan Citizen's Park during the World War II and the Korean War. As the park began to be built, the military camp town near the Camp Hialeah went through rapid migration and demolish. The last night of this camp town and the last group photo of the residents on that night. Among myriad nights of the city, people and the all used cement, and street cats and grass spent some nights.

New Construction (2017, 1min.) is created when I revisited the military camp town near Camp Hialeah used for *A Roar of the Prairie* and *The Last Night* approximately eighteen months after I explored these sites to make the films. People who lived in the town disappeared along with cement which is all used up. In that place, cement endowed a new function is growing into blood and flesh filling the metal structure. The future of the new ruins that the incredibly exhaustive capital would create also speeds up.

/ Minwook Oh

오민욱
⟨라스트 나이트⟩
2015, 단채널 비디오, 14분 13초

Minwook Oh
Last Night
2015, Single-channel video, 14min 13sec

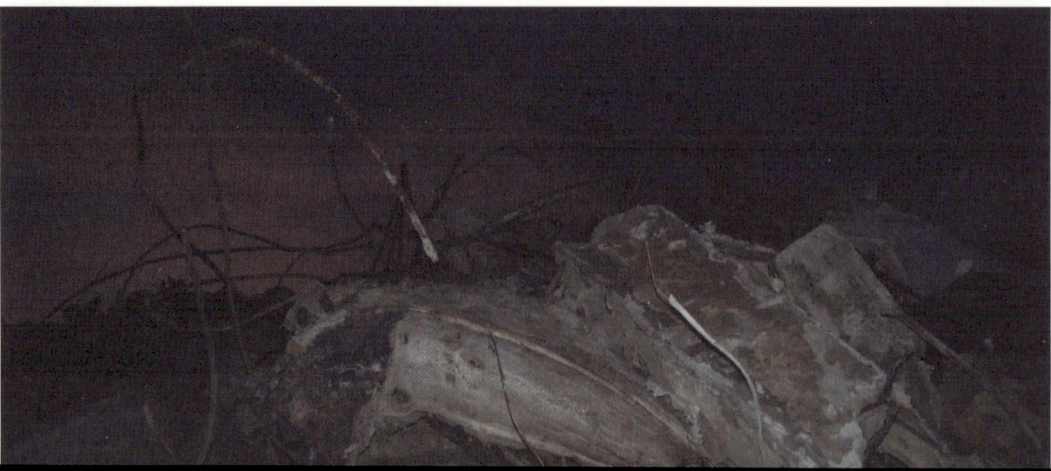

오민욱
〈철길, 건축물, 부지, 화분〉
2017, 단채널 비디오, 1분 45초

Minwook Oh
New Construction
2017, Single-channel video, 1min 45sec

리슨투더시티는 옥바라지 골목, 용산 참사, 청계천 노점상 철거, 4대강 사업, 을지로 재개발 등에 대해 비판적으로 발언하며, 한국의 폭력적인 도시개발과 지배적 구조에 저항해온 그룹이다. 이들은 신자유주의 시스템하에 일방적으로 진행되어 온 재개발을 반대하며, 주변으로 밀려나거나 힘없이 쫓겨나는 사람들의 목소리를 대변해오고 있다. 현재 리슨투더시티는 서울의 청계천-을지로 일대의 재개발 정책에 반대하며, 지역 상인, 문화 예술가, 시민과 연대한 〈청계천을지로보존연대〉를 통해 산업생태계의 중요성을 공론화하고 도시를 자본화하려는 힘에 맞서는 움직임을 지속 중이다.

Listen to the City, a group that has been resisting to violent urban redevelopment in Korea and its dominant structure, has been opposing to the Okbaraji Alley, the Yongsan Incident, the destruction of street vendors on Chenggye River, the total development project of the four rivers, and the redevelopment of Euljiro district. It counters to redevelopment that has been relentlessly conducted in the neoliberal system, and stands for the people who are pushed to the margin or kicked out. Currently, the group publicizes the importance of the industrial eco system and opposes the power to capitalize on the city, through Chenggyecheon Anti Gentrification Alliance with local merchants, arts and cultural practitioners, and citizens.

리슨투더시티
Listen to the City

청계천-을지로 일대는 서울의 도시계획 역사의 두 축을 상징적으로
보여주는 곳이다. 한 축은 세운상가 건립, 청계천 복원 사업,
동대문디자인플라자 건립과 최근 도시재생이란 미명하에 진행
중인 재개발에 이르는 위로부터의 도시계획 과정이다. 다른 한
축은 판자촌과 노점상, 도심 제조업의 형성 등 아래로부터의 삶과
투쟁이다.

〈청계천 아틀라스〉는 청계천 도시 재생의 문제를 다룬
50분짜리 다큐멘터리로, 청계천-을지로를 둘러싼 여러 층위의
인터뷰들을 통해 서울의 도시계획이 어디로 향해야 하는지를
영상으로 질문한다. 〈청계천을지로 산업 생태계 조사〉는 2019년
3월부터 진행해온 산업생태계 연결망과 지도이다. 청계천 일대 산업
생태계를 조사해 보니 주변 입정동, 수표동, 장사동과 긴밀한 협력
관계이고, 거래처 특징은 각종 연구소 특히 병원, 의료 기기연구소,
대학연구소, KIST, KAIST 등 많은 거래를 볼 수 있다. 청계천은
사양산업이 아니라 주문제작 및 다양한 연구에 필요한 다품종
부품을 만들어 내는 거대한 연구소였던 것이다.

/ 리슨투더시티

Cheonggyecheon river - Euljiro avenue area shows two axes of history of Seoul urban planning in a symbolic way. One axis is the process of urban planning from the top, which includes Sewoon Arcade, Cheonggyecheon Restoration Project, Dongdaemun Design Plaza, and the recent redevelopment project called urban regeneration. The other axis is the life and struggle from the bottom, such as slums, street markets, and urban manufacturing industry.

    We display *Cheonggyecheon Atlas: Maker City*, a 50-minute-long documentary film talking about problems of the Cheonggyecheon urban regeneration. It aims to ask where the urban planning of Seoul should head, through film of many different levels of interviews about Euljiro avenue. Our research on *Industrial Ecology of Cheonggyecheon Area* shows that it has a close relationship with Ibjeong-dong, Supyo-dong, and Jangsa-dong and that it does business with many research institutes, particularly, hospitals, medical instrument labs, university labs, Korea Institute of Science and Technology (KIST), and Korea Advanced Institute of Science and Technology (KAIST). Cheonggyecheon has been a huge research institute which produces many kinds of components necessary for various research, not an industry in decline.

    / Listen to the City

리슨투더시티
〈청계천 아틀라스〉
2019, 단채널 비디오, 30분

Listen to the City
Atlas of Cheonggyecheon
2019, Single-channel video, 30min

리슨투더시티
〈청계천 산업생태계〉, 2019
조사: 청계천 을지로 보존연대
프로그래밍: 리슨투더시티

Listen to the City
Industrial Ecology of Cheonggyecheon Area, 2019
Research: Cheonggyecheon Anti Gentrification Alliance
Programming: Listen to the City

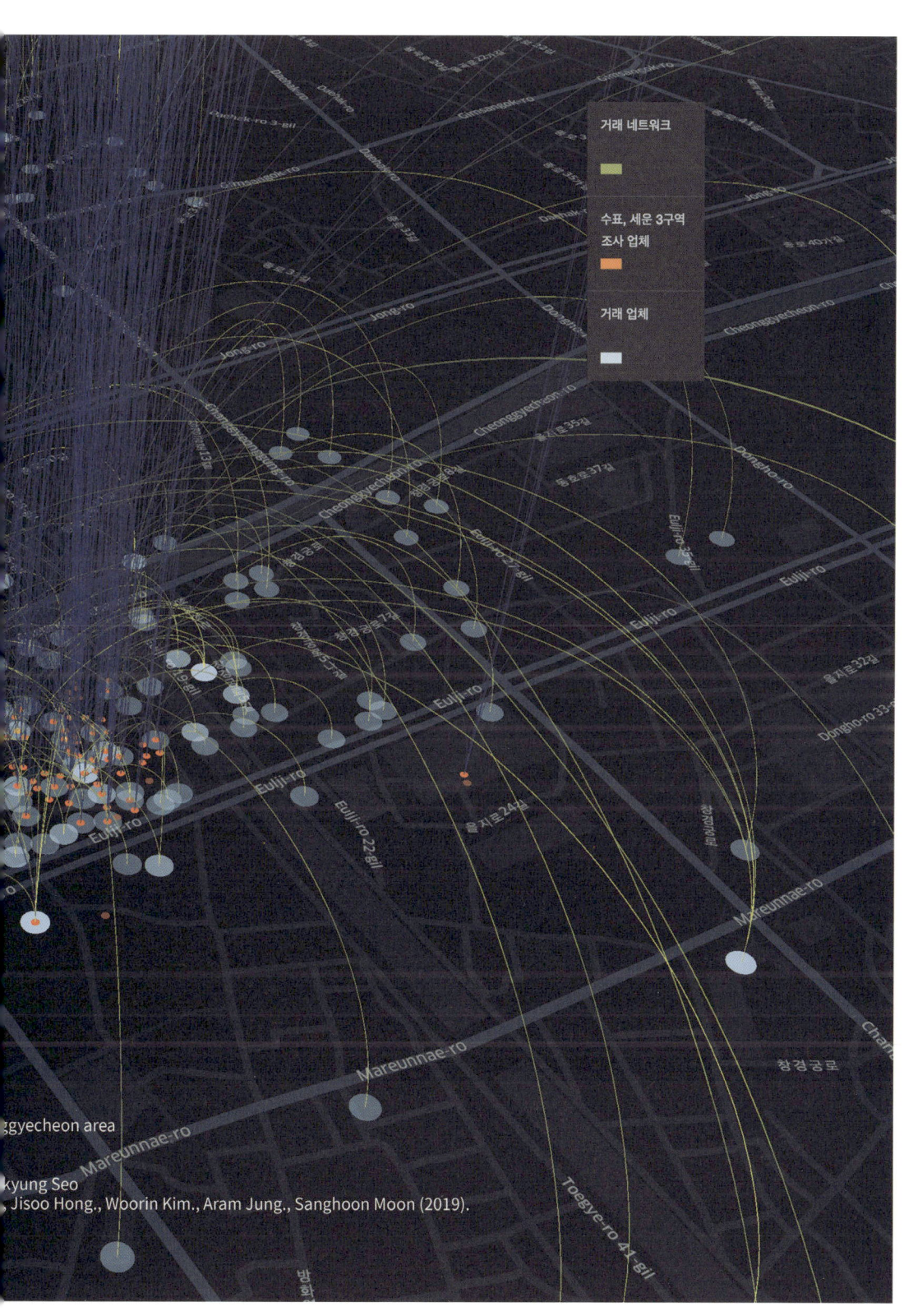

〈성남을 쓰다〉는 성남을 오랫동안 관심 있게 바라본 작가의 시선이 느리게 누적된 사적인 글쓰기와 사진들로 구성된 작업이다. 90년대 중반부터 지난 25년간 '성남'을 중심에 두고 그 주변부에서 작업해온 작가는 성남의 도시변화 (1971년-현재)를 술회하며 비평적 읽기와 쓰기를 시도한다. 신문의 형식으로 배포되는 작업은 오늘날 도시공간과 정치 사회적 이데올로기, 문화예술의 관계망을 다시-읽고, 함께-사유하기를 요청한다.

Writing Seongnam City is a work constituted of private writings and photographs, in which the artist's look on the city has been accumulated. Working on Seongnam city since the mid-1990s at its periphery, the artist attempts critical reading and writing, while recollecting the city's change since 1971. Distributed in a form of newspaper, the work asks to re-read today's urban space, sociopolitical ideology, and the relations of arts and culture and to think them together.

김태헌
Taeheon Kim

된다. 자신들이 이미 규정해 놓은 틀에 가두어 놓
그들이 말하는 섬남은 너무 멀리 있어 실체를 느
마을공동체 만들기 기본계획 수립 연구 용역〉
연구용역 보고회에서 "'섬남'을 빼고 다른 지역
타 자료집을 짜깁기한 내용들이다."는 혹독한
역에서 활동하는 마을공동체 대표들은 연구원
도 없었다고 했다.
인적인 시각에서 쓴 섬남 이야기를 드물게 보기
시 사적경험에 너무 치우쳐 뭔가 미흡하다. 나
정체성을 드러내기도 전에 허공으로 사라질 것
은 이런 이야기에 관심이 없다. 지역 문화를 생산
는 시공간에 대한 관심이 없다. 대부분의 문화관
처럼 관념화된 시선들이거나 개인의 사적 취미
남의 정면을 보려면 지역 안팎으로 지속적으로
다. 섬남에 대한 나의 글쓰기는 그 길에서 일어난
각이다. 그런 나의 행각이 활자 곳곳에 남아 있으
을 삼아 오래전 써놓았던 글을 뒤지고 이미지를
했다.

섬남을 — 쓰다

내가 20년 넘게 성남에 관심을 갖는 이유는 한국 근대 공간의 아픈 역사를 고스란히 보여주는 기존시가지와 신도시 분당과 판교로 이어지는 3개의 공간이 함께 공존하는 곳이기 때문이다. 1984년 성남을 처음 알게 된 후, 1995년 결혼하여 성남에 거주하게 되었고 1997년부터 도시공간을 틈틈이 기록하고 있다. 이 작업은 전문가적 글쓰기라기보다 성남을 오랫동안 관심 있게 보아온 한 사람의 시선을 담아내려는, 사적 글쓰기와 사진 작업으로 그때그때 느리게 진행되었다. 성남을 기록하는 온갖 방식의 결과물은 기회가 될 때마다 전시와 프로젝트 등으로 보여주고 있다. 최근 기존시가지는 재개발과 도시재생사업으로 공간이 빠르게 재편되고 있는 중이다.

/ 김태헌

The reason why I have been interested in Seongnam for over twenty years is that the city has three spaces, the previous downtown, New Town Bundang, and Pangyo, which reveal the history of modern space in Korea. I came to know the city for the first time in 1984 and started living in here since 1995, right after my marriage, and has documented the urban space since 1997. This work is not a professional writing, but a private writing and photographic works to contain the perspective of the person who has been interested in the city. The work has been slowly developed. I have shown many kinds of products from documentation of the city at the times of exhibitions and projects. Recently, the previous downtown is rapidly reorganized due to redevelopment and urban generation projects.

/ Taeheon Kim

김태헌
⟨성남을 쓰다⟩
2019, 출력물, 가변크기

Taeheon Kim
Writing Seongnam City
2019, Print, Variable size

디자인: 일상의실천
Designed by Everyday Practice

나는 용인 출신이지만 대부분의 생을 성남에서 보냈기에, 성남이 고향이나 다름없는 자료다. 그런데 대부분의 내용이 규정해 놓은 그림에 맞춰 있어 실제를 느끼기 전에 부스러진다. 자신들이 이미 규정해 놓고 있어 실제를 느끼기 전에 부스러진다. 자신들이 말하는 성남은 너무 멀리 있어 그들과 독립한 연구를 하니 그들이 말하는 성남은 너무 멀리 있어 그들과 독립한 최근 〈성남시 마을공동체 만들기 기본계획 수립 연구 용역〉(2018. 08)도 그 모양이다. 연구용역 보고회에서 "성남을 빼고 다른 지역을 넣어도 문제없음, 여타 자료집을 짜깁기한 내용들이다."는 혹독한 평가가 쏟아졌다. 지역에서 활동하는 마을공동체 대표들은 연구원들과 진지한 소통이 한번도 없었다고 했다.

한편 개인적인 시각에서 쓴 성남 이야기를 드물게 보기도 하는데, 이 역시 사적 경험에 너무 치우쳐 뭔가 미흡하다. 나의 글쓰기 역시 성남의 정체성을 드러내기도 전에 허공으로 사라질 것이다. 우선 사람들은 이런 이야기에 관심이 없다. 지역 문화를 생산하는 사람들과 도시공간에 대한 관심이 없다. 대부분의 문화관련 내용들은 용역보고서처럼 시선들이거나 개인의 사적 취미활동으로 왕복하며 넘쳐난다. 성남의 경면을 보려면 지역 안내로 그 길에서 일어났던 작고 긴 애정 행각이다. 그런 나의 행각이 활자 곳곳에 남아 있으리란 기대에 위안을 삼아 오래전 씌어진 글을 뒤지고 이미지를 찾아 다시 이야기를 보낸다.

상원영 ― 판교

가난한 도시의 속양이 기어든다. 시멘트로 포장은 튼튼히 빼먹으려 불룩 안 가리는 돈 버신 팔은 세상이다. 2000년 2월의 기억으로 적어 놓았던 글을 찾아보았다.

"밤길처럼 복잡한 주거공간 사이로 살아남 아파트가 우뚝우뚝 솟아 있는다. 대로변으로는 게임랜드 간판이 폭발하듯이 생겼다. 인계동까지 성남은 게임랜드가 도시공간 곳곳에 간판들로 뒤덮여 있다. 시청 앞에서 버스를 타고 대원여고까지 가면서 그 숫자를 세어보니 23개다. 너무 많아, 혹시 세어나간 것 없나 적힌다. 시청 앞에서 부터 **단번치, 황금실, 시청앞게임랜드, 옹산곤도라, 마카오, 스타, 바다이야기, 파라오, 남말전설, 경주퀸즈립, 현대게임장, 오렌프는블, 신화, 블랑, 그랑블루, 로얄카지노, 코스트하우스, 쓰리고, 바다이야기2, 드림로얄레이스, 주드레이스, 로얄디이팍쑤, 황금성, 어비스, 판아대림, 대박레이스, 단번치2, 캡틴프라이드, 왕의눈, 오션파라다이스, 황불새, 역피, 로얄스크린, 로얄게임장, 그랑트리, 로얄레이스**까지 무려 36가다.

버슷한 상호명과 쪽같은 상호도 있다. 버스로 두 정거장 사이에 성인용 게임랜드가 이렇듯 많을 줄을 몰랐다. 가기 PC방까지 합하면 거의 두 배는 될 것이다. 이 정도면 '디자인도시 성남'이란 간판을 내리고 '게임왕국 성남'이란 간판을 내다 걸어야 하는 것 아닌가 싶다."

낯선 어떤 지역에서 볼거리를 찾아 좋기보다 숨을 일도 많으면 될 법하다 하는 것이 있다. 내가 지금 어떤 길인지, 반복되는 삶도 아니까가지, 분갈 같은 도시가 싶은 더욱 그러한다. 내가 지금 어떤 지역에, 어떤 문화 속에, 어떤 사람들과 함께 살아가는지 게임매일 불안하며 된다. 도시이라 온갖 정보를 알려주는 존비 없어 편리해 보이지만, 그로 역시 도시공간처럼 길을 잃기 쉬운 곳이다.

이 글은 성남에 대한 글쓰기이며 미완성으로 진행중인 글이다. 성남을 오랫동안 관심 있게 보아온 한 사람의 시선으로 쓴 사적 글쓰기이다. 뚜렷한 목적을 가지고 쓴 글이 아닌 그때그때 두서없이 보고 들었던 것을 맥락 없이 모아 나열한 글이다. 부디 인내심을 갖고 읽기를 바라며, 읽은 후 성남을 상상하며 퍼즐을 맞추듯이 하나의 성남 이야기를 만들어도 좋을 것이다.

　나는 화가가 인물의 얼굴을 그릴 때 적당한 거리에서 바라보는 것과 같은 시점을 유지하며 성남을 바라보려 애썼다. 초상화 제작의 거리는 인물이 갖고 있는 객관성과 화가가 바라본 주관적 시선이 동시에 나타날 수 있는 그 어디쯤이듯, 성남도 그 어디쯤에서 바라보려 했다.

　나는 종종 성남에 대한 글을 접하게 되는데 주로 연구용역 관련 자료다. 그런데 대부분의 내용은 너무 건조하여 내 안으로 들어오기도 전에 바스러진다. 자신들이 이미 규정해 놓은 틀에 가두어 놓고 조사 연구를 하니 그들이 말하는 성남은 너무 멀리 있어 실체를 느낄 수 없다. 최근 〈성남시 마을공동체 만들기 기본계획 수립 연구 용역〉(2018. 08)도 그 모양이다. 연구용역 보고에서 "'성남'을 빼고 다른 지역을 넣어도 문제없음, 여타 자료집을 짜깁기한 내용들이다."는 혹독한 평가가 쏟아졌다. 지역에서 활동하는 마을공동체 대표들은 연구원들과 진지한 소통이 한 번도 없었다고 했다.

　한편 개인적인 시각에서 쓴 성남 이야기를 드물게 보기도 하는데, 이 역시 사적경험에 너무 치우쳐 뭔가 미흡하다. 나의 글쓰기 역시 성남의 정체성을 드러내기도 전에 허공으로 사라질 것이다. 우선 사람들은 이런 이야기에 관심이 없다. 지역 문화를 생산하는 사람들조차 도시공간에 대한 관심이 없다. 대부분의 문화관련 내용들은 용역보고서처럼 관념화된 시선들이거나 개인의 사적 취미활동들로 넘쳐난다. 성남의 정면을 보려면 지역 안팎으로 지속적으로 왕복하며 길을 내야 한다. 성남에 대한 나의 글쓰기는 그 길에서 일어났던 작고 느린 애정행각이다. 그런 나의 행각이 활자 곳곳에 남아 있으리란 기대에 위안을 삼아 오래전 써놓았던 글을 뒤지고 이미지를 찾아 다시 이야기를 보탠다.

광주대단지사건

1971년 8월 10일 경기도 광주대단지(지금의 경기도 성남시 수정구와 중원구 지역)에서 일어난 주민들의 생존권 투쟁.

1960년대 이후 서울 판자촌 대책의 하나로 경기도 조성을 둘러싼 말썽이 그치지 않았다. 1960년대 후반부터 서울시의 무허가건물 정리계획에 따라 철거민들이 집단이주하게 되면서 성남의 형성이 본격화되었다.

도시에서 살아가자면 도시의 언어를 알아야 하고 직접 겪기 때문이다. 덩렁 표정하고 있다는 것도 아니다. 그곳 사람들에게 그렇게 친숙하게 살았던 적이 없다.

　사람들은 자신이 살아가는 도시를 알아가면서 살아간다. 도시가 정들어 있으면 그곳에서 사람들의 얼굴이 살아간다. 성남시 사람들은 어떤 삶을 알고 있다. 앞서 말한 수 있다. 그들이 살아가는 도시를 들여다보는 분류로 크게 구분된 세 개의 얼굴을 하고 있다. 성남이 서울의 메트로이며 아파트 투기로 경쟁적인 산업단지로 조성된 판교가 있다. 결과적으로 자족도시가 아니다. 세 곳 모두가 청주도로 복잡하게 섞여 있는 듯 보이는 주거공간이 기존 시가지 시에서 있다. 마지막에 건설된 판교는 아파트와 반듯한 다른 시간과 다른 목적에 모습으로 세워진 공간을 느낄 수 있지 않을까, 그 느낌은 개인마다 다를 수 있으리라 생각된다.

성남 초입 까치골에 가르친 적이 있다. 그 전엔 경원대였다. 이사장이 바뀌자 '가천'이라는 자신의 호로 학교명을 바꾸었다. 교명을 바꾸는 일은 그리 쉬운 일이 아니다. 그 충동문화의 동의와 회장 적인이 필요한데, 학교에서 반대하여 해결이 안 되자 새로운 동문회를 조직하여 자신들이 만든 동문회의 직인을 찍어 결국 교명을 바꾸었다고 한다. 오래전 나를 말하던 천만내들이 이런 얼굴의 케이캠퍼가 나를... 지금 먼 학교 근처에 변화가 많은 편이나, 재일 먼저 학교 대학교인 된 이사장 얼굴이 커다랗게 나붙기 시작했다. 전북주의 가도 아니고 고주도 아니고 대학교 총장 얼굴을 여기저기에...

가천대로 교명이 바뀌고, 태평동에 위치한 영창산 속을 깎고 파고 들어간 수 있던 쪽문이 폐쇄되었다. 수업중문 주민들이 그곳으로 드나들며 온동장을 이용했다. 원자 백주년 상단 때에도 그 문으로 학교 도서관을 자주 이용했었다. 아이러니, 가천대 일부 교수들은 성남시와 각종 연구자업을 하면서 도시조형학 연구소를 만들어 도시조형 업무를 조성하고 운영했다. 가천대도 조형연구소가 있었다. 과거 교명으로 경원대조형연구소를 운영했다. 나는 1998년 성남시 환경조형물 실체 조사를 148건 조사를 한 후 자료집을 만들어 공원기관계와 공식 발매까지 했었다. 이제 경원대조형연구소는 연구소 설립 후 1997년과 1998년 사이에 13건의 조형물 사업을 조형했다. 돌이켜보면 공공미술 적임자들로 보면 이들은 '성남시가 문화와 행정을 목표로 신청하고 과감한 정책을 펼치고 있다'며 남시의 관료적 문화행정에 판사를 늘어놓았다. 시의 이러한 정책에 대해서 문제를 지적하는 이는 없었다. 비고리고 내일이 앞았으지 한 논의까지 전이 없었다. 공정희라는다, 이를 후 연락이 와서 만나는데, 환경조형을 얻는 문제에 대해서 어떤 한 논의도 없었다. 배심치이 한 것으로 자신의 책임물의 확인해야 한다.

살아오며 이런 일을 사람이는 경험을 하면서 나는 언제부턴가 문화예술계의 전문가들을 신뢰하지 않게 되었다. 그들이 눈은 늘 자신의 이권으로 향해 있다.

가난한 도시에도 욕망이 끼어든다. 시찍말로 토끼운 돈까지 빼먹으려 물부 다 가리는 돈 귀신 붙은 세상이다. '2006년 2월의 기억'으로 적어 놓았던 글을 찾아보다.

　"빌딩사이 복잡한 무거릴 사이로 오랑한 아파트가 우죽측순처럼 솟는다. 대로변으로는 게임랜드간 간판이 특별하게 생겼다. 언제부턴가 성인용 게임판드가 도시 풍경으로 보란 듯이 건물을 도배하여 홍행하였다. 시청 앞에서 버스를 타고 태평역까지 가면서 그 숫자를 세어보니 20개다. 너무 많아, 혹 할못 세어보이 많았나 싶어서 다시 확인하니 26개다. 어랑? 더 많았다. 이빈인 무차 차로를 받고 그냥 이번에 걸어가며 찾았다. 시청 앞에서부터 다번치, 황금집, 시정알게임랜드, 올인곤도라, 마카오, 스타, 바다이야기, 파라오, 달빛진설, 경우권즈킹, 현대게임장, 오광뜨는길, 신화, 불꿈, 그랑블루, 로얀카지노, 고스트하우스, 쓰리고, 바다이야기(2), 드림로얄에이스, 골드레이스, 로얄골드매져, 황금실(2), 어비스, 한산대첩, 대부애이스, 다번치(2), 캠핀프라이드, 왕의눈, 오션파라다이스, 황불세, 역전, 로얄스크린, 로얄게임장, 그랑프리, 로얄레이스까지 무려 36개다.

비슷한 상호별과 똑같은 상호도 있다. 버스도 두 정거장 사이에 성인용 게임랜드가 이렇게 많을 줄 몰랐다. 거기다 PC방까지 합하면 거의 두 배는 될 것이다. 이 정도면 '디자인도시 성남'이란 간판을 내리고 '게임천국 성남'이란 간판을 내다걸어야 하는 것 아닌가 싶다.

낯선 여행지에서 목적지를 찾아 가면서 길을 잃지 않으려면 체크해야 하는 것이 있다. '내가 지금 어디에 있는지?' 번호시는 알도 미찬가지다. 정글 같은 도시의 삶은 더욱 그러하다. 내가 지금 어떤 시대에, 어떤 문화 속에, 어떤 사람들과 함께 살아가는 지 매일매일 확인해야 한다. 요사이야 온갖 정보를 알려주는 폰이 있어 편리해졌지만, 그곳 역시 도시공간처럼 길을 잃기 쉬운 곳이다."

〈성남〉
성남시의 경기 광주가 어떻게 만났던 성남에 있는 것인지 조사를 했다. 분당과 수정보이 광주지역으로 되어 있다는 것은 놀라울 일이다. 수정의 태평동도 옛적에는 광주에 속했다. 성남이라는 이름을 갖게 된 것은 수정구 지역의 이름이 광주 수진면 성남출장소가 성남시 이전의 가장 최근 이름이다. 1946년 처음에는 광주 대왕면에 속해 있었다. 이때 있던 대왕면, 돌마면, 낙생면, 중부면 면 일부를 합쳐서 성남출장소가 되었고, 그곳에 사람이 10만을 넘자 단독으로 성남시로 되었다.

'처'이라고 불리는 서울의 마을?
'처음 어떤 사유지인가요?'
'어떻게 이루어 가는거죠?' 한다.

〈중부〉
현재 성남시의 영역인 옛날 광주군 중부면에는 일부를 두어 관아가 있었던 곳이다. 그곳은 바로 지금의 서울 송파구 그중에서도 '남한산성' 아래에 있는 송파구다. 성남과 중부면(광주)은 관계가 어떻게 되지? 성남의 대왕면은 광주에 속한다. 그중에서 고등동이 포함되어 중부면이 정말 이 지역이 광주군의 성남이었다면, 풍광도가 빠른 지역이다. 그래서 나는 이곳에서 광주대단지라는 지역 이름을 얻게 되었다는 나와 행정구역이 일치하지 않아 자주 바뀔 수밖에 없었다.

낯선 여행지에서 목적지를 찾아 가면서 길을 잃지 않으려면 체크해야 하는 것이 있다. '내가 지금 어디에 있는지?' 번호시는 알도 미찬가지다. 정글 같은 도시의 삶은 더욱 그러하다. 내가 지금 어떤 시대에, 어떤 문화 속에, 어떤 사람들과 함께 살아가는 지 매일매일 확인해야 한다. 요사이야 온갖 정보를 알려주는 폰이 있어 편리해졌지만, 그곳 역시 도시공간처럼 길을 잃기 쉬운 곳이다.

모든 길엔 이름이 있다. 서울엔 세종로 종로로 승용거리로 중앙로도 있다. 그런데 그 의미 몰리머시나 만들어이기지로 권위나 또는 관념적으로 바뀌 때다. 멀리서 찾을 필요도 없이 성남 사이에 8본선 북정역과 남한산성 사이의 산성대로가 있는 수남대로(1955)과 같았다. 그러다 1986년에 에성길로 바뀌었다. 그러다 2002년에 다시 우남보로 개명되었다. 성남은 요산, 대왕판교로, 군우보에서 오리지를 당 있고 조선시대 길을, 대왕판교로는 군우보에서 오리지를 당의 이름이라면 이것을 쓰게 되고 자신의 이름이 심재에서 기억으로 보존되는 것이다.

최근 길이 가치 재매김을 본격적으로 시작하여 사람발생 이 사람과 된 이름이 기린방에도 불러다. '박석집길', '종로에 '흐트립' '대구동' '김윤석길'' 관광자 사람들의 지자체 수익을 늘리기 위한 방편으로 진행되는 경우들이 종종 있다.

성남에도 가수 신해철 거리가 개성있, 일명이 자주 등장한다. SNS 등을 통해 이 재미 조성을 검토하면서 성남지역문화의 발전과 당사자 인사권리도 조성되었다.

〔...그들 한 조각 없이 집게 단리던 이 벤치에...

김병량(민선2기 1998-2002) 시장 당시 성남을 디자인도시로 만들기 위해 디자인사업소를 신설, 이후 성남을 디자인도시로 선언한다. 아래 글은 성남시 디자인도시 선언문의 일부분이다.

《우리 성남》은 인간다운 삶의 터전을 목표로 하는 도시로서 정다운 이웃, 높은 삶의 이상, 아름다운 생활을 지향하고 있습니다. 이러한 데 2001 세계산업디자인총회의 개막을 계기로 새로운 성남디의 창조적 표상의 깃발을 세우려고 합니다. (…이하중략)

당시 '화난공일기' 작업에 쓴 글이다.

"성남이 하루아침에 디자인도시가 되었다. 서울 혜화동에 있는 디자인 포장센터가 이사오기 때문이다. 총지에 인구 백만 시민들의 삶이 녹아있는 성남의 다양한 이미지가, 우리 지역과 아무런 상관관계도 없던 이미지로 포장된다. 20세형 산악형 주거공간인 기존시가지와 신도시분이 동일한 시에 보다 한국형 계획도시로 설립하게 공존하는 이곳에 이제는 디자인도시라는 정체불명의 이름까지 내걸었다.

당시에 성남프로젝트 두 번째 작업으로 모란시장을 대상으로 진행했고 그 결과를 시청 로비에서 전시했다. 전시공간이 없던 성남에 자주 제로도 선택한 시청로비는 시민과 공무원에게 노출된다는 효과가 있었다. 그런데 어느 시장실로 올라가던 김병량 시장이 전시에 관심을 보이며 걸음을 멈추었다. 그런데 퇴정 작업에 전혀 관심 없고 수행했다 사람들에게 아주 정치적인 말을, '바꾸니까 바빠졌어!' 딱 한마디 던지고 전시장에서 우르르 사라졌다. 내 생각엔 20년이 지났으나, 바뀌도 달라진 게 없다.

도시의 주인은 시민이라고 말은 하는데, 우리 사는 도시의 실제적 주인은 날그곳의 단체장이다. 단체장이 바뀌면 기존 정책을 뒤엎어 놓으며 문어를 내어놓기 시 자신의 지적을 방기에 마쁘다. 자신에게 줄선 사람을 내려놓고, 지역의 기존 문화를 무시한 채 탑파토 뒤바꿔 놓고, 그렇게 지역의 삶의 거름까지 안보로 개발한 뒤에 이런 공동체를 회복시켜야 한다며 도시재생이란 명목으로 시민을 상대로 사업을 한다."

성남시청은 기존시가지(수정 중원구)와 신도시(분당구) 사이에 있다. 2009년, 구도심 수정구 태평2동에서 분당구 경계지역인 중원구 여수동으로 이전하면서 청사 규모를 크게키 놓았다. 그러지 필요 이상으로 커진 용인시청사와 함께 연일 언론의 뭇매를 맞기도 했다. 당시 대영 성남시청은 신청사 9층에 김부설을 마련하였고 금빛 엘리베이터까지 만들었다. 그런데 시청에서 일하던 직원들은 '답다춥다'며 난리를 폈다. 중앙난방으로 가동되는 청사는 북쪽과 남쪽 사무실의 온도 차를 전혀 해결하지 못하는 게 문제였다. 시민과 언론에 까이면서 막대한 돈을 들어 지었는데, 시장실은 아방궁처럼 무시하고 정작 사무실 근무환경은 신경쓴 안 쓴 셈이다. 한번은 강판으로 막강받으며 시청 벽이 태풍에 뜯기 나간 적도 있다. 그야말로 부실공사다.

이재명 시장께 들어서 9층 김봉이장을 시민들을 위한 편의시설로 북부패로 내주고 자신의 집무실은 시민들이 접근 용이하고 업무 보기에 원활한 2층으로 옮겼다. 그러한 마인드가 발휘되어 주말 주차단가도 없앴다. 이렇게 매일매일 주차료 받는기로 기존시가지에 숨통을 트여준 셈이다. 도로 및 노천상도 늘어났다. 통행에 조금 불편하지만 서로 알보면서 크게 문제될 게 없으니 단속을 완화한 것이다.

2018년 성남시장은 필리버스터로 잘 알려진 은수미 의원이 당선되었다. 문화에 관심이 많은 시장은 매주 문화관련 전시등을 보려 다니신다 한다. 그런데 중 제자는 시장이 어느 문화모임의 토론에 나와 이야기를 하는 검 우연히 되었고, 여성 특유의 성세한 탐사 배려, 문화적 소양이 문어나는 이야기로 좋은 인상을 받았다. 그런데 뜻밖에도 시장이 되고 얼마 안 돼 안전, 보안 등의 이유로 시청로비에서 2층 시장실로 올라가는 입구와 3층에서 내려오는 입구에서 스피드게이트를 설치했다. 이유 불문하고 민원인을 접근을 미리 차단한 것이다. 의도로 밖에 보이지 않는다. 모든 건물은 말을 한다. 그 말을 그 어떤 말보다 정확하다. 과거 권위적인 공공건축물은 의전을 위해 사용이 출입구에서 주차까지도 따로이었고, 학교와 감옥은 관음등면/일상감시체제로 유지하기 위한 구조를 갖고 있다. 통제된 사회임수록 설태구조는 막혀있고, 찁고, 어둡다. 온수미 시장의 정치관과 스피드게이트, 이게 이율배반 아닌가?

내 기억을 누군가가 지운다면 삶은 어떻게 될까. 좋은 기억이든 나쁜 기억이든 기억은 삶을 지탱하는 근거가 된다. 그러니 기억이 사라진다면 일상에 틈일이 틀림없다. 그렇다면 자연환경 또는 주거공간이 개발로 사라진다면 우리 삶은 어떻게 변할까?

사람들이 모여 사는 주거공간 역시 기억을 켜켜이 쌓여 있다. 유럽이 식민지생활로 전쟁의 소용돌이에 빠질 때 많은 사람들이 자유를 찾아 미국으로 건너갔다. 훗날 이들은 선택한 거주지 몰래 확인하는 흥보호로 결과가 나왔다. 그런 이들이 지치지 않았던 장소를 비슷한 곳에 찾아가던 것이다. 해외가와 알았던 사람들은 해와 같은 산월 찾아갔다는 것. 여러 이유가 있겠지만, 자신이 살던 장소에 대한 기억이 삶에 중요한 역할을 했음이 틀림없다. 이쯤 되면 우리들의 기억은 살아갈 의미가 된다.

도시공간은 단지 물리적 역할만이 아니라 다양한 관계들에 의해 기능한다. 그러나 현실은 어떤가? 주거공간이 재산을 증식시키는 절대 가치로 받아들어져 투기대상이 된 지 오래다. 주거공간이 갖는 편안함, 주억, 공동체 등을 따지기는 건 역시 나 순진하거나 바보인 게다. 올 봄 재개발로 사라질 금광동을 찾아가다가 푸석 뿌린 듯 불거진 현장에서 할머니 한 분을 만났다. 보상받고 괴산에 해당을 구입해 놓았다는 것이다. 아버메이드를 가리키며 지금은 근처 지하방에 담긴 수리고 있다고 하셨다. 물지도 않았는데 지나가는 나를 붙들고 이해 자신의 성남 이주 개인사를 훈훈치러 쭉 늘어놓으셨다. 이야기 끝에, "고향고생하며 자식들 키우던 여기서 죽을 줄 알았는데 이제 이 나이에 이웃도 없는 다른 곳에서 살다 죽어야 하네."라며 한숨까지 쉬셨다.

자본가들은 전략적으로, 일상을 살아가는 사람들의 삶에 바꾸어집이 구멍을 낸다. 재개발로 주거공간의 과게도 그 구멍 중 하나다. 생각하지 못하게, 정주하지 못하게, 만족하지 못하게, 추억하지 못하게. 그리고 그 메꿀 수 없는 구멍 난 거기에 계속 피워지 말고 자본이 내다 파는 온갖 것을 죽이고 소비하고 살아가라고 한다.

세운캠퍼스는 교육과 현실 사이에서의 괴리감으로부터 현장과 소통하는 건축 교육 시스템을 모색하고자 2017년 세운상가에 설립되었다. 특히 첨단제작기술을 바탕으로 세운상가 일대의 산업생태계 및 공동체와 교류하는 다양한 프로그램을 진행해오고 있다. 벤치와 테이블로 구성된 공공 가구는 세운캠퍼스에서 산업기술자-학생들의 교류 속에서 제작한 것으로, 건축 교육이 현실과의 접점을 찾아가는 과정에서 생산된 지식과 가능성을 전한다. 벤치는 현재 세운상가의 데크에 놓여, 시민들의 쉼터가 되고 있다.

Sewoon Campus was built in Sewoon Arcade in 2017 for the sake of an architectural education system communicating with the actual scene, departing from a gap between education and the reality. Particularly, based on the cutting-edge manufacturing technology, it has run many programs communicating with the industrial eco system and communities at Sewoon Arcade. The chairs and tables at the exhibition were made as industrial technicians and students communicated at Sewoon Campus. Furniture, as public design, delivers knowledge and possibilities manufactured in the course of finding out an intersection between architecture education and the reality. Benches are now located at the deck of Sewoon Arcade as a resting area for people.

황지은
Jie-eun Hwang

세운캠퍼스는 서울의 대표적인 도심제조업의 중심지 세운상가
일대에 자리 잡은 현장형 교육과 실천적 연구를 지향하는
실험장이다. 2018년 서울시립대학교 100주년 기념사업으로
진행한 세운캠퍼스 짓기학교 프로젝트는 새롭게 조성된 다시세운교
보행로에 콘크리트 공공 가구를 제작하여 설치하는 과정을 다뤘다.
세운캠퍼스는 이와 같아 정규수업과 다양한 비교과활동, 세운
공동체 및 관련 산업체와 긴밀한 협력을 통해 학생들이 전문가들과
신소재 구법을 함께 실험하고 구현하도록 지원한다. 이러한 학습의
과정이 사회의 새로운 경험으로 축적되고, 도시의 일부가 되는
새로운 학교의 모델을 제시하고자 한다. 이번 전시에서는 공공
가구 디자인 제작 과정을 보여주는 다양한 스터디 모델과 영상
그리고 가구의 재료인 초고성능콘크리트(Ultra High Performance
Concrete) 구조물을 만날 수 있다.

/ 황지은

Located at Sewoon Arcade, the center of Seoul's downtown manufacturing business sector, Sewoon Campus is an experimental site aiming for creative multidisciplinary education at site and practical research. Sewoon Campus Building Project, a centennial commemorative project of University of Seoul in 2018, dealt with a process of making and installing concrete public furniture on a newly built Dasi Sewoon Bridge. Sewoon Campus supports students and professionals to experiment and realize together the digital fabrication method and the new material concrete method through regular courses, extracurricular activities, and cooperation between Sewoon community and related industries. This provides a model of a new school in which students' education process is accumulated as a new experience of the city and becomes a part of the city. In the exhibition, the viewer will meet various study models and videos showing the making process of public furniture design and a structure made of Ultra High Performance Concrete, a material of the furniture.

/ Jie-eun Hwang

황지은
〈세운캠퍼스〉
2019, 혼합매체, 가변설치
* 영상촬영 및 편집: 정동구 (플레이 쥬)
* 공공가구 디자인 : 윤정원 (서울시립대학교 건축학부)
* 디지털 페브리케이션 : 황동욱 (테크캡슐)

Jie-eun Hwang
Sewoon Campus
2019, Mixed media, Variable installation
* Film & Edit : Dongkoo Jung (Play Zoo)
* Public furniture design : Jungwon Yoon (University of Seoul De[pt. of] Architecture)
* Public furniture digital fabrication : Dongwook Hwang (TechCa[psule])

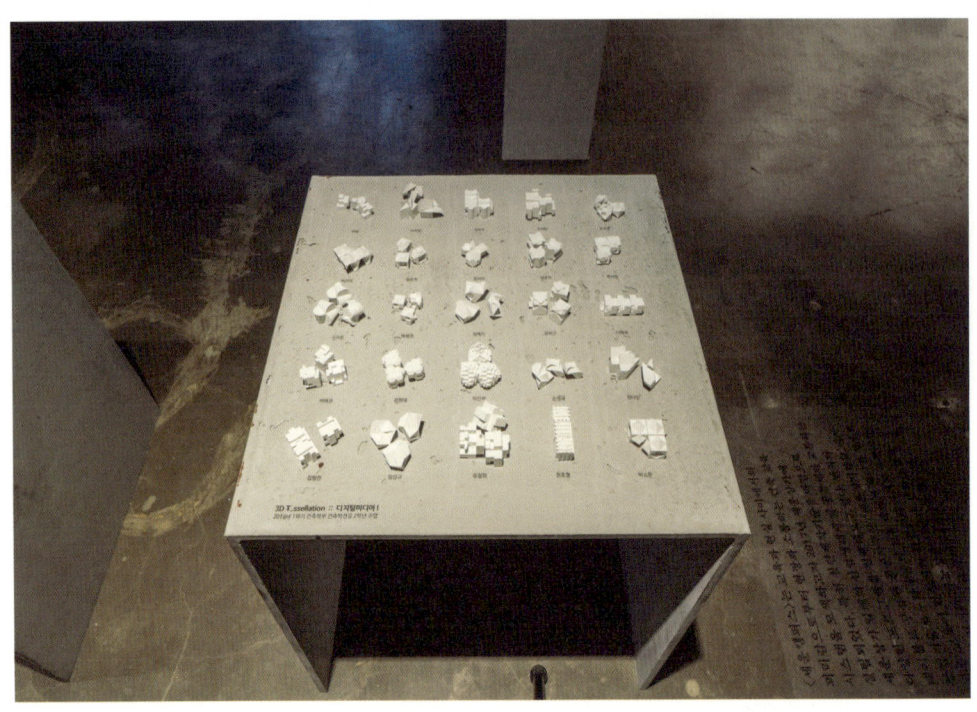

건축가 김광수는 오늘날 도시환경과 미디어의 관계로부터 건축의 존재 방식을 질문하며, 아르코미술관의 천장에 주목한 설치와 영상을 선보인다. 〈여기에서 여기를〉은 1979년부터 미술관을 지탱하는 충실한 지지체로서 어둠의 영역에 남아있던 천장의 리얼리티를 탐색한 작업이다. (1) 은폐된 천장의 철골 트러스를 비추는 조명, (2) 트러스의 위상에서 왕복하는 시선을 담은 영상, (3) 천장을 이미지로 포획하는 반사경, (4) 이를 바라보는 관객을 향한 CCTV, 이렇게 네 파트가 서로 연동된 시선의 연쇄 고리는 실재-재현, 리얼-픽션, 소외-물신이 폐쇄회로와 같이 작동하는 현실과 건축, 여기에서의 우리의 위상을 되묻는다.

Architect Kwangsoo Kim poses a question to an architecture's way of existing from a relation between today's urban environment and media, by showing installation and video about the Arko Art Center Gallery's ceiling. *HERE vs. HERE* is a work exploring the reality of the ceiling, which has remained as a devoted support in the dark area since 1979. Four parts interact: a spotlight on the metal truss of the concealed ceiling; a video of a gaze going back and forth at the height of the truss; a reflecting mirror capturing the ceiling as an image; and a CCTV heading toward the viewer who looks at these. The chain of the gazes asks about the reality and architecture, where the real-representation, the real-fiction, and the isolation-fetish operate like a closed circuit and asks back about our position in this.

김광수
Kwangsoo Kim

아르코미술관 천정의 철골트러스는 1979년 준공 이후로부터
40년 동안 숨죽인 채로 도도히 미술관 건물의 무게를 지탱하여
왔다. 이 트러스는 전시를 위한 밝은 조명 이면의 어두운 세계로서
미술관이기에 더욱 강력하게 어두운 부재의 형식을 취하고 있다.
본 작업은 아르코 미술관의 철골트러스를 다룬다. 부재의 형식으로
존재하는 트러스 그리고 이에 지탱되는 중력 및 시간성의 실상과
트러스를 트러스의 위상에서 촬영한 무중력 및 무시간성의
영상을 한 공간 안에서 이격시켜 서로 간에 시선의 연쇄 고리를
만들어 보고자 하였다. 이는 '리얼이 두 번 반복되면 더욱 리얼한
것일까?'라는 의문으로부터 시작하였다. 이와 마찬가지로 여기에서
여기를 두 번 반복하고 왕복하는 폐쇄회로와 같은 상황에서 '리얼'의
가능성을 탐색해 보고자 하는 것이다.

/ 김광수

Since its establishment in 1979, the metal truss of the Arko Art Center's ceiling has silently supported the museum's weight for 40 years. This truss takes a form of somber absence as the museum is a dark world behind the bright light in a gallery space. This work of art is about the metal truss of the Museum. I separated the reality between the truss as a form of absence and the gravity and temporality sustained by this and the moving image of zero gravity and atemporality shot from the perspective of the truss, and thus, made a chain of gaze between the two. The work has started from a question "if the reality repeats itself twice, would it be more real?" Also, it is to explore a possibility of 'the real' in a situation of a closed circuit, in which one moves back and forth.

/ Kwangsoo Kim

김광수
여기에서 여기를
2019, 2채널 비디오, CCTV, 반구형 반사경, LED 바,
가변설치

Kwangsoo Kim
HERE vs. HERE
2019, Two-channel video, CCTV, Mirror dome, LED bar, Variable installation

리얼시티 프로젝트의 〈그린벨트〉는 전시 개막과 동시에 이뤄진 집단 리서치 워크숍이다. 서울의 외곽 지역, 그린벨트에 5명의 건축가와 20여 명의 건축학도가 팀을 이뤄 2주간 '필드 리서치'를 진행한다. 잠재적 자본을 기다리며 방치된 이 지역에 담긴 현실은 어떠한 모습일까? 각 팀의 현장조사는 전시장과 온라인 홈페이지에서 축적-연결-논의되어 나가며, 도시 리서치의 현실 참여적 가능성을 탐색한다.

Green Belt by Realcity Project is a collective research workshop commencing with the exhibition opening. Five architects and around 20 students in architecture make teams to do field research for two weeks at a green belt, located at a periphery of Seoul. What does the reality of this area look like, the area abandoned for potential capital? Each team's field research has been accumulated-connected-discussed in the gallery space and on their homepage, and explore a possibility for the urban research to participate in real life.

리얼시티 프로젝트
Realcity Project

그린벨트, 새로운 상상의 논의

행정구역상 서울 19개 구와 경기도 12개 시의 접경지대는 우리의 일생 생활을 지원하는 다양한 시설과 행위들이 이루어짐에도 불구하고 접근목적 및 거주성의 부재로 도시적 관심도가 떨어져 왔던 것이 사실이다. 그린벨트(이하 GB)라 불리우는 개발제한구역이 대부분인 경계선의 이면에는 그간 수많은 해석과 활용성의 논의 가운데에서 비법(非法)적이고 은밀한 삶의 영역이 오랫동안 이어져 왔다. GB를 둘러싼 다양한 도시사회적 논쟁은 지정 50년이 거의 되어가는 지금도 여전히 유효하다. 2018년 국토부는 서울 접경의 일부 GB와 주변부를 해제, 3기 신도시를 개발하겠다는 계획을 발표하였다. 이에 반해 서울시는 녹지보존을 위시한 도심 내 유휴부지 고밀개발정책으로 '개발제한구역 해제 불가' 원칙을 고수하겠다는 의지를 피력하고 있어 양자 간의 입장이 충돌하고 있다. 사실 이러한 사건과 충돌을 바라보는 우리의 관점은 체험적이라기보다는 매우 추상적이다. 제한적 개발여건과 활용성의 한계를 이유로 수십년간 방치되었던 이곳은 단순히 불량환경의 밀집지역이며, 미래에는 개선되어야 할 '개발의 대상'으로만 인식된다. 사회적 논의 또한 오로지 '개발' '보상'등 금전적 가치만이 주를 이루고 있으며 정책적 접근 또한 관리방법에 관한 거시적 논의만이 GB를 가득 매우고 있을 뿐, 이곳에서 일어났던 사건들과 삶의 모습, 도시생태계에 대한 그간의 관찰, 고민의 흔적은 지나칠 정도로 미미하다. 그동안 가리워졌던 서울 경계부, 그중에서도 GB를 중심으로 그곳의 물리적 구조와 실제적 영역성을 관찰함으로서 경계에 대한 새로운 인식과 가능성을 논의해본다.

*자세한 내용은 홈페이지 참조.
https://www.realcityproject.com

Green Belt, a new imaginative discussion.

Although many different facilities and actions supporting everyday life take place at the boundary between the nineteen districts, or "gu," of Seoul and the twelve cities of Gyeonggi-do, there has not been much interest in this area due to its lack of access and habitability. This boundary is mostly constituted of the Limited Development District, or Green Belt (GB). On its other side lies an area of illegal and clandestine life.

Various urban social debates are still valid, 50 years after the starting of the GB. In 2018, the Ministry of Land, Infrastructure, and Transportation announced a plan to relieve a part and surrounding areas of GB near Seoul from the policy and develop the third generation of New Town. On the contrary, the city of Seoul set forth that it is impossible to relieve the Limited Development Area⋯ , thus, a conflict between the two agents is expected.

In fact, our perspective on these incident and conflict is not experiential, but very abstract. Abandoned for decades due to the limitation on development and use, this area is only considered an area of poor environment and an object of development, which needs improvement. Related social discussion, also, only centers on monetary values, for example, "development" and "compensation," but shows few concerns on actual incidents, lives, and urban ecology. Realcity Project discusses a new perception and possibility regarding the boundary, by observing a physical structure and actual territoriality of the periphery of Seoul, particularly of GB.

*For Further information visit its website.
https://www.realcityproject.com

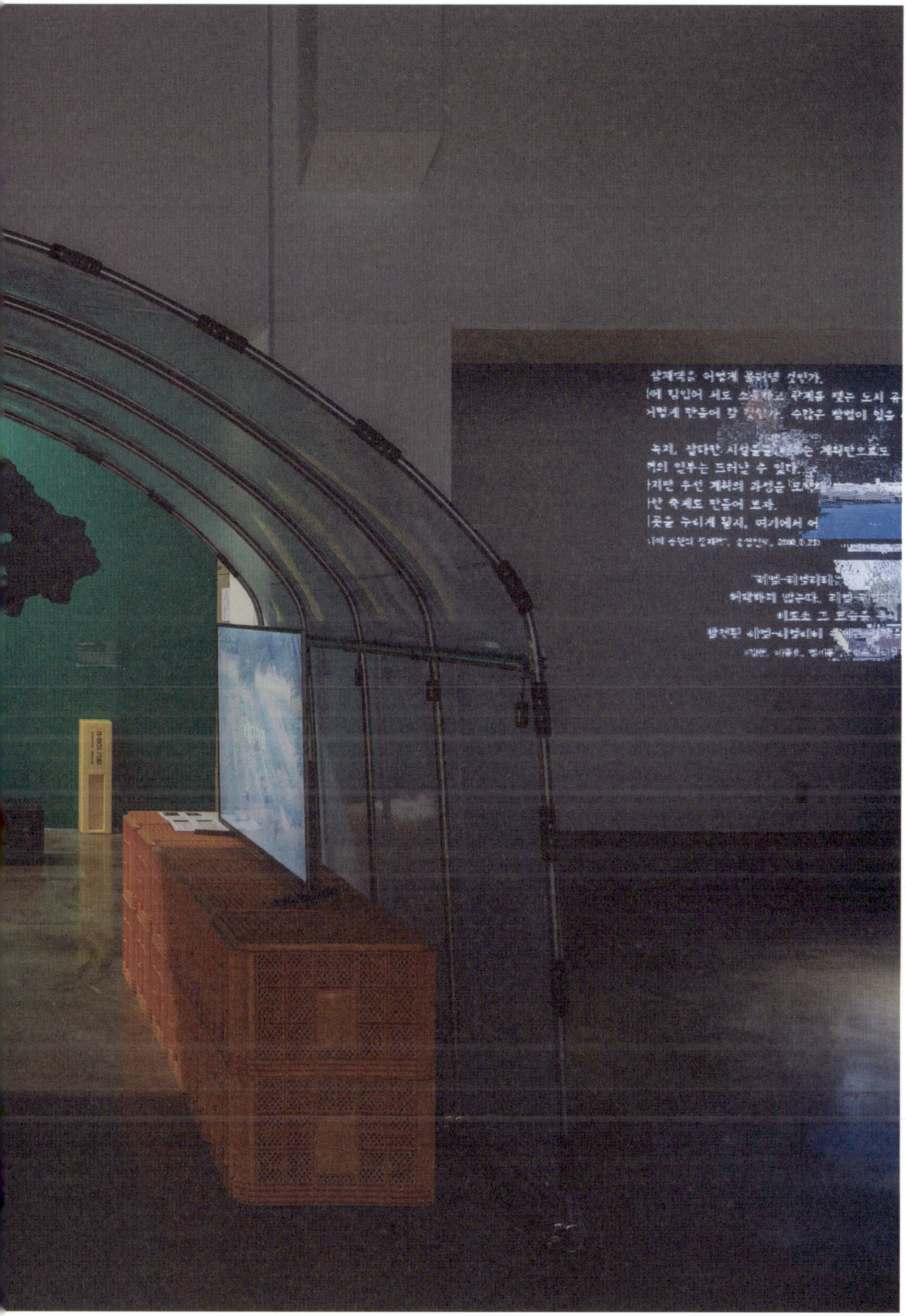

1.
Porous Green

최혜진, 이성민, 김용성
Haejin Choi, Seongmin Lee,
Youngseong Kim

도시 _ 그린벨트에 난 700개의 구멍들

서울의 무분별한 확장을 막고 환경을 보전하기 위해 지정한 GB는 도시가 성장함에 따라 훼손, 해지 압력을 받아왔고 이러한 변화들은 단편적이고 점(Spot)적으로 진행되었다. 정치, 경제적 이슈에 따라 지속적으로 GB를 해지하여 만들어진 구멍들은 대도시에서 밀려난 기능들을 수용하며 예측과 통제가 불가능한 도시 조직을 만들어 가고 있었다. 그동안 우리가 만들어 온 수많은 구멍의 성격과 현상들을 분류하고 시각화하여, 개별의 사건의 합으로 인지할 수 없었던 GB 내의 변화들을 전시적 시점에서 바라보았다.

Green Belt, designated to prevent reckless expansion of Seoul and preserve the nature, has been gradually destroyed and oppressed from the growth of the city. Holes, made from political and economic issues to close the Green Belt, are adopting many functions pushed from the megapolis and creating an urban organization incapable of expectation and control. I would like to categorize and visualize many holes' characters and phenomena that we have made and to look at the changes within the Green Belt, imperceptible as a sum of individual events, from a perspective of the exhibition.

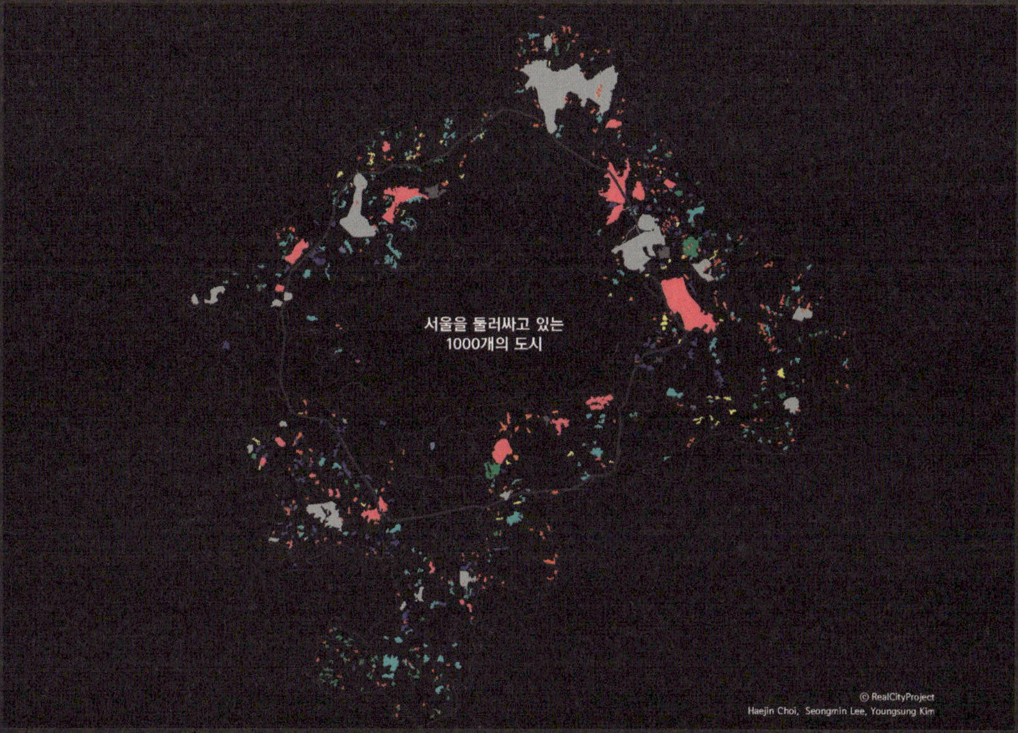

서울을 둘러싸고 있는
1000개의 도시

© RealCityProject
Haejin Choi, Seongmin Lee, Youngsung Kim

원거주지–시흥시 매화동

산업용지–경기도 시흥시 안현동

단독주택지–서울 염곡동

개발중–서울 개포동

2.
경계도시의 풍경
Landscape of
the edge city

구중정, 오희진, 김준혁, 고효재
Joongjung Koo, Heejin Oh,
Junhyuk Kim, Hyojae Ko

풍경 _ 재료가 보여주는 도시의
관계와 위계

도시가 지니는 풍경의 차이는 용도(program)와 더불어 그것을 이루는 재료(material)에 의해 결정될 수 있다는 전제하에 리서치는 시작되었다. GB 안에 개발된 많은 외곽도시는 원도심으로의 접근성, 저렴한 땅값 등의 입지 여건으로 인해 늘 새로운 개발의 가능성 (신도시, 공동주택 등의 개발)에 노출되어 있기도 하며, 이로 인해 기존의 풍경을 일거에 상실해 버리기도 한다. 그리고 이는 어쩌면 또 다른 의미의 장소 상실인지도 모른다. 그동안 GB가 보여줬던 경관의 변화과정, 그리고 앞으로도 변화될지 모를 건축적 풍경을 '물성'의 관점에서 조사, 기록하였다.

Our research starts with a premise that an architectural landscape of a edge city can be defined by program and material. A edge city's program and landscape are decided based on its accessibility to a bigger city and land value. Thus, it is exposed to a possibility to new development (for example, of New Town or a shared house), and sometimes it loses its preexisting landscape. This might be another loss of place. In this sense, we document the change in the landscape of suburban city, by collecting the changing architectural landscape from the perspective of program and material.

©RealCity Project
Koo joongjung, Oh heejin, Kim junhyuk, Ko hyojae

3. Re_Greening

원흥재, 이주영, 신현욱, 류희성, 김성은
Heungjae Won, Jooyeong Lee, Hyeonwook Shin, Heeseong Ryu, Seongeun Kim

건축 _ 인식과 프로그램의 괴리

GB 안에는 보존이라는 본래 지정 취지와는 무관한 생활영역 - 집단취락지구가 다수 분포해 있었다. 1998년 개발제한구역제의 헌법 불합치 이후 많은 취락지구가 해제되었고, 지구단위계획구역이 수립을 의무화하여 정비를 유도하였으나, 현실은 사업비 부족 및 획일적 정비방식으로 창고와 제조시설 등 도심 내의 '기피 시설 밀집지'를 양산하는 현상을 광역적으로 보여주고 있다. 그리고 법적 제어 불능의 상태에 빠진 작금의 이 영역 안에서는 본래의 성격인 '주거 프로그램', 그리고 도시가 요구하는 새로운 산업의 은밀한 결합은 규정하기 어려운 독특한 건축 형태를 발생시키며 GB 영역의 도시사회적 역학관계를 명확히 보여주고 있다. 이곳이 단순히 '개발대기구역'이라는 우리 사회의 획일적 관점은 이 영역을 특색 없는 주거단지화로 귀결시켰음을 과거의 사례에서 상기할 수 있다. 기존의 집단취락지구 관리 방법에 대한 연구와 고찰을 진행함과 동시에, 그 지역의 건축의 모습, 그리고 그것을 활용하는 실제적 생활상을 현장 탐사적으로 관찰하였다.

On the boundary of Seoul and Gyunggi, there are many collective settlement districts, which have remained undeveloped for decades. After 1998, the government relieved many settlement districts and tried to encourage reorganization, but it ended up only growing more areas of unwanted facilities, such as storages and manufacturing facilities, due to their short of budget and uniform organization method. As its result, the previous settlement areas only went through 'a legal change,' but not actual amelioration or improvement. Rather, their traditional and essential function as a place for living and settling becomes thin. This phenomenon shows a form of a band at the boundary between Seoul and Gyunggi Province, where rent and land value are cheaper. I will conduct an investigation of the previous research and observation of the actual life of the settlement districts at the border between Seoul and Hanam City.

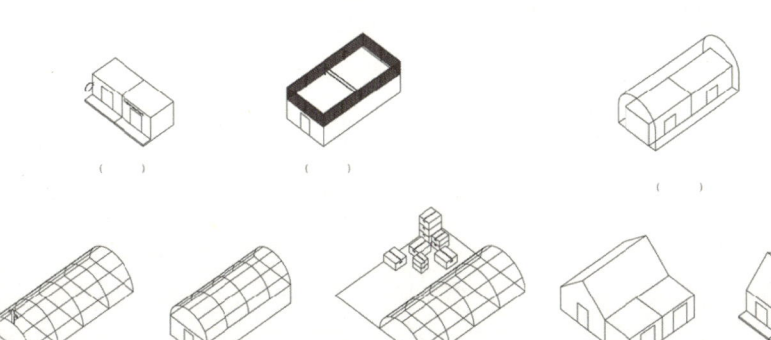
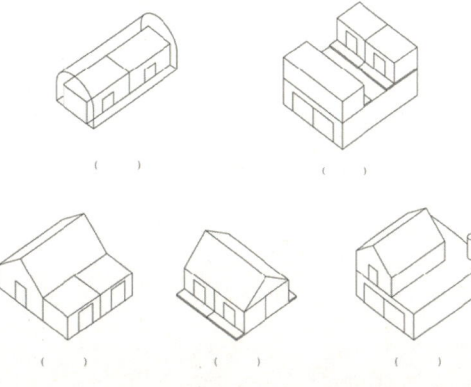

4.
신도시 인구전쟁
Population Drift of New Cites

김정환, 이동윤, 고가온, 공태진, 박미선, 조해송
Jeonghwan Kim, Dongyun Lee, Gaon Ko, Teajin Kong, Miseon Park, Heasong Jo

개발 _ 신도시, 그리고 인구감소

1971년도에 지정된 이후 1999년까지 단 한 차례도 개발을 용납하지 않았던 GB는 2000년도부터 정부의 공공주택 공급부지로 활용되는 변화의 양상을 보여주고 있다. 보금자리주택에서부터 가장 최근에 건설된 위례신도시에 이르기까지, 수도권 신도시 건설은 서울 개발제한구역 변화의 가장 큰 압력(변화면적의 약 88.5%)으로 작용해왔다. 최근 서울 주택수요를 분산 시켜 집값 안정을 도모한다는 취지하에 발표한 수도권 3기 신도시 계획(2018, 2019) 대상지도 개발제한구역을 포함한다.

하지만 현시점에서 개발제한구역이 대규모 주택공급 유형의 개발 가용지로 활용되는 가치의 타당성은 인구변화의 관점에서 긍정적으로 판단할 수 없다. 대한민국은 곧 인구감소시대에 직면하게 된다. 즉, 주택 실거주 가구가 감소하게 되며, 이에 따라 빈집이 증가할 수 있는 여지가 충분하다. 개발제한구역 주변 도시의 빈집 현황을 보면, 경기도의 빈집은 19.5만 호로 전국 최대 수치이며 항상 부족하게만 여겨왔던 서울도 빈집이 9.5만 호다. 30만 호 공급을 목표로 하는 3기 신도시와 맞먹는 수준이다. 특히, 신도시는 태생적으로 도시를 구성하는 인구 대부분이 타지역의 전출인구로 채워지는 속성을 지니고 있다. 국내 및 수도권 인구가 증가하지 않는 한, 신도시는 넘쳐나는 인구를 수용하기 위한 도시가 아니라 타 도시 인구를 빼앗는 박탈 도시가 된다.

이러한 관점에서 볼 때, 서울 개발제한구역이 그동안 주택공급의 공공가치로 개발을 포용해왔던 수도권 신도시 건설의 타당성에 대해 논의해 볼 필요가 있다. 이를 위해, '수도권 신도시 인구 순이동', '개발제한구역 주변 도시의 빈집 실태', '미분양 신도시에서 나타나는 현상'에 대해 탐구하고, '신도시 입지 서열: 그린벨트 안의 신도시, 그린벨트 밖의 신도시', '소멸 위기의 신도시 순위' 등을 객관적 통계를 통해 다양한 시각과 방법으로 표현하였다.

The Limited Development District of Seoul has shown a change that it is used as a site for development regarding the housing policy of the government since 2000. We need to discuss the legitimacy of New Town construction, which has embraced development for the sake of public value of housing supply, in terms of population decline and increase in empty houses. We will visualize in diverse ways the aspects of New Town development using the Limited Development District in relation to the issue of the net migration of the population in the metropolitan area.

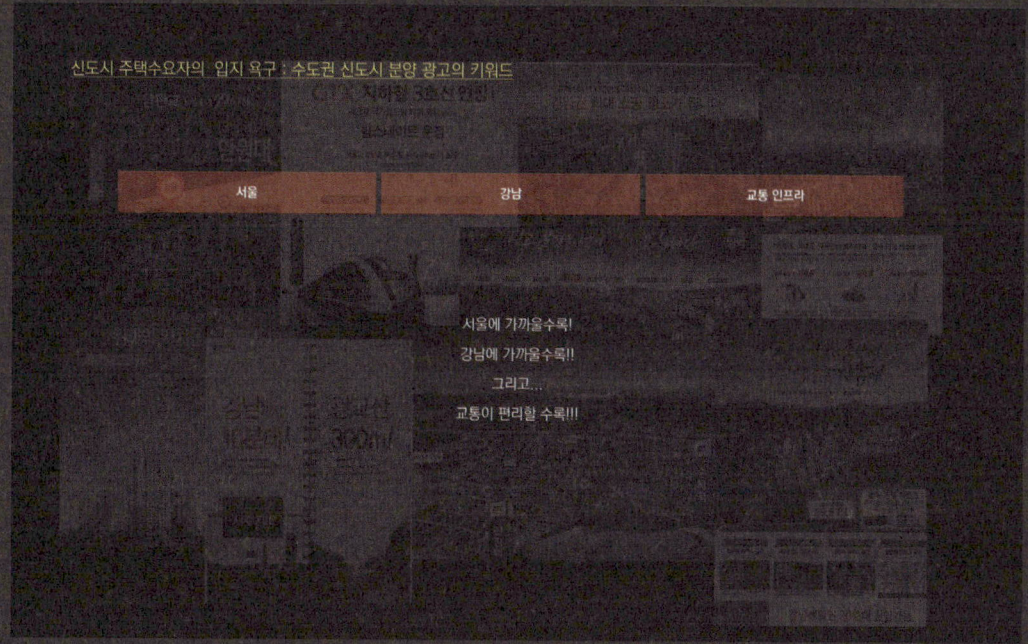

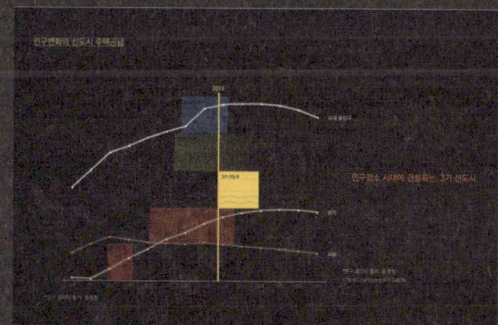

5.
신 성저십리의 일상
Real Scenery of
the New Outer
Old Seoul

한재성, 김수빈, 송호운, 이서구,
이재승
Jaesung Han, Subin Kim,
Houn Song, Seokoo Lee,
Jaeseung Lee

경계_상상의 선(線)과
실존의 면(面)

지도로 보여지는 지역, 그리고 도시 경계는 사실 실존성 보다는 상상력을 동원함으로써 보다 뚜렷하게 인식된다. GB의 경계적 성격 또한 이러한 인식의 메커니즘에서 자유로울 수 없다. 선(線)적인 경계는 용도지역과 재산권의 구분을 드러내지만, 면(面)적인 경계는 하나로 단정할 수 없는 다양한 풍경들을 만들어 낸다. GB는 사실 면적 경계의 성격을 띠는 영역으로, 50여 년의 시간적 축척을 통해

Areas and Urban borders exist on a map through imagination, not through actuality. So does the border of Seoul. Linear boundary makes district-sized plans and the boundary between property rights, but boundaries, in everyday life, make multifaceted landscapes that cannot be considered as one. GB plays an environmental role as nature, which the city lacks, establishes industrial facilities, and serves as a center as well as boundary as a base for transport logistics. We will realize GB's marginal characteristics by documenting its aspects overlapping each other and record the monumental temporality found in GB's overlapped landscape.

지도, 경계가 현실의 순간보다 상상의 결과 이듯
나 역시 소소한 일상 이야기들이 어떤 목적을 향한 상상을 위해 만들어진
미숙아.

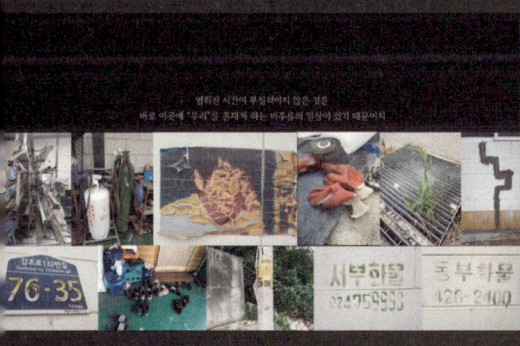

범위권 시간에 부실하여지 않은 것은
바로 이곳에 "우리"를 존재케 하는 비주류의 일상이 있기 때문이지

내가 사이시로 새로운 도전을 모습을 담아낼 때,
그것도 낯선 모습이거나, 새로운 그들로 도시의 대표를 삼을 잘 복제되는 첫 같더라

나는 존재 자체만으로도
#해당500만원 #코라니 #오픈스페이스
이 차 잘 살아 있을 뿐 이더라

마츠미인턴 나와 취지 같은 완기에 소멸심다
그때 지금의 친구들이 소급 먼다며, 후회되지 말길 바랄뿐이라

워크숍 후기　　워크숍은 건축과 도시를 끊임없이 고민해오던 건축가, 예술가들과 함께 GB에 대한 다양한 논의로 마무리되었다. 서울 면적의 2배가 넘는 광대한 영역, 그리고 역사적으로 다양한 역학관계가 충돌해왔던 지점임에도 불구하고 '개발제한'이라는 네거티브(Negative)의 언어에 묶여 유독 건축계의 공론에서 소외되어왔던 GB는 이미 빠른 속도로 '도시적 이용'이 가시화된, 사실상의 '도시'로 바라보아야 한다는 관점을 공유하는 자리였다. 한국 도시의 본격적 계량화 시기에서 군사정부가 보여주었던 이데올로기적 도시관리 방향은 개발을 가속화시켰지만 반대로 제한에 있어서도 무자비한 힘을 보여주는 양면적 성격을 보여주었다. 그리고 이러한 인위적 제어력과 욕망의 충돌은 기존의 도시에서 보기 힘든 '혼성적' 특징을 다수 내포한 개별 영역으로 읽혀질 수 있다는 점에서, GB의 존재가 단순히 도시와 도시 사이를 메우는 '관계성'의 관점이 아닌, '독자성'으로서의 가능성을 바라봐야 한다는 의견이 있었다.

　　이와 별도로 GB가 지닌 도시적 비전(Vision), 그리고 실현 가능한 활용성을 바라보는 관점은 도시 역학 속에서 다양한 위상과 입장이 존재한다는 것을 알 수 있었다. 실제로 수도권 GB의 대다수 영역은 경기도에 속해 있고 도 차원에서는 이를 개발 가용지로서의 가능성을 더 높게 타진하는 양상을 보이는 반면, 상대적으로 GB의 분포 비율이 적은 서울은 고밀의 도시환경을 보완하는 경관과 여가의 기능을 더욱 중요시하고 있었다. GB가 지닌 가능성을 바라보는 공통의 합의 없이 각 지자체의 행정편의와 정치적 이해관계에 따라 해석, 급속하게 집행되는 지금의 도시 상황에서 행정구역을 넘어선, 영역 전체를 조망하는 주체의 필요성 또한 대두되었다. 또한 GB를 생태계로 바라볼 때, 도시의 리얼리티 그리고 충돌상황이 도드라지게 보여주는 인적 영역에 집중한 나머지 유토피아적 미래의 씨앗이 될 수 있는 자연영역의 리서치가 상대적으로 부족한 부분이 아쉽다는 의견이 많았다. DMZ와 더불어 잠재적 여가 영역인 GB의 향유 방향에 대한 논의들이 서울에서 논의되고 있다는 점에서 GB의 원초적 역할을 회복함과 동시에 그 의미가 확장될 수 있는 범 행정적 범위의 리서치가 필요하다고 생각된다.

준비 기간을 포함 1개월이라는 제약된 시간 내에 GB가 지닌 방대한 이슈를 알아보는 것 자체가 무모한 일이었음을 고백하지 않을 수 없다. 너무도 많은 '리얼리티'의 중첩은 가상과 실제를 혼돈시켜 어디까지가 객관적 사실인지 분간조차 어려웠으며, 초기의 의도인 GB의 '성격 규정'과 '미래상'의 제시목표는 파면 팔수록 드러나는 디스토피아적 이해관계 속에서 뒷걸음쳐졌다. 그럼에도 불구하고 동시대적으로 활발히 논의되고 있으며, 머지않아 우리 삶 속에 더욱 가까이 다가올지도 모를 미지의 영역-개발제한구역에 대해 건축가가 지닌 직능적 방법과 해석력을 동원, GB가 지닌 가능성과 상상 가능한 모습을 가시화시키려고 했던 작은 시도였던 점에서 의의가 있다고 말하고 싶다.

/ 원흥재

일시: 2019년 7월 26일 오후 1-4시
장소: 아르코미술관 2층 전시장

팀별 발표:
1. Porous Green: 최혜진, 이성민, 김용성
2. 경계도시의 풍경: 구중정, 오희진, 김준혁, 고효재
3. Re_Greening: 원흥재, 이주영, 신현욱, 류희성, 김성은
4. 신도시 인구전쟁: 김정환, 이동윤, 고가온, 공태진, 박미선, 조해송
5. 신 성저십리의 일상: 한재성, 김수빈, 송호운, 이서구, 이재승

모더레이터: 원흥재(리얼시티 프로젝트)
패널: 김광수(스튜디오 케이웍스 대표), 김재경(작가), 김태헌(작가),
이장환(어반오퍼레이션즈 대표), 심소미(기획자), 이종우(기획자),
장용순(홍익대학교 건축대학 교수), 전진삼(와이드AR 발행인)

*본 글은 〈리얼-리얼 시티〉 전시의 연계 프로그램으로 열린 '워크숍 라운드테이블'에서 각 팀별 리서치 발표 이후에 나눈 대담의 내용을 녹취록을 바탕으로 하여 요약 정리한 것이다.
(정리. 이문석)

리얼시티 프로젝트 '그린벨트'

워크샵 라운드테이블

원흥재 저희 라운드테이블의 의제를 '그린벨트, 새로운 상상의 논의'라는 이름으로 정해보았습니다. 이 라운드테이블의 세부적인 내용은 그린벨트에 있어서 경계성의 의미는 무엇인지, 그리고 기존의 마을과 새로 생기는 신도시의 가치 변화는 어떤 것인지에 대해서 논해볼 수 있을 것 같습니다. 경기도의 접경지역, 외곽을 둘러싸고 있는 도시 풍경의 미래 등 세부적인 내용을 중점적으로 다뤄볼 수 있을 것 같아요. 이번 리얼시티 프로젝트 팀의 워크샵은 각 팀이 대략 2주, 사전조사까지 하면 한 달 정도를 준비했고, 워낙 방대한 부분을 리서치하다 보니 논의할 필요가 있음에도 빠져있는 부분들도 있을 것 같아요. 그래서 이번 라운드테이블을 통해 방금 진행한 발표에 대해 더 논의할 부분이나 느끼신 부분을 자유롭게 얘기해주시면 감사하겠습니다. 기존에 '또 하나의 서울'이라는 연구를 하셨던 이장환 소장님이 관련 지점을 많이 아실 것 같아, 먼저 말씀해주시면 도움이 될 것 같습니다.

이장환 저는 개발제한구역(그린벨트)의 새로운 역할에 대해 고민하고 있습니다. 전시장에 전시된 사진과 도면들은 개발제한구역의 영역과 그것의 현상태를 보여주고 있습니다. 그런데 개발제한구역의 온전한 가치를 파악하기 위해서는 개발제한구역 자체만을 한정하여 바라보는 것에는 한계가 있습니다. 개발제한구역은 광역적인 관점에서 주변과 함께 바라보아야 그것의 도시적 의미를 파악할 수 있습니다. 다시말해 개발제한구역과 도시화지역과의 연관선상에서 두 영역을 동시에 바라보아야 개발제한구역의 온전한 의미를 이해할 수 있습니다.

예를 들어, 수도권의 개발제한구역은 서울시와 인천시 그리고 경기도가 공동으로 소유하는 공유자원입니다. 그런데 동일한 개발제한구역이라 하더라도 서울시가 소유한 부분과 경기도 소유한 부분의 상황은 완전히 다릅니다. 서울과 같은 초밀도 상태의 조건에서 개발제한구역의 비워진 영역은 대단히 중요한 가치를 갖습니다. 그렇기 때문에 서울 소유의 개발제한구역은 상대적으로 양호하게 관리되고 구역 내 난개발이 적습니다. 그렇지만 경기도와 같은 저밀도 지역에서는 개발제한구역의 비워진 영역은 주변의 수많은 비워진 영역 중 하나에 지나지 않습니다. 그렇기 때문에 경기도 지역에서 비워진 영역은 그리 큰 가치를 획득하지 못합니다. 도 내에 비워진 땅 자체가 워낙 많기 때문이지요. 이러한 이유로 경기도 소유의 개발제한구역은 서울과의 근접성으로 인해 각종 난개발이 발생하고 있고, 그런 맥락에서 경기도 소유 개발제한구역 내의 생태계를 이번 전시와 같이 조사 분석하는 것은 의미있는 작업이라고 생각합니다.

앞서 이야기했듯이 서울 소유의 개발제한구역은 경기도 소유 부분과는 전혀 다른 특성을 갖습니다. 그리고 이러한 특성은 서울 소유의 개발제한구역을 도시의 여가지역으로 전환할 수 있는 잠재력을 갖게 합니다. 더 이상 활용 가능한 토지자원이 부족한 현재의 도시 조건에서 인구 천만이 쉽게 접근할 수 있는 거리에 도시권 규모의 채워지지 않은 공간이자 앞으로도 채워질 수도 없는 개발제한구역은 도시민의 다양한 여가활동을 수용할 수 있는 거의 유일한 영역이기 때문입니다.

실제로 서울시는 개발제한구역 내 위치한 다양한 산길들을 하나의 둘레길 체계로 연결하는 산길 네트워크를 구축하고 있습니다. 이러한 맥락에서 보았을때 개발제한구역을 대도시의 여가지역으로 새롭게 재정의하고 건축가가 이 부분에 적극적으로 개입하여 자연환경과 둘레길과 공존하는 프로그램을 제안하고 그에 대응하는 새로운 유형의 건축을 제안할 필요가 있습니다.

이번 전시는 제가 개발제한구역을 바라보는 관점과 공유되는 부분이 많다고 생각합니다. 그것은 개발제한구역을 경관차원에 한정하지 않고 바라보는 것입니다. 지금까지 개발제한구역은 순수하게 경관의 차원으로만 해석되고 계획되었습니다. 즉 자연환경의 시각적 중요성에 초점을 맞추어 그것을 부각시키고 경관을 해치지 않는 범위 내에서 건물의 높이와 규모를 제한하는 방식으로 개발제한구역을 관리하였습니다. 물론 이러한 관리방향은 중요하고 앞으로도 지속되어야 합니다. 그러나 그것만으로는 부족합니다. 경관과 함께 프로그램에 대한 생각도 함께 기획되어야 합니다. 개발제한구역을 시각적인 차원으로 바라보는 것을 넘어 그곳을 어떻게 이용하고 활용할 수 있을지에 대한 기획도 함께 제안되어야 합니다.
　　　그리고 여기서 이야기하는 프로그램 개입은 전면적 개발방식에 기초하는 것이 아닙니다. 여기서의 개발은 미시적 차원의 개발로 개발제한구역을 유지하고 경관적으로 통제하면서 그곳을 이용할 수 있는 새로운 공존 전략을 전제로 하는 것입니다. 어려운 과제이지요. 그러나 지금 시대가 요구하는 필연적인 부분입니다. 서울은 이미 포화상태에 이르렀고, 더 이상 활용 가능한 토지자원이 없기 때문입니다.
　　　마지막으로 개발제한구역에 대한 이러한 접근을 가능하게 하게 위해서는 자연환경에 대한 개념적 전환이 전제되어야 합니다. 대도시와 인접한 녹지자원은 강원도 산간지역의 녹지자원과는 다른 조건을 갖습니다. 자연환경의 중요성은 충분히 이해하지만 인구 천만이 거주하는 대도시와 인접한 자연환경과 강원도와 같이 교외지역에 위치한 자연환경과 동일한 위상으로 바라보는 것은 부적절합니다. 개발제한구역 내 녹지자원을 절대보호를 위해 어떠한 개발행위도 제한하기 보다 전략적으로 자연과 함께 공존하는 전략이 고안되어야 합니다.

심소미　이장환 선생님 말씀해주신 것과 관련해서 의견이 있으시거나 질문이 있으시면 자연스럽게 얘기해주시면 좋을 것 같아요.

구중정　레저로써 이용하는 것도 분명 필요하다고 생각을 합니다. 말씀하신 대로, 지금은 경관의 차원에서만 바라보고 있는데, 개발의 차원이 아니라 사람들이 소프트하게 즐길 수 있는 레저차원의 니즈가 분명히 있고 그러한 종류의 개발도 필요하다고 생각은 하고 있습니다. 그렇게 되려면 그곳에서도 어느 정도 수익이 창출되어야 하거든요. 국가 차원에서도 투자 비용이 들어갈 것이고, 결국 수익 모델이 되지 않으면 이용하기 어려운 현실이 있습니다. 도심에 있는 녹지 공간이 인기가 많은 이유는 녹지 공간 주변에 먹을거리가 워낙 많아서이고, 외곽지역에 유원지가 생기는 것도 청평호수처럼 물이 많은 곳이 있으면 원치 않더라도 레저시설이 생기면서 유명해지잖아요. 그런 것들과 묶어서 개발이 되어야 하고 결국에는 경제성의 논리도 같이 고민해야 할 것 같습니다. 생산적인 활동이 발생하지 않으면 많은 사람이 거기에 투자할 가치를 못

느끼기 때문에, 말씀을 들으면서 그 부분에 대한 고민이 필요하다고 느꼈습니다.

전진삼   저는 그린벨트에 대해서 생각을 많이 했지만, 현장을 밟으면서 고민해온 사람이 아니라서 오면서도 굉장히 추상적인 이야기를 할 수 밖에 없겠다는 생각이 들었어요. 그런데 마지막 팀이 발표했을 때, '관념화 된 그린벨트'라는 표현을 썼어요. 그때 제가 생각해왔던 용어와 엮어서 풀어나가면 되겠다고 생각이 들었지요. 여기서 관념화 된 그린벨트는 우리가 알고 있는 그린벨트, 1971년생의 그린벨트가 30년의 시간을 지나오면서 해제되어 온 중요한 대상이잖아요. 그런데 어느 순간부터 그린벨트가 이데올로기화 되어있다는 생각이 들었어요. 책을 살펴보다가 칼 만하임(Karl Mannheim)이라는 사회학자의 이야기를 봤는데, 모든 사상은 어떤 이해에 봉사하기 때문에 만들어지고 그 질서를 옹호하는 것이 이데올로기라고 설명해요. 이데올로기의 반대편에는 유토피아가 있는데, 사회질서를 어떻게 더 나은 방향으로 탐구하고 추구하느냐는 관점을 가진 사상을 유토피아라고 합니다. 우리가 만난 1971년생 그린벨트는 한국적 상황을 놓고 봤을 때 도시화가 되고 수도권 집중화가 되고 있는 상황 속에 오랜 세월 묵과되어오지 않았습니까? 서울의 인구는 정작 감소하고 있다지만 경기도와 인천의 인구는 증가하고 있다고 앞서 발표해 주셨고, 서울과 인천, 경기의 총 인구수는 2,500만 정도고 앞으로도 2천만에서 3천만을 오갈 게 예상되잖아요. 그렇다면 이 그린벨트를 서울과 외부의 경계라는 이데올로기만으로 전제할 것이 아니라, 향후 우리가 좋든 싫든 귀농 세대를 제외하고는 도시화 전략 안에서 인구가 수도권으로 몰린다고 생각했을 때 그린벨트가 어떤 허파 역할을 할 수 있을지, 더 넓은 광역적 사고를 열 수 있는 계기가 됐으면 좋겠습니다. DMZ는 벌써 70년이 다 되어가 잖아요. DMZ가 남북한 관계망을 담는 이데올로기적인 의미도 크지만 동시에 자연적으로 녹화된 공간을 어떤 식으로 접근하느냐, 할 때 우리는 유토피아를 생각하고 있듯이, 이 그린벨트 또한 경기, 서울, 인천이라고 하는 큰 지역 개념을 담아낼 수 있는 유토피아적 공간이 되면 좋겠다 생각합니다.

원흥재   가급적 지금 눈앞에 펼쳐진 엄연한 현실을 주로 다루다

보니 난개발과 투기 같은 굉장히 디스토피아적인 내용과 리서치를 발표했는데도, 유토피아적인 전망과 말씀으로 이야기 해주셔서 감사합니다.

전진삼 어쩌면 일상에서 계속해서 만나게 되는 지점들을 비판적으로 사유하다 보니 나온 생각 같고, 이게 동전의 양면 같아요. 어떤 면을 가지고 우리가 집중적으로 보느냐와 관련해서, 아까 구멍에 대해 얘기가 있지 않았습니까. 그린벨트 사이에는 수없이 많은 구멍들이 있고, 그 구멍난 그림이 촉매 역할을 할 수도 있을 것 같아요. 정작 도시를 설계하고 도시에 대한 꿈을 꾼다고 하면, 그런 것들도 상당히 소중한 자산인데 거기에도 (도시를 치유할) 어떤 새로운 침술이 들어가야겠죠. 거꾸로 그린벨트 외곽을 이루고 있는 곳에 대해서도 넓은 의미로 보아야 하고요… 예전에는 위성도시하면 싫어했거든요. 부천도 그렇고요. 인천도 최근까지 서울의 위성도시라는 말을 달고 살아오면서 그 말을 거부해왔고요. 그러나 큰 그림으로 보면 중심-위성을 떠나서, 앞에서도 링크란 말을 썼지만, 서로가 융합할 수 있고 공존할 수 있는 시스템을 만들어야 되는데 (그 역할을 하기 위한 공간으로) 수도권에는 그린벨트가 있다는 거죠. 그린벨트가 그것을 풀어낼 수 있는 좋은 단서가 될 수 있지 않겠나 싶어요. 그렇기에 현실은 디스토피아일지 모르나 유토피아를 꿈꿔야 하지 않나 싶고요.

원흥재 리얼한 리얼의 시티가 전체 주제이다 보니, 꿈꿀 수 있는 부분보다는 현재 상황에 초점을 맞춘 리서치였던 것 같아요. 다른 말씀 하실 분 계신가요?

김광수 저는 (그린벨트의) 태생에 대해 좀 궁금했었어요. 71년도, 박정희 정권시기에 만들어졌다고 하는데, 박정희 정권이라고 하면 무자비한 도시개발이 이뤄지던 시기이고, 도시개발을 하나의 유토피아적 지향점으로 삼았던 시기잖아요. 그런 주체가 그린벨트라고 하는 것을 시행하는 양면성을 보인 것인데, 그 양면성이 어디서부터 비롯된 것인가 그 태생에 대한 궁금증이 생기더라고요. 절대적으로 자연영역으로서만 남도록 한 그린벨트가 수십 년간 서울이란 영역과 경기도라는 영역 사이에 있으면서 독자적인 영역으로서의 성격이 생겨버린 것 같고, 마지막에 발표해주신 것처럼 하나의 존재가 된 것 같았어요. 서울과 경기도의 관계성에서 보지 않고 독자성만을 두고 본다면 어떤 게 발견될 수 있을까, 그것을 또 다른 관점으로 보면 새로운 이야기가 될 수 있지 않을까, 그런 측면에서 생태학적 관점도 중요할 것 같은데, 오늘 발표를 보았을 때는 너무 인간중심적이고 문명중심적인 사고로만 그린벨트를 보고있다는 생각이 들었습니다. 그리고 반가웠던 것 중 하나는, 리서치 작업들이 과거 어느 시기에 유행했다가 갑자기 사라져 버리고 실행의 영역에서만 건축가들이 활동을 하고 있는 현재의 세태가 있어요. 즉 주어진 문제를 숙제 풀듯이 실행하고 있는 비판의 수동성이 있는데, 문제제기를 하는 워크숍이나 리서치가 이렇게 있다는 게 반가웠어요. 게다가 대상이 그린벨트라는 게 시의적절하고 신선하게 느껴졌습니다. 그린벨트를 레저의 영역이나 수익성의 측면으로 좀 전에 이야기 해주셨는데요. 제가 아쉽고 재미없어하는 것 중 하나가 모든 공간들이 통치술의 대상이 되면서 관리체제의 영역이 되어버리는 느낌이 강하게 드는 것이거든요. 이제 서울에서는 관리체제의 영역을 벗어나는 타자의 영역이라고 할만한 것들을 경험하기가 대단히 드물어져 버린 느낌이에요. 그런데 그린벨트가 있는 덕분에 항공사진 상으로 여러 구멍 뚫린 곳을 가보게 되면, 관리체제를 벗어난 즉 인포멀한 성격들이 생기며 오히려 변종 건축들이 많이 발견될 수 있는 것을 알 수 있습니다. 오늘 보여주신 것 중에도 저런 건축양식, 즉 상당히 층고가 높은 공장과 함께 1층과 2층에 주택이 있는 이런 유형들도 그 한 예라고 볼 수 있어요. 그래서 그린벨트는 하나의 양식과 라이프스타일이 지배하는 유토피아라기보다는 헤테로토피아 같은 것이 될 수 있지 않는가 하는 생각을 합니다. 관리체제가 치밀하게 작동하는 서울의 활동적인 도시영역이나 경기도의 도시영역에서 볼 수 없는 상황들이 그린벨트에서는 많이 벌어질 수 있지 않을까하는 생각을 합니다. 현재 그린벨트는 취락지구나 주거지구들을 완전히 관리체제에 편입시키는 상황이 벌어지며 아파트단지처럼 동질화 되어가는데 그게 오히려 안 좋은 방법 같단 생각이 들거든요. 서울이나 경기도의 확장 가능한 주변부 혹은 경계부로서 그린벨트를 보는 것이 아니라, 그린벨트를 하나의 독립적 존재로 놓고 저 안에서 할 수 있는 것이 무엇인가, 좀 더 독자적으로 바라보면서 파악해가는 게 좋지 않을까 생각해봤습니다.

원흥재   제가 작업했던 것들을 보면, 도시의 또 하나의 대안적

모델을 만든다고 제안을 했지만 현실적으로 보면 그런 식의 개발을
하면 그 헤테로지니어스한 부분들이 관리의 영역으로 들어가게 되고,
또 관리 체계를 만들고… 이런 것에 대해 많이 고민을 많이 했거든요.
이렇게 제안을 해도 될 것인가 하고 말이죠.

김광수   건축가이니까 어쩔 수 없는 부분이 있겠지만,
제안이라는 것도 여러 방식이 있다고 생각하거든요. 형상화된
무엇으로서의 제안만이 건축적인 것이냐하면 꼭 그렇지는 않다고
봐요. 건축가는 본능적으로 혹은 직능적으로 무언가를 제안해야
한다는 압박감이랄까 이런 것들이 있는데, 지금은 오히려 건축가가
직능인으로서 스스로를 정의하지 않는 게 더 필요한 시기가 아닌가
생각도 많이 들었습니다. 직능인 정의는 결국 관리체제의 부품 같은
그런 정의로 국한되는 경우가 대부분이니까요.

이장환   개발제한구역 내에서 원흥재 소장님께서 말씀하신 정도의 개발
행위가 적절한가 그리고 민간 개입에 의한 개발이 적합한가에 대한 의문을
갖습니다. 건축가는 그 태생적 한계로 인해 뭔가를 짓고 만들어야 한다는
강박을 갖습니다. 그렇기 때문에 뭔가 비워진 부분이 있으면 그곳을 채워야
한다는 생각을 떨쳐버리기 힘들지요.
개발 '제한' 구역에서는 건축가의 직능이 새롭게 정의할 필요가
있다고 생각합니다. 이곳에서 건축가는 무언가를 만들기 보다 무엇을
지울지(erase)를 결정하는 역할을 할 필요가 있습니다. 다시 말해, 난개발된
부분에 대해 지우는 과정을 통하여 개발제한구역의 잠재력을 더욱
강화하는 방향으로 나아가야 합니다. 나아가 지워진 공간을 어떻게 활용할
수 있는지에 대해 생각해야 합니다.
불과 얼마 전까지만 하더라도 개발제한구역으로의 대중적 접근성은
그리 좋지 않았습니다. 그러나 최근에 개통된 지하철 노선도를
분석해보면 많은 수의 노선들이 개발제한구역과 아주 근접한 거리에서
통과하는 것을 볼 수 있습니다. 예를들어 지하철 우이신설선을 보면
북한산(개발제한구역)과 근접하게 지나가는 것을 볼 수 있고, 지하철
7호선과 9호선도 개발제한구역과 근접하게 지나가는 것을 볼 수 있습니다.
최근 몇년 간 개발제한구역에 대한 비약적인 접근성 향상은
개발제한구역의 위상을 변화시켰습니다. 개발제한구역 내에 위치한
산에 입산하는 방문자수를 파악해보면 그 위상의 변화를 쉽게 파악할 수

있습니다. 그러나 이러한 변화에도 불구하고 개발제한구역에서 수용하는 프로그램에는 아직까지 제약이 많습니다. 방문자수가 증가하더라도 그곳에서의 행위적 다양성이 제한적이기 때문에 그곳의 활용도가 낮습니다. 이러한 이유로 이곳에 보다 다양한 활력을 부여하기 위해서는 프로그램에 기초한 기획이 함께 병행되어야 합니다. 그리고 건축가는 이 부분에 대해 보다 적극적인 참여해야 합니다.

원흥재 요즘 북한산 같은 국립공원에 올라가는 길에 보면 예전에 동대문 시장에 있던 등산용품점들이 모두 여기에 나열되어 있더라구요. 민간의 주도로 이루어지는 프로그램들이 시장의 원리만으로 굉장히 획일적인 현실로 나타나는 걸 볼 수 있었어요. 무언가 강력한 제안이 없어서이기도 하겠지만 대개 향유하는 과정을 보면 프로그램이 되게 단순한 것 같아요. 먹는 거, 입는 거가 대부분일 텐데, 그런 것들 외에 제안하고 세부화할 수 있는 것들이 중요한 논의점이 아닐까 싶어요.

장용순 이장환 선생님이 말씀하신 걸 듣다가 생각난 게 있는데 지금 리서치한 걸 보면 굉장히 재미있고 새로운 것들이 많았는데요. 특히 농지로 사용되는 것보다 물류센터로 이용하는 것이 이득이 많이 돼서 그쪽으로 프로그램들이 이동한다거나, 리서치하신 것들에서 보면 주택과 산업이 하이브리드 된 모델들이 나오는 것들을 보면서 그린벨트에 이런 부분이 있었나 생각하게 돼서 너무 의미 있는 리서치였다고 생각합니다.
그런데 이 리서치를 보면서 북한산처럼 여러 접근이 이뤄지는 장소들이 있는데, 이 장소들이 서로 네트워크가 이뤄지지 않고 독립적으로 구성돼있다고 생각해요. 그린벨트의 네트워크를 조사하는 리서치가 있으면 좋겠다는 생각이 들었습니다. 그리고 다공성의 도시에 대한 얘기가 있었는데, 그 다공성이 그린벨트에 구멍을 내는 것과는 반대로, 서울에도 그린의 다공성이 생겨서 다공성이 안쪽으로 확대될 수 있는 방식으로 갈 수 있지 않을까 생각해봤습니다.
한동안 리서치가 유행했다가 사라지고 실행 위주의 프로젝트가 나왔는데, 이번 리서치를 보니까 예전에 이종호 선생님이 한예종에서 진행하셨던 리서치가 생각나면서, 만약 이종호 선생님이 지금 여기 어디 와계시면 좋아하시지 않았을까 싶었습니다.

원흥재　아까 말씀하신 것 중에, 저희가 정말로 하고 싶었는데 인적, 물적 한계 때문에 하지 못했던 리서치 중 하나가 서울 내부와 신도시 접경지를 연결하는 부분에 대한 그린벨트 연구였어요. 서울시에서도 관문도시 조성사업이라고 12개 시계지역을 특화한다고 했는데 제가 그 계획들을 봤을 때는 거대한 슬로건만 있고 엄밀성을 가진 주체적 연구는 잘 안보이는 것 같아요. 저희가 리서치했던 하남 접경을 보면 서울 강동쪽과 프로그램적으로 연속되는 것이 거의 없는 없는 완전히 섬 같은 곳이에요. 화훼, 정비, 주유 같은 비일상적 프로그램들의 집합소 같은 곳이죠. 관문의 성격을 가진 그린벨트 영역들이 보여주는 이러한 독특한 모습들을 조금 더 자세하게 바라보고 싶었던 바램이 있었습니다.

이종우　이번 전시의 출발점이 되었던 이종호 선생님은 한예종에서, 현실과 지식이 분리되어 있는 게 아니며 현실에 대한 탐구와 지식을 쌓아가는 과정과 그 실천으로 이어지는 도시 리서치를 중시했잖아요. 계속 바뀌는 현실 상황에 맞춰 이렇게 도시 리서치를 다시 시도해보고 이어가는 계기를 만든다는 게 중요한 의미인 것 같아요. 이 자리에 참석하진 못했지만, 참여작가신 김성우 건축가가 예전에 한예종에서 한 리서치 작업에 관해서 하신 말씀이 있어서 가지고 와봤어요. "너무 범위가 넓어서 엄두가 안 나는 곳이 있다 하더라도, 그 안에서 정말 무슨 일이 일어나고 있는지 몸으로 부딪쳐 밝혀 알아나가는 과정이 반드시 필요하다." 을지로 프로젝트나 그린벨트에서도 그런 취지가 깔려있는 것 같고, 굉장히 어렵지만 야심찬 시도라고 생각됩니다. 단지 그린벨트에만 초점을 맞추고 특성을 찾아가는 과정이기도 하겠지만 서울이라는 도시를 이해하고 특성을 생각해보는 중요한 방법이 될 수 있는 프로젝트인 것 같아요. 구멍에 대해 조사하면서 이것도 서울의 도시화와의 관련성을 찾으려고 하는 시도들이고. (그린벨트) 자체에 대한 특성에서 출발하지만 결구은 서울에 대한 이해를 늘려가는 시도들이라고 봅니다.

최혜진　저희가 실제적으로 리서치를 하면서 가장 놀라웠던 사실은 그린벨트 전체에 대한 비전이나 그에 관련된 논의가 전혀

없었다는 것이었습니다. 그간의 자료를 모으는 과정에서도 서울의
자료는 서울에서, 인천의 자료는 인천에서, 각 지자체 별로 계획이
수립되고 통합되어 있지 않아 리서치 과정이 쉽지 않았고요.
    그간 국토계획의 큰 방향성 아래 그린벨트가 보존, 해지되어
온 것이 아니라 각 지자체의 정치적인 이슈에 따라 변화해왔다는
것을 알 수 있었습니다. 서울의 입장에서 보면 그린벨트는 도심의
외각이지만 어느 도시는 그린벨트가 도시 가운데를 가로질러
가는 경우도 있습니다. 그린벨트에 면한 각 도시별로 그에 대한
인식이 다르고 정치적 상황에 따라 관점이 계속 달라집니다.
행정구역은 각 지자체별로 나뉘어 있더라도 현재 그린벨트의
상황을 파악하고 그린벨트 전체에 대한 큰 방향성에 대해 논의하는
주체가 있어야 하는 것이 아닐까 하는 생각이 들었습니다. 짧은
워크샵 기간이었지만 흩어져 있는 자료들을 한꺼번에 모아보니
그린벨트에 대한 가능성도 보이고 논의할 거리도 많다고
느껴졌습니다. 이에 대한 문제 제기를 한 것 만으로 이번 워크샵은
의미가 있다고 생각됩니다.

김태헌   다들 건축 쪽에 계신데, 저는 미술 쪽이어서 제가
약간 이방인 같아요. 미술 쪽에서도 저는 변종인 것 같은데…
변종이 권력을 가지고 있으면 그건 변종이 아닙니다. 예를 들어
하남 같은 경우는 보셨지만, 창고형 공장이 정말 많습니다.
90년대 들어서 지자체 단체장들이 그린벨트에서 돈을
만들려고, 뒤에서 무허가로 창고를 짓도록 부추겼어요. 그래
놓고 중앙 정부에다가 이거 어떻게 할 거냐, 하고 (그린벨트를)
푸는 거예요. 권력자들이 그런 식으로 풀어 왔던 것입니다.
조금 전 성남 얘기도 했지만 성남의 경우 60년대 말, 70년대
초 서울의 빈민들을 강제로 이주시키면서 산에다가 방치해
두었거든요. 그때 쫓겨 온 사람들이 보니까 현재의 분당쪽이
평평해서 살기 좋고 집 짓기도 편해 보인 거지요. 그래서
주거 권리를 외치는 데모를 하게 되고, 결국 박정희한테
밉보인 거예요. 그래서 박정희가 거기를 갑자기 남단녹지화
시켜버려요. 거기가 원래는 농사짓던 곳이에요, 취락지구였죠.
이런 식으로 권력자들은 '룰'이 없습니다.. 제가 생각하기로는
그린벨트가 화두인데, 이런 것들을 쟁점화시키다 보면 어느

정도 우리가 지켜야 할 룰을 만드는 게 중요하지 않을까
생각해요. 개발하든 보존을 하든 그 틈에서 뭔가를 찾아내든
어떤 수행을 할 때 룰이 없다는 거예요. 입맛에 따라 항상
바뀌고 정권 따라 변하고. 여기 계신 분들은 미술계보다는 권력
쪽에 가까우신 분들 같은데 (일동 웃음), 계속 정부에다 요구를
해서 기본적인 큰 틀에서 보는 눈을 만들어놓고 그린벨트를
논의하다 보면 많은 가능성이 있지 않을까 생각해봤습니다.

이장환   제가 기억하기로 도시계획상 최상위 법인 「국토의
계획 및 이용에 관한 법률」에서 개별 지방자치단체에 할당된
개발제한구역의 해제 가능 면적이 규정되어 있습니다.
서울의 경우 서울시에 할당된 개발제한구역 면적의 대부분을
사용해서 현재 대략 2% 정도 밖에 사용할 수 있는 면적이
남아 있지 않은 걸로 알고 있습니다. 그런데 경기도 지역에는
개발제한구역 해제 가능 면적은 아직 많이 남아 있습니다.
그렇기 때문에 경기도 입장에서는 서울과 근접한 거리에
위치한 개발제한구역을 해제하거나 난개발을 강력하게
통제하지 않는 경우가 많다고 생각합니다. 이는 경기도에게
이득이니까요.

원흥재   그런 부분에서 서울에서 바라보는
그린벨트의 장기적 가치와 경기도 그린벨트의 장기적
가치는 매우 다르겠네요.

김재경   사진을 찍으며 건축의 욕망이 발견하는데, 우리가
살고 있는 도시에서 집을 둘러싸며 벌어지는 일은 내가 내 집을
새로 지으려고 하는 욕망이 기본이죠. 자산 증식과 함께 신분
상승의 수단이며, 땅을 둘러싼 집이 그런 역할의 중심에 놓인
것 같아요. 때문에 건축이 제공하는 무엇을 누군가 받는다면
수혜자의 입장에서 좋은 것인가 싶어요. 자선과 자비도 입장에
따라서 다르겠지요. 건축의 욕망에 굴복하는 최선보다 사용자에게
부합하는 차선을 도출하는 것이 건축가 상에 부합하는 일이라고
봐요. 그런 점에서 오늘 발표한 것들을 보면, 직장과 주거지의 거리
문제 정말 심각한 문제 아니겠어요? 자꾸 도심 주변으로 밀려나는

사람들과 거기에 들어가려는 사람들 사이의 끊임없는 분투,
격돌, 투쟁… 지금까지의 건축이 대부분 지상 위에 세우는 것을,
프로타입같이 구조물을 만드는 것을 많이 했다면 현재 건축가들은
거꾸로 파고 들어가는 듯한, 네거티브 전략을 통해서 어떤 방법들을
도모하는 언어, 단어를 쓸 때 그것들이 상당히 가슴에 와 닿았어요.
사용자 입장으로 현장으로 내려가서 어떻게 공감할 것인가 어떻게
공유할 것인가를 찾은 데에 대하여 찬사를 보내고 싶습니다.

원흥재 저희가 직능적인 차원과 논의에 집중해 있었는데,
건축가의 역할을 환기시켜주고 시각을 넓혀주는 좋은
말씀 해주셔서 감사합니다. 그런 의미에서 저희 심소미
큐레이터님께서도 굉장히 하실 말씀이 많으실 것 같은데요.

심소미 아무래도 큐레이터이다보니 전시 구현 방식이나
리서치 과정을 유심히 관찰해봤어요. 건축가와 미술 작가는
같은 리서치를 하더라도 공통점보다는 각각의 배경에서 오는
사고의 차이가 더 큰 편이에요. 이 차이에서 도출되는 결과물의
차이를 살펴보는 것이 흥미진진한 부분이기도 하구요. 그런데
이번 리서치를 보면서 드는 생각 중 하나는 건축 다이어그램,
리서치물, 시각적인 이미지가 전시장에서 전달력을 갖기에
상당히 한계가 있는 거에요. 각 팀별로 접근하는 주제도 다른데,
반복적으로 그린벨트의 매핑 이미지가 등장하는 것도 그 한
예구요. 그래서 관객이 다섯 팀의 이야기를 전시의 시각적인
요소를 통해 세부적으로 접근하기는 굉장히 어렵겠구나, 이런
생각이 들었어요. 그러면서 궁금했던 것이 '그렇다면 건축가의
리서치라는 것이 전시에서 소통 가능한 방법론이 또 뭐가
있을까?' 라는 질문을 가지고 오늘의 발표를 들었습니다. 저는
각 팀이 가지고 있는 프리젠테이션 방법도 굉장히 다른 점에
주목하고 싶어요. 발표 과정에서 건축적 사고와 접근 과정,
심지어 시각적 전달력까지 살펴볼 수 있잖아요? 현장에 직접
들어간 팀도 있고, 이를 최대한 제거하고 이를 주관적으로
보려고 한 팀도 있었고, 반대로 현장에 대한 리서치를 먼저
하고 그 다음에 연구 분석에 들어간 팀도 있어요. 이번
프리젠테이션에서 구체적인 내용과 발화되는 목소리까지 볼 수

있었던 것 같아요.
　　건축 전시가 가진 시각적인 완결성에 대한 부담이 아직까지는 있잖아요? 2000년 이후에 들어 건축 전시가 활성화된 터라 아직까지는 규정되지 못한 영역이나, 너무나 사적이고 사소한 실험들에 대한 기회가 많지 않죠. 이렇게 주류 담론의 주변에서 표현할 수 없는 것들을 건축가들이 표현해 나가는 과정 속에서 기성의 시스템화된 전시가 아닌 건축 전시의 또 다른 방법론이 가능하지 않을까 싶어요. 마지막 팀은 나레이션을 직접 읽으셨는데 그걸 미술계에서 유행하는 언어로 포장하자면 '렉처 퍼포먼스'라고 해요. 하지만 저는 여기서 이런 동시대 미술 경향과 상관 없이, 나름의 목소리가 드러나는 그 서투름이 좋았습니다. 뭔가 발화가 되고 있는 느낌이 있는 거예요. 이런 시도에서 건축 리서치가 관객과 소통할 수 있는 지점을 찾아볼 수 있지 않을까. 이번에 리서치를 처음 해보신 분들도 계시잖아요. 리서치는 이를 해나가는 수행의 과정 속에서 리서치가 가능한 물성들을 찾아가게 되는 것 같아요. 건축 리서치로부터 발현될 것들의 가능성을 그간의 과정과 오늘의 발표에서 보았습니다.
　　　　오늘 워크숍은 끝난 게 아닙니다. '시각적 연출에서 각 팀의 성향이 잘 안 느껴진다'고 생각했던 부분들을 보완해주셨으면 좋겠어요. 오늘 발표에서 드러난 각 팀별 세부적이고도 색다른 물성을 전시장으로 끌어와 주셨으면 합니다. 또 발표하시면서 아이디어들을 정리하신 팀들도 있을 거예요. 전시장 안에서 좀 더 교환 가능한 방식으로 보완을 해주셨으면 하는 당부를 드릴게요. 참여하신 학생들의 의견도 궁금하네요, 이번 워크숍에 대한 의견이나 견해를 주시겠어요?

참여 학생　저는 이번 리서치에 참여한 학생인데요. 다른 분들께서 건축가의 입장에서, 큐레이터의 입장에서 말씀하셨으니 저는 학생의 관점에서 말해보고 싶어요. 저희 팀 같은 경우는 전체적으로 리서치를 해왔기 때문에 거시적으로 바라봐 왔었고, 그래서 저는 그린벨트를 이용한 사업들에 대해 많은 의문을 가지게 됐었거든요. 그린벨트가 기회의 땅이라고 얘기되고 그것의 활용에 대해 말씀을 하셨는데, 그린벨트라는 전제하에 활용과 회피라는 두 단어는 한 끗 차이라고 생각해요.

그린벨트가 올바르게 활용된 게 어떤 게 있을까, 약간의 회피책이지 않을까라는 생각이 들었어요. 이걸 올바르게 활용하고 이익을 봤던 사람들은 조금 전 김태헌 선생님이 말씀하신 권력자가 아닐까라는 의문을 가지게 됐었고요. 그래서 저희는 원래는 구멍의 가능성에 대해 좀 더 생각하다 보니, 가능성에 있어서 건축가적인 방법을 더 끼얹기보다는 아까 말씀하신 대로 가이드라인이 잡혀야 되지 않을까 생각합니다.

원흥재 저도 리서치를 하면서 의문이 많았어요. 주변에서도 이걸 과연 할 수 있을까, 워크숍 자체는 어떻게든 할 수 있겠지. 그런데 위정자들도 쉽게 건드리지 못하는 그린벨트라는 영역을 이 짧은 시간에 연구를 할 수 있을까 우려가 없지 않았었는데. 그럼에도 이미 사회적으로, 행정적으로 이렇게 논의가 많이 되었던 이 영역을 왜 도시와 건축을 다루는 우리들은 이야기를 지금까지 안 했는가, 문자 그대로 개발제한구역이어서 큰 관심사가 아니고 가능성이 많지 않아서 그랬던 것일까 하는 의문이 들었고요. 그런 과정에서는 용기를 가지고 누군가는 한 번 이야기를 해봐야 하는 게 아닐까하는 생각이 들었습니다. 그게 3기 신도시 개발로 다시 논의가 촉발된 지금이 적기라는 생각을 했었구요. 전시에서 전체적으로 약간은 나이브하게 보여주는 방식이 과정에 있기 때문에 표현이 거친 부분들도 있었고 특히 일반인들이 알아보기 힘든 부분들도 있는데 마지막 동영상이 피날레를 아주 잘 장식한 것 같아요.

저는 이 자체가 완성이 아니라 이제 그린벨트를 조금더 미시적으로 바라보게 되는 시작점이 되기를 바랍니다. 아마 못해도 3년은 더 해야지 어느정도의 궤가 만들어질 것 같은데 지속을 할 수 있을지는 숙제로 남아 있습니다. 사실 워크샵 진행시에 외부의 후원이 없었기에 특정 관계단체의 영향을 받지 않고 저희의 관점으로 자유롭게 연구할 수 있는 장점도 있었지만, 반대로 시간적, 경제적 리스크를 져야 하는 상황들도 많았어요. 여러 어려운 점이 있지만 이젠 단순히 저희뿐만 아니라 이젠 건축가들에게도 큰 이슈가 됐잖아요. 앞으로는 그린벨트의 비전을 제시할 수 있는 자리를 조금 더 체계적이고 광범위하게 만들 하지 않을까 생각됩니다. 정치의 영역에서, 중앙정부에서, 관리의 영역에서 이것이 확산되는 작은 시초가 되는 워크숍이 되었기를 바랍니다.

일시: 2019년 7월 20일 오후 2-4시
장소: 예술가의 집 2층 다목적홀

*본 글은 《리얼-리얼 시티》 전시 연계 프로그램으로 열린 강연 중 후반부의 내용(거리의 정치학을 중심)을 당시 녹취록을 바탕으로 하여 요약 정리한 것이다. (정리. 심소미)

강연소개
1960년대 말 뉴욕에서 시작된 그래피티와 거리미술은 50여년의 역사를 거치며 전 지구적 현상, 도시의 경관에서 빠질 수 없는 장면이 되었다. 그래피티와 거리미술은 시간의 켜를 쌓으며 도시와 관계하는 방식도 다층화되었다. 2019년 서울에서 1970년대 뉴욕의 그래피티를 논하는 것은 어떤 의미일까? 거리미술은 사회적으로도 예술계에서도 이미 제도적으로 포섭되었고 상업화되었는데, 거리미술의 저항성은 어떤 맥락에서 논의될 수 있는가? 본 강연은 사회공간적 맥락에서 시작된 그래피티, 거리미술, 정치적 그래피티, 공동체 거리미술의 국내외 사례들을 짚어보면서 "오늘날 거리미술의 저항성은 어떤 맥락에서 논의될 수 있을지" 다룬다.

도시개입행위로서의 그래피티

김남주

그래피티와 거리 미술의 차이로부터

강연의 제목은 도시개입행위로서의 그래피티입니다. 도시와 그래피티를 서로 짝을 지은 이유는 그래피티가 예술이냐 아니냐 이런 이야기를 하겠다는 것은 아니고요. 그것보다는 주체들이 도시와의 관계를 어떻게 맺고 있는가. 그럼으로써 우리가 체험하는 도시공간에 어떻게 어떻게 다르게 관계를 맺는가, 이런 것을 보겠다는 겁니다. 개입행위를 넣은 이유도 주체에 초점을 맞추고 이야기를 풀어나가겠다는 뜻입니다. 먼저, 그래피티와 거리 미술을 명확하게 구분해서 이야기하려고 해요. 각각 지배문화 쪽에서의 전략도 다르고 주체도 다르고 도시와 관계 맺는 방식도 다릅니다. 그래서 그래피티와 거리 미술을 구분하려고 합니다. 언론에 실리는, 언론을 통해서 보는 사회적 인식이 그래피티와 거리 미술이 혼용이 되어있어요. 그래피티보고 거리 미술이라고 했다가, 거리 미술을 보고 그래피티라고 했다가. 이렇게 혼용되고 있는 것이 어떤 효과를 낳는가는 나중에 후반에 이야기할 것이고요. 사회적 인식과 그래피티에서 거리 미술이 파생되는 역사를 보면서, 우리가 무엇에 초점에 맞춰서 이야기를 해야하는지 파악해보고자 합니다. 제가 거리미술부터 거꾸로 이야기하려고 하는 이유는, 아무래도 거리 미술이 그래피티의 저항성을 갉아 먹는 측면들이 있기도 하고, 지배문화에 포섭된 것도 있어요. 이제 그래피티가 할 수 있는 게 뭐가 있어? 하고 생각하는 경향들도 좀 있죠? 여전히 그럼에도 불구하고 그래피티에 공간적 저항성, 사회적 저항성, 공간 생산적인 저항성이 있다는 얘기를 해볼까 합니다. 그다음으로 정치적 그래피티는 거리 미술과 그래피티 양쪽에 발을 담그고 있는, 그래피티의 익명성과 비합법성 영역에서 작업하지만 실제로 나타나는 시각적 언어는 거리 미술에 가깝고, 메시지가 있어요. 그래피티는 사실 전달하려는 메시지가 없거든요. (정치적 그래피티는) 정확한 메시지가 있습니다. 정치적 그래피티가 사실은 대부분의 사람들은 '아, 그래피티는 저항적인 운동이 아닌가요?'라 하지요. 이렇게 이야기를 하면서 머리에 떠오르는 그림들이 대부분 정치적 그래피티에 속해 있어요. 정치적 그래피티 이야기를 할 때 거리의 정치학이나 이런저런 이야기들이 들어갈 것이고요. 마지막으로 제가 가장 중요하게 생각하는 그래피티, '공간생산에서 가장 중요한 역할을 한다'고 생각하는 그래피티에 대해서 이야기를 해볼까 합니다.

우리나라 신문 기사에 실린 기사의 제목을 몇 개 뽑은 건데요. '거리예술로 승화한 그래피티', '그래피티 아트, 장난스럽고 상상력 넘치는 거리예술의 백미'. 자기들이 보기 좋을 때는 그래피티가 거리예술이 되는 거죠. '도 넘은 그래피티… 상점 주택까지 피해', 이게 JTBC 기사였어요. '예술과 낙서 혼동? 코레일, 대형 그래피티 수사 의뢰', 이것은 무궁화호에 그려졌던 그래피티 때문에 있었던 기사에요. (슬라이드에서) 위쪽 상점 주택 문구는 아마 홍대 쪽이라고 예상이 되는데요. 아래쪽은 한 2년 전쯤에 무궁화호에 있었던 것이에요. 이렇게 지하철에 그래피티 그려 놓는 것은 그래피티의 전통 중의 하나예요. 조금 있으면 살펴보겠지만. 그런데 우리나라는 공공기물들이 언제나 깨끗하고 온전하게 보전이 됩니다. 외국 다른 대도시들하고 다른 부분이 그런 것인데요. 잘 관리가 되고 있어요. 이게 아마 대도시 기차 중에서 손이 안 간 데가 우리나라, 서울이라는 인식이 있어요. 외국에서 그래피티하는 사람들은 자기를 라이터, 필가 라고 '쓴다'라는 의미에서 라이터라고 부릅니다. 그런데 우리는 그냥 그래피티 필가라고 하겠습니다. 이러한 그래피티 필가들이 한국에 와서 이런 일을 하는데, 이 아래 경우는 외국인이 아니라고 봐요. 연세대 철로 쪽에서 'MINT'라는 이름을 봤었거든요. 한국 사람으로 알고 있어요. 그러면 옆에 무궁화호 사진도 마찬가지일 거라고 생각을 하고요. 그런데 이거는 좀 오랜 스타일인데 70년대 초에 뉴욕에서 쓰던 스타일이에요. 그리고 위쪽에 하트모양도 유명한 친군데, '나마'라고 하는, 이것도 글자는 아니지만, 위에 글자로 뭐라고 써놓긴 했지만, 단순한 로고 형식의, 아무런 의미 없는, 자기 자신을 알리는 상징으로서 태그라는 것에 속하게 됩니다.

그래서 이렇게 거리예술과 그래피티를 혼용해서 쓰는 이유는 나중에 조금 더 자세하게 말씀드리겠지만, 그래피티는 우리 사회에서 도저히 안 된다는 거죠. 그 이유는 뭘까요. 그래피티가 드러내는 사회적이고 공간적인 모순들이 더 많다는 이야기입니다. 너무 귀찮은 거예요, 그래서 그래피티는 절대로 안 돼. 그래서 도시계획가들, 건축가들이 이렇게 질서에 맞게 도시환경을 구성해놨는데, 이 뜬금없는 애들이 와서 거리 미술이랍시고 하고 뭘 그려놓는단 말이에요. 그런데 이렇게 한쪽에 합법적 공간을 열어 주죠. 자본주의의 속성인데 저항도 흡수시켜내는 흡수력이 상당하잖아요.

이거는 괜찮은 거예요. 제도권 안에서 흡수를 할 수 있는 자신감이 있으니까 거리 미술 쪽은 합법적인 영역으로 열어주고, 그래피티는 위험한 것으로 사회적 인식을 확산시키고자 하는 거죠. 그런데 여러분 그래피티를 많이 보셨나요? 여기 지금 앉아 계신 분들의 그래피티에 대한 인식이 어떤지를 제가 짐작을 못하겠어요. 저는 보통의 아주 잘 그려진 거리 미술보다 이쪽이 전 훨씬 좋다 생각합니다.

[내용 중략...]

정치적 그래피티: 거리의 정치학적 관점에서

거리의 정치학적 관점에서 그래피티에 대한 얘기를 해보겠습니다. 거리라는 곳이 어떤 곳인가요? 영어로 take to the street라고 하면 우리나라 말로 '거리로 나갑시다'. 이 말은 이제 저항주의로 읽히지요. 나가서 발언하겠다, 혹은 저항을 하겠다는 어구로 사용되는 것이 '거리로 나가자' 입니다. 거리의 소통 방식, 공공공간에서의 집단적인 저항이라고 하면은 우리가 광장을 주로 얘기 하잖아요. 그것이 이제 민주주의의 상징이 되기도 하고. 사람들이 모여서 자유롭게 발언을 하고 듣고 토론하고 이런 것으로 광장을 상징하는데, 사실상 광장은 굉장히 닫힌 공간이라고 봐요. 이런 정치적 발언에 있어서는요. 런던의 하이드파크 같은 경우에는 스피커스 코너(Speaker's Corner)라는 데가 있었어요. 이전에는 거기서 언제든지 자유롭게 얘기를 했지만 이제는 아무도 안 하죠. 일인 미디어의 시대고, 그렇지 않았다고 하더라도 안 한 지는 꽤 됐습니다.

그럼 광장은 우리가 쓰던 것처럼 혹은 다른 나라에서도 광장이라는 것이 집회의 공간이긴 합니다. 그런데 집회라는 것은 굉장히 동질적인 사람들이 모이게 되는 거거든요. 같은 뜻을 가지고 동질적인, 소통이라기보다는 힘 과시의 공간이 되는 게 광장이죠. 물론 다른 의미는 있습니다. 광장이라는 것이 특히 우리 서울 같은 경우 광화문광장을 생각해보면, 권력이 절대로 내놓을 수 없는 게 광화문광장이에요. 사람들이 거기서 집회하는데 못 내놓는다는 것이 아니고 그것의 상징성을 시민에게 내주지 않아요. 그런데 물론 지금 세월호 추모공간도 세워지고 했던 거는 정말 우리 촛불혁명의 성과이긴 한데, 그럼에도 불구하고 또다시 광화문 광장에 재설계가 들어가고 그 모습을 바꾸려고 하고 있잖아요. 그러니까 어떤 광장도 자신의 상징성만큼은 안 놓치게 되는 거죠. 그래서 광장이라는 것은 정말로 혁명이 이루어지기 전까지는 우리 것이 절대로 되지 않는 것이에요. 하지만 거리는 다릅니다. 우리가 광장에서 집회하고 나면 거리로 가죠. 행진을 합니다. 왜냐하면 거기가 진짜 소통의 공간이니까요. 나와 생각이 달라서 집회에 안 나온 사람, 이런 사람들하고 소통하는 곳이 거리예요. 그것이 거리의 힘이고요. 그것이 바로 '거리의 정치학'입니다. 그래서 이제 정치적 발언을 하고자 해서 나오는 (이전의) 사진에서 보여줬었던 그런 예술가들도 거리로 나왔던 것이고요. 소통의 공간이고 담론의 공간이 되는 것이죠.

이런 작가적, 정치적 그래피티 이전에 우리가 익숙한 사회운동과 결합한 예술가들의 활동이 있었죠. 파리에서 1968년 혁명 때 이런 글귀들을 갈겨놓는 것. 슬로건 구호들을 써 놓는 것. 둘 다 상황주의적인 문구인데요. 68혁명이 상황주의에 영향을 많이 받았어요. 그리고 난 다음엔 다른 부분들에 영향을 주게 되고 뒤에 얘기할 앙리 르페브르에게도 영향을 많이 주게 됩니다. 앙리 르페브르가 굉장히 영향을 줬던 혁명이고, 두 문구 다 앙리 르페브르의 문구예요. 왼쪽의 문구는 "보도를 들춰봐. 거기에 해변이 있어." 일상생활을 바꿔보라는 얘기예요. 너의 일상에, 일상생활에 변화의 계기가 있고 그곳에서 변화를 찾아라 하는 거예요. 해변은 여가의 시간이잖아요. 그때만 해도 자본주의적인 시간에서 조금 벗어나고 가능성이 있던, 지금은 뭐 가능성이 굉장히 많이 줄어들긴 했지만, 그런 의미고. 오른쪽은 현실적으로 요구를 하라는 뜻입니다. 직역하면 "현실적이 되라. 불가능한 것을 요구하라" (슬라이드에서) 이런 포스터들은 파리 보자르의 미술 전공 학생들이 집단을 만들어서 거리에 붙이고 다녔던 겁니다. 이게 이제 파리의 전통이라는 거죠.

여기서 우리나라를 건너뛰고 넘어갈 순 없죠. 80년대 민족민중미술 운동에 대해서는 잘 아시죠. 이 이때 양식에 영향을 줬던 게 멕시코에서의 벽화운동이었어요. 그게 30년대였고요. 굉장히 계몽적인 역할을 했던 벽화운동이었죠. 관의 주도, 정부의 주도로 했지만, 내용은 굉장히 사회주의적인 내용이고 재현의 대상이 노동자, 농민, 마르크스나 레닌도 나오고요. 그때 혁명 직후에 정부가 유명한 작가들하고 작업했습니다. 주로 관의 건물이긴 했어요. (슬라이드에서) 거리에서의 작업은 아니고, 이게 이제 86년에 연세대 앞으로 알고 있는데요. 그 위가 예술가들의 작업실이었어요. 여기에 벽화를 그렸는데 구청 직원과 경찰들이 와서 지워버려요. 지우는 이유가 무엇이었냐 하면 불온한 내용을 담고 있어서 광고 관리법, 뭐 이런 법에 저촉된다고 하면서 지우고 갔어요. 입건되기도 했고요. 뭐 이런 일들이 여러 번 있었던 시기입니다. 우리나라 80년대는 벽화보다는 걸개그림이 많아요. 우리나라 그때의 특징이었죠. 벽화는 시간이 오래 걸리기도 했고, 그 당시 그 상황에서 어디 가서 벽화를 그릴 수도 없던 상황이기도 하고요, 걸개그림은 이동성도 있고 보존성도 있고 하니까 선택했을 거라고 생각해봅니다. 그런데 이것도 남아 있는 것은 별로 없어요. 80년대 한국의 민족민중미술운동은 68혁명 때의 미술학도들과 다른 게 사회혁명과 결합을 해서 시작을 한 것이긴 하지만, 예술운동으로 쭉 이어졌다는 거죠. 아직도 민미협이 남아있고 민족총연맹도 남아있고 아직도 지속해서 전시가 있고 기획이 되고 있습니다. 하나의 예술운동으로 자리를 잡았죠. 그래서 아마 사회운동과 결합한 예술집단의 사회적 행동에서 운동으로 남은 것은 우리나라가 유일하지 않은가 싶습니다. 이와 비교해볼 사례로, 2010년대에 이집트 카이로 혁명 때의 벽화들입니다. 뉴욕의 거리 미술에서 영향을 많이 받았죠. 우리나라 민족민중미술운동과도 다릅니다. 사회운동과 결합하는 이런 정치적 벽화, 혹은 그래피티라 부를 수 있어요. 이것도 역시 익명성이고 익명성으로 활동을 해야 하고 비합법적인 행위니까 정치적 그래피티라고 할 수 있습니다.

제가 정치적 그래피티에서 가장 중요하게 얘기하고 싶은 것은 이 부분이에요. Subvertising이라고 해서 전복을 뜻하는 subvert와 광고를 뜻하는 advertising을 묶어서 하나의 단어로 만든 것이 Subvertising입니다. 도시의 시각언어를 누가 점령하는가에 대한 싸움이기도 하고 문화방해라고 해서 culture jamming이라고 하는데 이들이 사용하고 있는 시각적 언어의 의미들을 교묘하게 꼬고 뒤틀고, 이렇게 사용을 하면서 완전 힘을 빼는 거죠. 전복시켜서 우리의 의미로 다시 바꿔서 사용해버리는 거예요. 기업의 이미지를 좋게 하기 위해서 어떤 광고를 했다고 그러면 거기에 문구를 바꾸거나 그림을 뭐를 보태거나 이런 식으로 하는 것을 문화방해라고 하는데, 그래피티 쪽에서는 Subvertising 이라고 부릅니다. (슬라이드) 이 그림이 보여주는 거죠. 그래피티와 광고판. 우리가 점령할 수 없었던 광고판. 광고판에 기업들은 'ACCEPTABLE'하고 우리가 벽면에 이렇게 낙서한 것은 'NOT ACCEPTABLE' 합니다. 이것이 도시의 시각언어를 누가 장악하고 있는가를 비판하는 좋은 예라 생각을 합니다. 그 다음에 몇 가지를 더 볼게요. 'PREMIUM TASTE… PREMIUM TAX DOGING' 아마도 세금 탈세를 했던 기업이었겠죠. 뭐 이런 식으로 광고판을 해킹합니다. 그리고 아마 제일 많이 당하는 게, 맥도날드일 것 같은데요. 잘 읽어 보셔야 해요. 이거는 그냥 쑥 지나가면 맥도날드 광고판이잖아요. 그걸 'EAT THEM ALL'을 'KILL THEM ALL'로 바꾼 거죠. 구석에 'I'm loving it'이 'I'm sick of it'으로 바꿔놓는 거죠. 광고의 효과들을 무력화시키고, 왜 우리가 광고판을 보고 있는 지에 대한 문제제기를 거리의 사람들에게 던지자는 거죠. 이미지를 그대로 차용해서 반전 메시지를 던지는 거고요. 이런 작업들 하는 독특한 그룹이 영국에서 구성된 브랜달리즘이 Brandalism 이라고 해요. 이것도 Subvertising 처럼 브랜드에 반달리즘을 붙여가지고 브랜달리즘이라고 하는데, 말 구성이 재밌죠. 아까 봤던 'ACCEPTABLE', 'NOT ACCEPTABLE' 작업하고 마찬가지예요. 의미를 전달합니다. 우리는 반달리즘이고 너희는 브랜드, 이런 걸 조합을 해서 '브랜달리즘'이라고 해서 굉장히 활동을 아직도 많이 하는 집단입니다. 정치적 발언대로써 거리를 담론의 공간화 시키는 것이 정치적 그래피티의 가장 큰 역할이겠죠. 2015년 오큐파이 운동 같은 경우에도 캐나다에 애드버스터라는 매거진을 발행하는 집단이 있어요. 거기서 시작을 했던 운동이 오큐파이 운동이었어요. 이름을 들으시면 알겠지만 문화방해 운동을 했던 그런 집단이죠. 오큐파이 운동을 자세히 들여다보면, 상황주의적인 실천들이 꽤 많이 있었습니다. 그다음에 이제 잘 알려지지 않았을 수도 있지만 뱅크시 정도까지는 아니더라도 굉장히 반체제적인 메시지를 주고 있는 이탈리아 작가인 블루(Blu) 입니다. 이런 대형 벽화를 어떻게 익명성을 가지고 할 수 있는지, 어쨌거나 익명성을 갖고 활동을 하는 사람으로 알려져 있어요. 반기업적이고 반체제적이고 환경주의적인 그림들을 많이 그립니다. 익명성으로 활동하는 작가들은 이제 거의 없어요.

이제 한국의 맥락에서 얘기를 좀 더 자세히 해보겠습니다. 그래피티가 우리나라에 들어온 게 1990년대 초반이었잖아요. 힙합 문화의 한 요소로 들어왔습니다. 힙합 문화의 한 요소로 그래피티가 자리 잡게 된 게, 뉴욕의 사우스 브롱스라는 곳이에요. 사우스 브롱스라는 곳은 맨해튼 동북쪽에 위치한 곳입니다. 그곳이 1960년대, 2차대전 직후에 경제적인 호황을 좀 누리다가 쇠퇴의 길로 접어든 게 1960년대 전후였거든요. 그즈음에 또 백인 대 탈출이라고 해서 게토 지역에서 백인들이 다 빠져나가는 현상이 있었고, 또 로버트 모제스(Robert Moses)라고 도시계획 쪽에서 악명 높은 사람이죠. 굉장한 권력을 뉴욕에서 1948년부터 72년까지 누렸던 도시계획가인데 이 사람이 그 시기에 60년 전후로 해서 자유주의적 합리성을 가지고 고속도로를 뉴욕에 쫙쫙 뚫죠. 그 가운에 하나가 크로스 브롱스 익스프레스 웨이(Cross Bronx Expressway)라고 해서, 브롱스 바로를 남북으로 가르는 고속도로를 쫙 내버리죠. 지역이 나누어져 버리고 그렇게 쪼개 놓으면 어차피 이제 게토화되어 있던 지역인데, 더 쇠퇴의 나락으로 빠질 수밖에 없겠죠. 게다가 북쪽 브롱스 같은 경우에는 다른 지역이랑 연결이 되어 있는데 브롱크스를 반으로 나누면 사우스 브롱스는 정말로 고립된 지역이 되어버리는 거예요. 공간적으로 고립이 된 거죠. 그러면서 백인들은 그때 이제 중산층 유대인이나 독일인 이런 사람들이 빠져나가고 다른 지역에서 집값을 감당하지 못하는 유색인종들 특히 흑인이나 히스패닉 쪽 계 사람들을 이쪽으로 이주를 시킵니다. 정부에서요. 그러니까 여기는 완전히 인종적으로 흑인과 히스패닉 계가 형성돼요, 둘이 동질적이라고 할 순 없지만요. 이제는 라틴계열의 주민들도 자리 잡고 있고요. 그래서

인종적으로 유색인종이라는, 동질적이라고
할 순 없지만, 계층적이고 계급적인 관계에서
보면은 게다가 또 소외당한다는 입장에서
보면은 동질성을 형성하게 되는 배경을
그쪽에서 만들어 준거죠. 뉴욕시에서요. 정체성
면에서 계급적이고 계층적이고 인종적인
면으로 동질성을 구성할 수 있는 그런 지역을
만든 게 의도하진 않았지만, 아까 이야기했듯이
그 어떤 하위문화보다 굉장히 배타적인
정체성을 형성해나가는 데 역으로 도움을
줬다고 볼 수 있습니다. 그래서 그런 과정에서
자신들의 문제를 공간적으로 해결하는 것이
등장하게 돼죠. 그것이 바로 그래피티입니다.

그래피티: 반달리즘인가? 예술인가?

그래피티 이야기를 하면서 이 문제는 어쩔 수
없이 짚고 넘어가야 합니다. 반달리즘인가,
아닌가의 문제에요. 예술인가, 아닌가의
문제이기도 합니다. 이런 연결 되어 있는 문제를
짚고 넘어가야 합니다. (슬라이드에서) 이
사진은 반달리즘이라고 해야 할까요? 이거는
어떻습니까? 이제 조금 익숙해지셨으니까
괜찮아 보이시려나. 조금 정리되어 있는 듯이
보이긴 하죠. 좀 양식화되어 있고. 그런데 그에
반해서 이거는 그래 보이진 않아요. 우리가
시각적으로 익숙하지 않은 뭔가 정말 낙서를
해놓은 것 같은 것들은 반달리즘으로 여기게
됩니다. 이게 이제 브라질에서 상파울루에서
피샤사오(Pichação)라고 부르는 80년대
중반에 시작한 뉴욕에 그래피티에 대응하는
이름인데요. 그래피티라고 안 부르고
피샤사오불러요. 이 글자들의 형식은 84년쯤에
메탈밴드가 상파울루에 공연을 왔을 때 앨범
커버에서 따온 거라고 해요. 별 의미는 없고요.
피샤사오라는 뜻은 까만색 글자를 쓴 이것의
재료라는 의미고, 그래피티와 같은 의미는
아닙니다. 이 작가들은 뉴욕에서 그래피티
하는 작가들보다 좀 더 과격해요. 상파울루에
굉장히 유명한 건물에 꼭대기에도 해놓고요.
오른쪽 같은 경우에는 밖에서 올라타다 죽고
그러기도 하고요. 그리고 뉴욕의 그래피티처럼
양식적으로 발전시키지도 않았어요. 그런
의지가 없었어요. 그 이유는 뭐냐면 상파울루의
시장이라던가 언론이 이들에게 묻습니다. 뭐
때문에 이렇게 도시환경을 훼손하고 그러느냐.
파괴하고 그러느냐. 이건 반달리즘이다.
그랬더니 이 친구들이 되묻죠. 너네는 우리가
사는 동네를 쫙 밀어 가지고 더 잘 사는 사람들
살라고 집 지어주느라고 우리를 거기에서
밀어냈잖아. 그건 반달리즘 아니냐? 네가
말하는 반달리즘은 무엇을 파괴한다는 거냐.
무엇이 무엇이냐. 그게 내 거야 네 거야?
우리 거야? 나는 속해 본 적이 없는 우리
거를 파괴하는 것도 아닌데 내가 왜 죄의식을
느껴야 하며, 뭐 이런 식으로 대답을 하죠. 어
나 반달리즘이야, 그래서 뭐? 이런 자세인
거죠. 이 친구들은. 그래서 시각적 언어를
바꿀 이유가 전혀 없던 겁니다. 내 존재를
보여주는 시각적 언어로 이것을 택했을 때
뉴욕의 그래피티처럼 와일드스타일의 어떤
미적인 완성도를 높여가면 내가 발언할 수
있는 힘, 나를 쫓아냈던 도시공간에 내 모습은
나의 것으로 남겨놓는다는 것이 없어진다는
거죠. 다른 모습으로는 하기 싫다. 너희가
반달리즘이건 뭐라고 하건 나는 나의 모습으로
내 존재를 도시공간에, 너희들이 쫓아냈지만
내가 들어와서 내 마음대로, 너희들이

했듯이 남겨놓겠다. 뭐 이런 완전히 과격한 듯입니다. 어쨌거나 그래피티건 피샤사오건 반달리즘이냐, 반달리즘이 아니냐는 더 이상 중요하게 물어볼 이유가 없는 것이 무엇이냐 하면 본인들이 전혀 상관을 안 하는 거예요. 반달리즘이라고 그러든 예술이라고 그러든 너네들 마음대로 하세요. 우리는 내 길을 가겠습니다. 그런 거죠. 그래서 그래피티가, 지금 몇 년입니까, 60년대 말 70년부터라고 하더라도 50년을 이어져 오고 있는 거죠. 이런 정도의 지속성을 가진 하위문화는 절대로 없었어요. 이런 지속성 끈질김을 가지고 있고, 거리 미술이라는 것이 파생된 다른 영향력도 가지고 있지요. 그리고 이를테면 플래시몹이나 이런 것도 상황주의자들의 영향을 받았다 할 수 있지만, 어쨌거나 상황주의적인 그런 의도를 가지고 있지 않더라도 도시와 사회에 접근하는 행위들에 자극을 준 건 사실입니다. 그래서 이제 그래피티 주체들에게 중요성이 있는 거고요. 이들에게는 반달리즘이냐 아니냐가 전혀 중요하지 않으니, 우리한테도 중요할 이유는 없어요. 하지만, 그럼에도 불구하고 왜 그러면 주류문화는 이들을 반달리즘으로 낙인을 찍고 규정을 하고 보느냐는 따지고 넘어갈 문제긴 합니다.

조금 전에도 얘기했지만 이들이 자신의 존재를 도시공간에 각인을 시키면서 어쩔 수 없이 제기되는 문제들이 있습니다. 첫 번째가 공공 공간과 공공 공간의 공공성과 공간의 사적 소유와 관련해요. 왜냐하면, 이들을 처벌하는 법적인 근거가 되는 것이 공공기물 파손죄라던가 사유재산 침해죄, 뭐 이런 비슷한 류들이 어느 나라에나 다

있으니까요. 그런 쪽으로 이제 처벌을 하게 되고 금지를 하게 되고 반달리즘으로 규정을 하게 됩니다. 그러면서 이게 너무 오래가고 활발하고 어쩔 수 없는 지경에 오니까 그냥 둬서는 안 되는 거예요. 너무 막강해지니까. 그랬을 경우에는 힘을 쪼개야죠. 그래서 합법의 영역을 살짝 열어 줍니다. 건물주의 허락을 받은 것은 허용, 그건 거리 미술로 인정을 해줄게 그렇게 해버리면 이게 도시공간의 사적 소유라는 문제도 살짝 덮어지는 거죠. 그리고 거리 미술은 돼. 이거는 우리의 공공성에서 받아들일 수 있지만 너네는 안돼. 이러면서 그래피티에 어떤 반달리즘이라고 이름을 붙였을 때 드러내고자 하는 파괴성, 반사회성 이런 것에다가 거리 미술을 끌어들여 극명하게 대조를 시키고자 하는 그런 의도가 있죠. 그리고 이들이 제기하는 도시 공간의 공공성이라는 문제에 대해서 계속 문제 제기를 하고 자기들 나름대로 해결을 하고 이러면 안 되는 거 거든요. 지배집단 입장에서 보면요. 그래서 이러한 그래피티를 반달리즘 영역에 몰아넣으려고 하는 겁니다. 그래서 아직까지도 언론들이 반달리즘이냐 아니냐 가지고 물고 늘어지는 거에요. '거리 예술로 승화한 그래피티'로 허용하고, 허락된 공간에서 좀 완성도 있게 유명한 그래피티 작가한 것만을 수용하다가 무궁화호에다가 허가없이 그림 그리는 건 안 되는 거죠. 그건 범죄고 잡아들여야 한다고 보는 이런 이중적인 잣대로 대처를 하게 됩니다.

공간 생산의 매커니즘과 도시공간의 주체

그다음으로 공공 공간에 대해서 짚어보도록

하겠습니다. 공공성, 그러니까 도시 공간을 변화시키고 사용하고 바꿔나가는 주체는 누구인가 하는 것을 그래피티 이 사람들만 던진 것은 아니지만 다른 문제로도 공공 공간은 한 20년 전부터 굉장히 중요한 화두였어요. 건축물 법이 바뀌면서 뉴욕 같은 경우에는 조닝법(Zoning Resolution)이라고 해서, 너희 건물 앞에 이런 공공 공간을 이만큼 만들어주면 몇 층 더 높여줄게 이런 식의 법이 있어서 엄청나게 많이 만듭니다. 그럼 그게 공공 공간, 퍼블릭 스페이스일까요? 기업이 소유한 그 공간이? 퍼블릭 스페이스로 내주긴 했는데 개방적이긴 합니다. 일반 개인의 사적인 이용, 공공 공간의 사적인 이용까지는 허용이 됩니다. 하지만 거기 앞에서 시위한다거나 집단적인 행위를 한다거나 뭔가 다른 재현과 관련된 행위를 한다던가 이러면 안 되는 거죠. 당장에 쫓겨납니다. 법적으로도 그렇게 되어 있어요. 우리나라도 강남에 가보니까 그렇게 쓰여 있는 곳이 많더라고요. 여기서 뭐는 안 돼요. 이거는 하지 마세요. 뭐 이런 제약들이 많이 들어옵니다. 그래서 공공 공간 자체는 그래피티와는 별개로 제기되는 문제들이 늘 있었어요. 얼마나 공공적인가라는 문제. 이런 문제는 그래피티와 별도로 제기되어 왔고 그래피티 작가들도 마찬가지로 하는데, 서로 접근의 방식이 다른 거죠. 해결의 방식이 다른 거죠. 이를테면 학계에서 공공 공간에 대한 공공성에 대해서 문제를 제기할 때는 또는 시민 단체가 해결할 때는 협상의 과정들이 생기는 건데 그래피티를 하는 하위문화 집단의 친구들은 협상이라는 건 필요 없거든요. 그냥 가서 그려놓으면 돼요. 자신을 스스로 재현하는 힘이라고 할 수 있겠어요.

물리적인 공간이 있고 거기에 사회성이 덧붙여져서 르페브르식의 사회 공간이라고 해서 전체를 얘기하게 됩니다. 여기서 건축가나 도시계획가는 물리적인 공간만 이야기하게 되죠. 그렇게 공간을 만들어내는 사람들이 있고, 또 그 공간에서 벌어지는 어떤 사람들의 행위나 장소적 의미나 뭐 이런 것들을 재현해내는 사람들이 있어요. 그게 예술가일 수도 있고 딱히 구분되는 개념은 아닙니다. 르페브르의 개념이 좀 애매하긴 해요. 공간적 실천이라고 해서 우리의 일상적인 행위들이 만들어내는 생산의 한 계기, 뭐 이런 것들이 있습니다. 그래서 주체라는 문제가 르페브르한테서는 굉장히 중요하거든요. 그래서 저도 그래피티 집단의 주체성에 대해서 중요하게 생각했는지도 모르겠습니다. '현전과 재현의 정치'라는 것과 관련해 그래피티하는 친구들 같은 경우에는 현전의 정치는 아니겠죠. 재현의 정치죠. 자신들의 존재를 도시공간에 시각화, 가시화시키는 그것은 재현의 정치죠. 재현의 공간을 만들어내고, 이로부터 도시 공간의 생산 방식을 바꿔놓는 것입니다. 그것이 그들의 힘이고요.

여기서 이 친구들이 이런 힘을 가지게 된 메커니즘은 무엇이었나 하면, 우리가 공적 영역과 사적 영역을 얘기했을 때 둘을 대립시켜서 얘기하지만 실제로 공공 공간의 공공성을 얘기할 때 '누가 배제되는가'를 보는 것이 가장 빠릅니다. 배제되어 있는데 그걸 어떻게 알지 라고 얘기를 할 순 있겠지만, 배제의 메커니즘은 역사적으로 늘 존재해왔었거든요. 배제됐던 사람들이 주체로서 이 공공 공간의 생산에 참여하면서 스스로를 현전의 정치, 혹은 재현의 정치를 하면서 주체로 등장을 하면서 배제되었던 사람들이 공공 영역에 들어오게 됩니다. 생산에 주체로, 그래서 공공 공간의 성격이 이전과 지금은 많이 차이가 나는 거죠. 공공 공간에서 어떤 집단을 배제하는 가장 중요한 원리는 그들의 공동체를 인정하지 않거나 없애는 거죠. 실제로 사적인 개인이 공공 영역과 관계를 맺는 방식은 개인으로서 맺지를 않아요. 공적 공간이라는 게 구성되는 것은, 하버마스의 얘기와는 조금 다르고 아렌트 쪽으로 갈 텐데요. 여러 개의 서로 다른 이익과 정체성이 다른 공동체들이 공유하는 공간이 공적 공간이 아니고. 이런 서로 다른 인종적일 수도 있고 종교적일 수도 있고 많은 공동체가 있지 않습니까. 내가 어느 공동체에든 속하게 된단 말이죠. 그중에 내 정체성을 가장 드러내는 공동체가 있으면 나는 공적 공간에 이것을 매개로 들어가고 나에게 공적인 삶이라는 게 생기는 거예요. 그런데 그런 공동체, 내 이익을 대변하거나 내 정체성을 드러내 줄 수 있는 공동체가 없는 사람들이 있어요. 그런 사람들은 맨땅에 헤딩할 수 없는 거예요, 그런 경우 대표적인 게 노숙자겠죠. 그러니까 존재하지 않은 사람이 되는 거예요. 그들은 정말로 사적인 삶만 사는 거예요. 공적인 삶이라는 게 없어요. 공공의 공간에서 그 사람들을 배제하는 거예요.

지금까지의 공공 공간 생산의 메커니즘이라고 부를 수 있는데. 예전에 아고라 같은 경우에 우리가 민주주의의 상징, 광장 이렇게 얘기를 하지 않습니까. 그때 아고라에서 발언하거나 정치적인 행위를 할 수 있었던 것은 저 같은 사람은 아니었겠죠. 백인 남자 귀족 그렇게 한정이 되어 있었을 겁니다. 거기에서 지속해서 확대되어 나아가고 있는 과정이 무엇이냐면 그렇게 나의 정체성을 대변하는 공동체의 힘을 길러서 그 공적 공간에 주체로서 들어가는 것, 이것이 공적 영역의 확대 과정이고 이 확대에서 더 많은 공동체, 서로 다른 정체성과 이익을 가지고 있는 공동체가 들어올수록 차이의 공간들은 많아지게 됩니다. 그러면 소외된 이도 많아지고 공공성이라는 공적인 영역의 가치도 넓어지겠죠. 그런 것들이 공적 영역의 확대입니다. 짧게 얘기를 하면 그렇고요. 그래서 이제 이 친구들은 아까도 얘기했지만 하위문화 집단이라는 굉장히 탄탄한, 인종적으로나 배제의 메커니즘이 동일하고 세대적으로도 동일한 이 청소년들이 흑인과 히스패닉 계열의 청소년들이 똘똘 뭉치게 되는 거죠. 전혀 없던 이런 정체성을 구성해서 공적 영역으로 스스로 들어가게 되는 겁니다. 그래서 이를테면 우리 성소수자 집단이 매년 한 번씩 페스티벌 같은 걸 하는 이유도 도시 공간에 자신을 내보여야 이런 공적 영역에 들어갈 수 있는 계기들이 마련이 되는 거예요. 가시성이 굉장히 중요한 겁니다. 그래서 그래피티라는 하위문화가 다른 것과는 다르게, 다른 하위문화와는 다르게 50년을 버티고 있는 것이겠죠.

마지막으로 앙리 르페브르에 대해서 정말 간단하게 이야기를 하고 끝내려고 합니다. 앙리 르페브르가 굉장히 유행을 아직도 하고 있다고 생각이 되는데요. 제가 그래피티를 '도시개입행위로서의 그래피티'라는 주제로 그런 시각으로 접근하게 된 게 대부분 앙리 르페브르 생각에 기대고 있는 건데요. 앙리 르페브르의 공간의 생산론은 시간의 혁명에서 공간의 혁명으로라고 표현을 하는 사람들이 있지만 그건 맞는 말은 아니고요. 사회주의라는 시간의 혁명과 68혁명의 상황주의적인 혁명을 실패한 르페브르가 본 것이 일상 공간이 자본주의의 생산과 재생산에 핵심적인 곳이고, 그 일상생활을 지탱하고 재생하는 것이 도시의 공간이더라 라는 얘기죠. 그것은 또한 자본주의 질서 안에서 물리적으로 구성되어 있고요. 이런 메커니즘 속에서 어떤 학자들은 일상성을 자본주의의 식민지라고 해서 쳐다도 안 봅니다. 반복적이고 따분하고 아무 것도 건져낼 게 없는 곳. 루카치나 하이데거 같은 경우에 그랬었던 것 같고요. 그다음에 일상성에서 실천적인 것을 너무 찾아내려는 사람들도 있고요. 르페브르 같은 경우에는 양쪽의 것들을 다 보면서 일상의 공간에서 실천의 시학들이 있고 다른 삶의 방식, 다른 사고방식, 다른 삶의 구조 뭐 이런 것들을 생산해낼 수 있는 것이 일상생활로 봅니다. 그래서 그것을 체험하게 하는 공간의 변화, 이런 것들이 일상생활과 공간이 결합하여서 변혁을 위한, 새로운 사회를 위한 이론으로써 르페브르를 읽어야 된다고 생각을 해요.

르페브르를 어떻게 읽어봐도 무슨 논리적 정확성이나 뭐 이랬다저랬다 하거든요. 이 사람의 글쓰기가 원래 그래요. 그 이유는 뭐냐면 세상에 정해진 것은 없어요. 완벽한 이론이라는 것도 없고 실천 속에서 계속 검증되어 나갈 수밖에 없는 것이 이론이라는 입장이었겠죠. 앙리 르페브르 같은 경우에는 아무것도 아닌 것 같은 균열, 우리의 일상과 자본주의적 생산 구조, 뭐 이런 거에 조금의 균열이라도 있다면 그것이 다른 공간을 생산해낸다고, 다른 주체를 생산해내고, 그래서 다른 사회를 만들 수 있는 시작이라는 거죠. 80년대 이전에 우리나라에서 거대 담론, 사회학에서도 거대 담론을 포기한 지 오래됐지만 그 이전에 있었던 혁명의 얘기들이 쏙 빠졌죠. 그냥 이렇게 비판만 하면서 살아나가고 있는데, 이런 조그만 단서들을 찾아내서 이것을 다른 식의 사고와, 다른 식의 삶, 다른 식의 공간을 경험하고 확대해나가고 이런 과정이 없다면 혁명이라는 것은 오지 않는다고 얘기하는 게 요지에요. 지금 이 상태에서 차이의 공간을 만들어내고 실험해보고 뭐 이런 것에 대한 답은 없어요. 우리가 지금 여기에서 균열을 내서 만들어나가는 것이 그 사회기 때문인 거죠. 그래서 조그만 균열을 보게 하는 눈을 주는 게 앙리 르페브르가 아닌가 하고 생각을 합니다. 오늘의 얘기는 여기까지 하겠습니다.

심소미 강연이 굉장히 유익했는데요. 이유 중의 하나가 선생님의 시각이 그래피티의 의미를 캐묻는 접근법의 반대편에서 오히려 이 그래피티가 사회적 균열로 작동한, 심지어 의미도 없는 행위가 우리 사회를 불편하게 하고 시스템에 거슬리는 요소가 된다는 지점에서입니다. 두 번째는 도시공간에서 살아가는 주체성을 생각하면서 특히 문화 예술을 하는 입장에서 그 부분에 계속 관심을 가져야 될 것 같아요. 마지막에 말씀해주셨던 공공 영역과 관련해, 이번에 아르코미술관에서 전시를 하며 여기 마로니에공원을 보니 많은 액티비티가 일어나더라구요. 예를 들어서 홍대에도 홍대 앞에 유명한 놀이터 공원이 있고 강남에도 도산 공원이 있고 여러 공원들이 있잖아요. 그러한 공원에 비해서 마로니에 공원은 굉장히 다양한 사람들이 섞여 있는 거예요. 노숙자도 많고요. 근데 어떤 불편함을 가지고 있는 게 아니라 사람들이 상당히 자연스럽게 섞여 있고 버스킹하는 사람들도 있고 혼재된 것들이 매일의 일상속에서 일어나는 것이 흥미로웠어요. 서울에서는 흔치 않는 것 같고요. 그런 굉장히 애매모호하게 혼재되어 있지만 그 차이 속에 담긴 다양한 공공, 다중의 모습이 있어 보였습니다. 그래서 궁금한 것이, 선생님께서는 서울의 공공 영역에 대해서 어떤 생각을 하고 계시는지요?

김남주 서울의 공공, 공적 공간, 공공 공간에 대해서 사실 제가 깊이 들여다보진 않았습니다. 그 전에 논문은 서울을 가지고 쓰기는 했는데요, 이를테면 이제 제가 제일 중점적으로 봤던 공간이 탑골공원이었어요. 할아버지들이 탑골공원을 점유했던 방식. 그것들이 굉장히 흥미로웠고 그 또한 아까 그래피티 친구들과 마찬가지의 정체성과 지속성의 힘이라고 생각을 하거든요. 근데 중간에 탑골공원을 한번 바꾼 적이 있었어요. 할아버지들을 몰아내고 나무 벤치를 돌 벤치로 바꾸고 그러니까 할아버지들이 올 수 있는 조건들을 안 만드는 거죠. 그런 디자인으로 바꿔버려요. 그것이 현재 대부분의 공공 공간에서 행해지는 일입니다. 노숙자들을 못 오게 하려면 벤치 중간에 디바이더를 심어 놓는 게 노숙자들이 못 자게 하는 거잖아요. 그런 식의 디자인으로 해서 사람을 쭉 쫓아내고, 그때 쫓아냈을 때 할아버지들이 종묘 앞으로 갔었죠. 종로5가 앞에서 그때 난리가 났었죠. 어쨌거나 자기들의 공간으로 공간을 다른 방식으로 점유했다는 의미에서 탑골공원을 흥미롭게 보고 있어요.

관객1 건축학과에 재학중인 학생인데요. 그래피티가 발생하게 된 지역들의 지역적이나 문화적인 공통점이 있었는지요?

김남주 소외된 지역이었죠. 가장 중요한 것은 경제적이고 공간적으로 소외된 지역, 변방이죠. 영어로는 마지널 라이즈드(marginalized)라고 얘기를 해요. 뉴욕에서 특별히 발생했던 이유를 찾기는 사실 어려운 부분들이 있는 것 같아요. 왜냐하면 제가 조금 전에 갱 그래피티를 떠올렸는데, 똑같이 이름을 적는 행위가 갱 그래피티라고 해서 갱 조직들이 게토 지역에 그들이 자신들의 경제적인 허기를 어쨌거나 채워줘야 하는데 그 방식이 뭐 마약 거래나 갱 조직의 범죄로 획득한다거나 이런 방식들이 있거든요. 그러면서 이제 영역 싸움이 굉장히 중요해지기 시작했어요. 〈웨스트 사이드 스토리〉(West Side Story, 1961)라는 영화를 보면 그게 잘 나와요. 배경에 그래피티들이 우리가 오늘 봤던 60년대 그래피티와는 다른, 영역을 표시하는. 그 영향들도 있었지 않았을까 싶네요.

심소미 서울에서 도시 규율을 떠올려보면, 과연 그래피티가 지속될 수 있을지 의문이 들어요. 도시의 사유화도 그렇고, CCTV 등 거리를 감시하는 시스템 때문이기도 한데요. 청소년이든 예술가이든 누구든지 간에 도시에서 발언한다는 것이 시각 언어로 지속 가능할까?

김남주 우리나라에도 그래피티로 활동해 온 이들이 있죠. 익명성으로 태그를 붙여놓고 다니는 이, 거리 미술을 하는 이일 수도 있고 아닐 수도 있고, 그것만 하는 이일 수도 있습니다. 사실 뉴욕과 한국의 차이는 한국에서는 이것이 힙하고 핫한 하나의 트렌드로 힙합 문화와 같이 형식으로 들어왔기 때문에 태도가 다른 면이 있어요. 이를테면 예로 들었던 무궁화호에 그려놨던 그래피티 가지고 논쟁이 좀 있더라고요. 제가 그걸 들여다볼 기회가 있었는데. 1세대, 2세대 작가들 같은 경우에는 치기 어린 청소년이지, 이런 식으로 얘기를 한다던가 등 그래피티를 무시하는 측면도 있어요. 그래피티의 저항성을 부정한다던가. 혹은 스스로도 그래피티 아티스트라고 부른다던가. 이런 어떤 행위의 차이들을 인지하지 못하고 있다던가. 그리고 자신만의 스타일을 개발해내지 못하고 아까 얘기했던 '와일드스타일'에 머물러 있다던가. 이런 것들을 보면서 좀 그랬고요. 만약에 집단의 정체성이라는 것으로서 그래피티 문화가 우리의 문화화가 되려면 우선 집단의 정체성이라는 게 있어야 해요. 이 사람 저 사람 모아서 집단행동을 할 수 있는 것도 아니고 그렇기에 생길 수도 있고 안 생길 수도 있겠지요.

김남주 (연구자)
건축과 도시사회학을 공부하고 영국에서 도시재생사업에 몇 년간 관여했다. 현재는 도시와 미술의 공공성에 대해 연구 중이다.

일시: 2019년 8월 3일 오후 2-4시
장소: 예술가의 집 2층
강연: 신정훈(미술사학자)
대담: 신정훈, 김태헌(작가)

*본 글은 《리얼-리얼 시티》 전시의 연계 프로그램으로 열린 강연(신정훈)과 이어진 대담(신정훈X김태헌)의 내용을 녹취록을 바탕으로 하여 일부 요약 정리한 것이다. (정리. 심소미)

강연 및 대담 소개
20세기 후반 한국 미술의 변화와 도시의 변모가 교차하는 계기들을 이해하고 그 교차의 역사 속에서 2000년대로 전환기 성남프로젝트(1998-1999)의 지역-특정적 미술이 갖는 특유의 면모를 이해한다. 그리고 이후 한국 미술의 도시적 실천의 가능성과 한계를 설명하는 역사적 선례가 되었음을 확인한다. 이에 대한 구체적인 내용과 논의는 강연 후 김태헌 작가와의 대담으로 이어나간다.

성남프로젝트 다시 읽기: 지역-특정적 한국미술의 역사

신정훈 X 김태헌

〈성남프로젝트〉 얘기를 할 때 가장 먼저 드는 생각은 어떤 특정 지역에 대한 문헌연구, 또는 현지조사를 기반으로 한 미술생산이라고 하는 것의 시초적인 프로젝트였다는 것입니다. 1998년 김태헌 작가의 개인전《공간의 파괴와 생성-성남과 분당사이》를 계기로 조직된 〈성남프로젝트〉는 1960년대 후반 서울의 근대화로 밀려난 이들을 위한 도시로 급조돼, 최초의 도시봉기로 불리는 '광주대단지사건'의 발생지가 된 성남을 주제로 삼습니다. 그런데 1980년대 후반에 들어 서울의 중산층을 위한 교외도시로 기획된 분당이 성남의 행정구역 안에 들어오게 되지요. 이렇게 20년의 시차를 두고 서로 다른 이유로 들어선 두 신도시를 바로 논의의 대상으로 삼았던 작업이《공간의 파괴와 생성》, 뒤 이은 〈성남프로젝트〉입니다. 이 둘은 사진, 오브제, 다이어그램, 표, 다큐먼트, 영상 등 다양한 매체를 활용해 두 지역 간의 불균등한 발전의 양상, 그리고 외상적 근대화의 흔적을 다룹니다. 주제는 민중미술적으로 보일 수 있겠지만, 다양한 매체의 활용을 통해서 힐난조나 설교조에 기대지 않고 20세기 후반 한국의 문제적 도시화를 비판적 논의의 대상으로 삼았다 할 수 있습니다.

당시에 작가들과 성남을 둘러볼 시 "눈이 많이 오면 차들이 미끌어지기도 한다" 이런 얘기를 듣기도 하였는데, 이렇게 비탈길에 대한 인상이 기울기를 측정하는 작업으로 이어지기도 합니다.(〈성남 비탈길 측정〉, 1998) 잘 알려진 작품 중 성남의 공공미술품 혹은 환경조형물을 조사해서 제목, 재료, 장소, 가격을 전체적으로 표로 작성한 작업이 있어요. 사실 한국에서 공공미술이라는 것이 공적인 이해와 무관하게 사적 이익에 복무하는 미술이 되어 왔습니다. 오히려 여러 의미에서 공적인 대상으로서 미술을 생각했을 때, 당시 주민예술이라는 타이틀로 붙여진 다양한 도시구조물, 혹은 버내큘러 아키텍쳐(Vernacular Architecture)와 같은 것이 발견됩니다. 주민들이 편의에 따라서 바꿔 만들어낸 다양한 건축적인 면모입니다. 법 상으로는 문제가 있었을 법한 소지의 것이나, 오랫동안 있어온 인포멀 아키텍쳐(informal architecture)로 달동네와 같은 도시공간에서 비일비재하게 볼 수 있습니다. 또 다른 예로, 주민들이 자기 집 앞에 주차하지 못하도록 시멘트로 굉장히 무겁게 해서 갖다 둔 것, 우체통과 같은 시설이 비가 오면 맞게 하지 않게 하려고 플라스틱 패트로 만든 것도 있습니다. 이런 것들이 조형적으로 건드리는 부분이 있습니다. 익명의 디자인이 오히려 더 공공적으로 보이기도 합니다. 퍼블릭이 만들어낸 이런 것들이 미술작품이지 않은지를 거론한 게 굉장히 재미있었다 생각합니다. 근대화에 대한 비판일 뿐만 아니라 양분된 도시화, 그리고 환경조형물이 도시에 배치되지만 결국에는 사적 이익에 복무하는 것을 밝혀 보이지요. 또한, 그것에 반대해서 버내큘러 아키텍쳐가 사람들의 필요에 따른 것이지만, 어떻게 보면 훨씬 더 자발적인 미학과 연관된 것이 아니냐라는 관점입니다.

이와 같이 90년대 말에 이어지는 새로운 시도가 진공상태에서 등장한 것이 아니고요. 소위 말해서 '비판적 문화이론', '상황주의', '정치적 개념주의', '장소-특정적 미술' 등 90년대 말 한국에 도래했었던 미술이론이나 미술담론이 주요한 영향이 될 수 있습니다.

한편으로, 〈성남프로젝트〉는 과연 어떤 도시적 조건 속에서 나왔는가 이런 당연한 연관관계를 접근해 봅시다. 이게 일종의 한국의 미술가들이 도시에 대해서 얘기를 하고 쓰려고 했던 계보 중에 하나라 가정할 때 80년대 초에 〈현실과 발언〉 같은 일상과 이웃에 대한 관심, 대중문화와 도시의 시각환경에 대한 일종에 양가적인 접근법들, 그리고 또 민중미술에서 중요했던 것이 억압된 역사를 새롭게 복원하는 문제였습니다. 그때 동학, 6.25 같은 것들이 주제가 됩니다. 마찬가지로 〈성남프로젝트〉도 광주대단지사건 같은 사건을 일종의 논의의 테이블로 끌어올리는 역할을 했다는 점에서 80년대의 민중미술과 연관이 있다고 생각할 수 있구요. 그리고 또한 이 〈성남프로젝트〉는 어떤 면에 있어서는 90년대 초에 있었던 소위 신세대 혹은 키치 논의, 담론과도 연관되는 부분이 있다고 생각합니다. 버내큘러적인 요소들을 흥미롭게 바라보는 지점이라던지, 구체적인 지역에 초점을 맞춘 르포르타주(reportage), 아카이브적 특징과 관련해서 《압구정동 유토피아 디스토피아》(1992)展을 예로 살펴보면, 개념, 문자와 사진과 표를 이용한다는 점에서 개념미술적 외관을 띠고 있으면서, 동시에 달동네 재개발 같은 그런 이슈를 다루는 작품이 있었어요. 민중미술로부터 온 것은 역사학자, 역사가로서의 미술가였다면, 90년대 신세대로부터 받았던 것은, 연관된다면 인류학자로서의 미술가 그런 모델이 작동했다고 볼 수 있을 것 같습니다. 90년대 말 김태헌 작가의 작업, 〈성남프로젝트〉, 그 시기를 특정 지을 수 있는 공간적인 배경이라 할 수 있습니다. 이때 'IMF 위기', 신자유주의의 전면화 이런 얘기들을 빼놓고 얘기하기 어려울 것 같다는 생각이 듭니다. 그것과 동시에 포럼에이 같은 잡지에서 한국미술을 보다 더 비판적인 그런 차원으로 끌고 가야되는 것이 아닌가라는 논의들도 등장을 했었죠. 이렇게 일종의 민중미술을 복구하거나 갱신해야겠다라고 하는 시급한 요청이 강하게 부각되고 있던 시기에 성남프로젝트가 동시에 진행이 되었던 것으로 저는 기억을 합니다. 실제로 민중미술이 이렇게 조금 변화된 시대 속에서 쇠락한다라는 생각을 90년대 초중반에 했었는데, 그럼 그걸 어떻게 넘어서야 하냐라고 말할 때, 이렇다 할 모델이 사실 잘 등장하지 않았던 상황속에서 98년 김태헌 작가의 작업, 성남프로젝트가 소위 대항적인 것까지는 아니더라도 비판적 차원에서의 미술실천의 모델이 될 수 있겠다고 생각합니다.

그때 그럼 과연 도시는 어떠했을까요. 그 시기 도시는 일종의 달동네라고 부르는 스카이라인에 고층아파트들이 들어서고 있었습니다. 예전에는 산동네인 곳이 지구로 묶이고, 높은 아파트 단지들이 들어서던 그 시기죠. IMF 이후에 건설경기를 추동시켜 경제를 활성화시키려고 하는 요청 속에서 제도가 많이 완화되는 시기로, 다양한 재건축, 재개발 사업이 있었고 도시 또한 기업가주의적으로 변하는 그런 시기라 언급할 수 있겠죠. 사실 도시라고 하는 것은 오랫동안 한국에서 기대섞인 차원이 많이 작동하고 있었습니다. 특히 60년대 말 같은 경우가 그랬구요. 도시가 변모하는 것이 더 나은 삶으로 가는 물질적인 지표, 혹은 징후 같은 걸로 여겨질 수 있었다면, 이 시기의 도시가 변화하는 것은 조금 더 잘살게 되어 좋다 이런 느낌보다는, 굉장히 갈라지고 나뉘어지고 하는 것에 가깝지 않았나 생각을 해요. 경제적 파국의 충격, 사회적 불안, 강제적 이주의 위협, 뿌리 뽑힌 경험 이런 것들이 세기말로의 전환기에 도시에 대한 재현 속에 많이 작동하고 있었던 것이 아닌가. 그리고 그것과 연결되어서 도시를 바라보는 문화생산이 많이 등장한 것이지 않을까 생각을 해봅니다. 플라잉 시티의 작업이나 강홍구 작가의 작업 등 계속해서 재개발이나 재건축장소가 사진 이미지로 많이 등장을 하고. 거기서 버려진 물품 같은 것들이 또 전시가 되기도 합니다. 어떻게 보면 이러한 것들이 촉발되는 시작에 〈성남프로젝트〉가 놓여있었다 생각합니다. 흔히 한국에서 장소특정적 도시 프로젝트라고 말할 수 있는 것이 부상하는 사태가 진행된 것이죠. 새로운 밀레니엄 시대에 어떻게 보면 민중미술 이후에 새로운 비판적 실천의 하나로서 주요한 모델이 되었다라고도 볼 수 있습니다.

90년대 말 도시 프로젝트 혹은 도시 탐색을 진행하는 다양한 미술실천의 등장에 있어서, 우리는 지금 포스트 민중미술 이후의 실천이라고 하는, 비판적 실천이라는 것만 생각 했는데요. 동시에 미술가가 도시에 대한 관심이 폭증하는 데에는 지방자치의 면모가 자리를 잡고, 지자체에서도 도시 공간을 이벤트화하고 스토리텔링을 만들고 하는 차원과 연관이 되는 부분이 있습니다. 공간의 지배적인 생산과 재현에 개입하고 균열을 내고자 하는 예술가들이 실천이 있었다면, 동시에 95년 지방자치제의 본격적인 재개로 인해서 문화이벤트를 통해 지역활성화의 계기를 마련하는 것은 행정기관이나 관련문화재단의 관심이기도 했습니다. 저는 이 전시를 보지는 못했는데요, 성남프로젝트의 전시(《성남과 환경미술》, 1998년 10월)가 성남시청에 열렸다는 게 흥미롭다고 생각했습니다. 이것은 에피소드 이상의 전조의 성격을 갖는데요. 어떤 식으로든 전시를 성남과 연관된 일종의 문화행사로써 이해하는 행정기관, 그리고 2000년대 이후 다양한 미술프로젝트가 한국의 미술계에 논의하는 데 있어 서로 다른 의도, 다른 비전에서 만나는 경향이 있었다고 볼 수 있습니다. 이 모든 것들을 고려해야 도시 프로젝트라고 불리는 것의 활성화를 이해할 수 있는 것이 아닌가 라는 겁니다. 행정단체들이 미술 프로젝트에 관심을 갖게 되면서 비판적인 개입과 반대로 부드러운 도시에 대한 프로모션, 혹은 지역 정체성을 해체하고 재구성하는 뿐만 아니라 어떤 의미에서는 지역정체성을 전형화시키는 것도 동시에 진행되었습니다. 그래서 미술 프로젝트들은 일종의 공공성과 공리성을 오가는 쟁점에 노출되게 된다 라고 생각해 봅니다.

그리고 의도와 무관하게 혹은 그것에 반하는 방식으로 미술이 지역 활성화의 다른 이름인 젠트리피케이션, 더 나아가는 도시경제의 재구조화에 기여한다는 외국에서의 논의들이 있었는데, 이는 사실 그 전까지만 해도 한국의 일은 아니었거든요. 근데 2000년대 들어서 "정말 그런가?" 하던 일들이 이후에 실제로 벌어지게 됩니다.

성남프로젝트나 이후에 도시적 실천이 전개되는 상황에는, 또 한국미술이 국제적인 비엔날레의 순환회로에 진입한 것과 무관하지 않습니다. 왜냐면 지역성이라고 하는 주요한 이슈가 되는 것이 필연적으로 특정한 장소에 대한, 문헌적인 접근, 아카이브 접근, 혹은 민족지학적 접근을 활성화하는 경향이 분명히 있어요. 또한 동시에 흥미롭게도 클레어 비숍(Claire Bishop)이 일종의 사회적 전회(the social turn)라고 말하는 90년대 서구 미술에서는 일종의 미술의 사회적 전환이 일어나는데, 이 때의 한국 미술의 사회적 전환과 상당히 영향이 있습니다. 당대 전 지구적인 흐름과도 무관하지 않은 미술 작품들이었어요.

지금까지 1990년대 말과 2000년대 초에 한국의 미술가들이 굉장히 특정한 지역 혹은 특정한 도시로 가서 그것과 관련된 실천들이 나오게 된, 여러 형성력들을 얘기해 봤는데요. 그 다음에 제가 던지는 물음은, 제가 최근에 심소미 큐레이터가 기획한 《환상벨트》(2018) 전시를 보고, 《서브토피아》(2017) 도록을 보면서 느낀 생각은 〈성남프로젝트〉 이후로 계속해서 도시와 관련된 실천이 진행이 되었는데…갑자기 문득 그런 생각이 들었어요. 왜 20년 전에 도시 프로젝트라는 것이 왜 성남에서 시작됐지? 왜 다른 곳이 아닌 성남이었지? 물론 다른 곳이었을 수도 있겠지만 왜 성남에서 시작되었고, 왜 성남에서 된 그 프로젝트가 이후에 많은 시작점처럼 얘기될 수 있을까. 지금 한 번 돌아보면, 그게 왜 그때 성남이었을까. 사실 그래서 일종의 가설 같은 것은 어떻게 보면 그때 성남이 일종의 이원적인, 성남과 분당 이렇게 선명하게 나뉠 수 있는 이원적 도시구조가 작동하고 있었기 때문이 아닐까. 그 말을 거꾸로 하자면 서울은 뭔가 다른 식으로 변화되고 있던 게 아니었나 하는 겁니다. 물론 그 당시에 서울도 이원적인 도시구조, 흔히 말해서 많은 것을 가진 곳, 그렇지 못한 곳 이렇게 나눠서 얘기할 수 있는 것은 분명히 있었겠지만, 뭔가 그 세계를 총체적으로 파악하는 것, 도시를 통해서 세계를 파악하는 것이 서울에서는 조금 어려워진 탓이지 않았을까 이런 생각을 해보는 겁니다. 자본주의가 굉장히 심화되고 발전되고 하면서 서울은 이미 조금 피아(彼我)가 구분되지 않는 그런 사태로 진행되고 있었고, 성남은 오히려 그런 측면에 있어서는 그 예전의 흔적들이 계속 남아 있었기에 그것이 선명한 어떤 것으로 받아들여지지 않았을까. 제가 이 생각을 왜 하게 됐냐면 《압구정동 유토피아 디스토피아》(1993), 그 전시의 도록이나 거기 쓰여진 글 같은 걸 보면, 압구정동, 신세대, 오렌지족 이런 표현이 많았기 때문에 다분히 도덕적으로 접근한 면이 있지만 '사실 거기도 사람 사는 곳이다', '거기도 어떤 도시의 재현이 있다' 식의 표현이 나와요. 도시의 어떤 곳이 특별하게 더 문제적이고, 도시의 어떤 곳은 아닌 것인지 도시를 이분법적으로 보는 구도가 약간 흔들리고 있었던 것같은 느낌을 받죠. 이분법적으로 나뉘지 않는 어떤 곳, 그것에 비해서는 어떻게 보면 근대성의 폭력이 등록되어 있는 것이 보다 더 가시적인 도시가 바로 성남이지 않았을까? 이런 생각을 문득 하게 된 겁니다. 서울은 조금 그런 면에 있어서 불투명해지기 시작하는 시점이었던 것이지요.

더불어, 미술가들에게 언제부터 세계는 알 수 없는 것이 되었는지에 대해서도 생각을 해보게 되었습니다. 뭔가 세계가 알 수 없는 것, 불투명하다고 느낀 때가 언제였을까? 한국에서는 1990년대 초가 전환기였다고 생각해요. 민중미술 쪽 계열의 글들을 보면 '전선의 사라짐', '모순의 복합성과 불투명성' 이런 얘기들이 나오게 되거든요. 80년대에는 피아로 세계를 보았기에 투명하게 볼 수 있는 어떤 세계가, 90년대로 넘어가면서 그게 조금 예전같지 않다. 어떻게 포지셔닝을 해야 할지 모르겠다 혹은 무기력하다 이런 얘기가 등장을 합니다. 물론 한국의 모든 미술가들에게는 그렇지는 않았지만 세계가 변하는 것과 자신의 미술을 계속해서 연동해서 생산해왔던 이들에게 분명히 그때 세계는 투명한 게 아니게 되는 때였어요. 이걸 다른 말로 하면, 일종의 자본주의가 고도화되면서 어떤 전복의 힘들을 모아내는, 외부에 점 같은 것들이 사라지는 것이라 할 수 있습니다. 사실 모든게 다 내재화, 물론 이런 정도까지 생각한 건 아니었지만, 그 이전에는 어떤 외부가 있습니다. 민중이 있고 노동자가 있고 외부가 있어서, 아르키메데스의 점처럼 자본, 세계라는 것을 지렛대로 들어올릴 수 있는 것이라고 생각을 했었죠. 그런데 90년대로 넘어가면서 착종이 되었고 외부가 없다는 이런 생각을 하게 된 것은 아닌가. 서구에서는 '후기산업사회(Post-industrial society)' 혹은 '통제사회(society of control)'나 제국(empire)'이라 불렀던 것입니다. 모든 것들에 이렇게 내재화되어 있는 상태의 기미를 90년대 초부터 느꼈던 것이 아닌가 생각해 봅니다. 실제로 이 시기 김우창 선생의 「국제공항-포스트모더니즘 상황에 대한 명상」을 보면 안과 밖이 없다는 등 이런 얘기를 계속하게 됩니다. 외국 이론의 영향과 무관한 글은 아니지만 뭔가 한국에도 포스트모던적 조건이 도래하는 것에 대한 어떤 느낌을 쓰신게 아닌가 합니다. 물론 한국이 그 당시에 포스트모던적이다 이렇게 말할 수는 없어요. 당시 프레드릭 제임슨(Fredric Jameson)과 백낙청이 서로 얘기할 때, 한반도에는 제 1,2,3세계가 모두 다 있다 이렇게 얘기를 했었습니다. 고도의 자본주의, 북한(공산주의), 그리고 3세계성 이 모든 것이 다 갖고 있기에 오히려 훨씬 더 생산적이고 긴장 어린 문학생산이 가능하다고 해요. 이렇게 추켜세운 그 논리인데요. 그래서 비동시적인 것이 동시에 놓여있는 상황이기 때문에 어떤 포스트모던적이라고 불리는 상황이 전면적이다 이렇게 말할 수 있는 것은 아니겠지만 그럼에도 불구하고, 뭔가 변모하는 도시를 굉장히 알고 싶어하고 그것을 알고 싶어하지만 잘 모르겠으니까 도시에 대한 궁금증을 말하는 그런 논의들이 등장합니다. 저는 이를 일종의 도시비판 논의와 같은 것들이라고 보고 있습니다.

　미술 평론가와 문화이론가들이 서울을 읽는, 어떤 동네를 읽는 글들이 90년대 초중반에 계속 등장을 하죠. 『문화/과학』이나 리뷰 잡지를 통해서도 나오기도 합니다. 도시를 읽는 것이 굉장히 중요해지는 그런 때에요. 서울을 읽는 다양한 논의들이 나오는데, 어떤 글들은 모든 도시화, 도시의 변모나 시각문화 같은 것들이 고도화된 자본주의의 어떤 표상처럼 말하기도 하지만, 또 어떤 사람들은 인류학적으로 글을 써내려 가면서 다른 특정한 문화가 만들어지고 있다라고 논의를 합니다. 이분법적인 논의가 조금 복잡해지기 시작하고, 또한 뭔가 폭로하는 논의가 그래서 뭐 어떻게 할거야 하는 논의가 사실 90년대에 있었다는 거든요. 확실치 않고 도시가 잘 모르겠는 것처럼 이 세계가 명확했었는데 명확하지 않게 되는 그 상황이 진행되면서 과연 어디에 포스트를 찍고 뭔가 새로운 실천, 혹은 새로운 비판적 미술이 가능할까 고민하던 것입니다.

뭔가 명확치가 않은 그 사태 속에서 성남은 명확한 어떤 것으로 등장하지 않았나? 이 지점을 제가 생각해보는 것입니다. 그래서 이런 배경 속에서 성남은 모순이 노골적으로 드러나는 장소로서, 그래서 비판적인 실천이 문제적 대상으로서 선명하게 드러났기에, 그것으로부터 뭔가 다시 시작되지 않았나. 즉 구시가와 신시가 간의 불균등 발전의 현저함은 그 문제적 지역에 대한 일종의 선명성의 감각을 제공했어요. 두 도시의 공동생산을, 또한 성남과 서울과의 관계를 또 고려해보면 선명성은 또 배가 되는데요. 마치 우리가 오랫동안 갖고 있던 위성도시 개념이 있죠. 사실 그 모델, 아직 어떤 면에서는 계속 유효한 모델로서도 이해할 수 있게 선명한 어떤 것이지 않았을까. 그래서 경기도의 도시는 자율적이기라기보다는 서울을 위한 특정 기능이 할당된 곳, 그래서 군사지역, 그린벨트, 카페촌, 러브호텔, 베드타운, 폐기장 같은 것들이 모여 있는 곳으로 비쳐질 수도 있고, 서울과 질적으로 다른 곳이 아니라 서울에 비해 덜하거나 더한 곳으로 드러나는 곳이기에 훨씬 더 선명하게 보이는 것이 아닌가. 이렇게 생각을 하니까 사실 〈성남프로젝트〉에서 드러나는 선명한 면모가 이해가 되고, 《환상벨트》 전시에서 봤던 최근의 도시주의 프로젝트에서는 더이상 잘 보이지 않게 되는 것으로 생각이 되었어요. 갑작스럽게 펼쳐진 노는 땅, 쌓여있고 덮여져 있는 물건들, 끝이 보이지 않는 아파트 단지, 완공되기 전에 이미 유행이 지나버린 건물들, 자연과 인공물의 서툰 병치 이런 것들이 이제 최근의 글들이나 이미지 자체에서 보입니다. 저는 그것들이 한 마디로 정의할 수 있는 것은 아니지만, 거기서

경기도는 잘 알 수 있는 곳이라기 보다 굉장히 잘 모르겠는 어떤 곳으로 등장하는게 차이가 아닐까라는 생각을 했습니다. 왜 그럴까요? 어떤 총체성에 대한 믿음의 폐기로 인해서 접근의 방식이 그런 식으로 되어버린 것인지 아니면 실제로 경기도 자체가 모르겠는 어떤 것으로 되어버린 것인지? 저는 확실치 않습니다. 아마도 그것에 대한 대답이 이제 한국의 지역 특정적 미술프로젝트가 20년이 지난 지금 뭔가 새롭게 생각해봐야할 질문이 아닐까? 이렇게 생각을 해봤습니다.

[대담] 김태헌 X 신정훈

신정훈　김태헌 선생님이 나오셔서 계시니 선생님의 작업 궤적 속에서 조금 더 이야기를 해보면 좋지 않을까 합니다. 그래서 제가 이미지를 한두 개 가져온 것이 있습니다. 민중미술 도록에 94년 선생님 작업도 나와 있습니다. 이후의 작업도 나오는데 관련해서 이야기를 해주시면 좋을 것 같습니다. 20대에 이렇게 상품광고나 대중문화를 활용하는 것에 관심을 가지신 거지요?

김태헌　저는 제가 살고 있는 주변 이야기에 관심이 많아요. 이것은 첫 개인전 때 작업이며 작품명은 '잘 키운 딸 하나 열 아들 안 부럽다'는 박정희 때 구호죠. 그렇게 키운 딸들이 90년대 자본의 상품과 만나면서 일종의 꽃을 피운다는 내용의 작업이죠. 보시기에 따라 달리 해석해도 좋구요. 작업 이미지는 당시 유명한 모델들, 배우들입니다. 이런 이미지들이 우리 삶에 어떻게 관계하는지? 그런 얘기죠.

신정훈　그러면 선생님의 대중매체, 시각매체에 대한 관심이 이후에 98년 성남에 대한 작업과 어떻게 연결되는지요?

김태헌　서른둘에 결혼을 하며 서울에서 성남으로 들어오게 됐죠. 그때가 95년이에요. 그 해에 금호미술관 전시를 하고 나서 큰 병이 났고, 그렇게 쉬며 집에서 지내게 되었지요. 그런데 지내는 집이 너무 좁아, 뭐! 성남의 집들이 다 그렇죠. 어쨌든 집 안이 답답해 동네 골목길을 천천히 다니게 되었죠. 안보이던 것들이 보이고 재미 있더라구요. 세 살던 저희 집이 태평동 꼭대기였는데, 옥상에서 보면 분당도 보이죠. 성남 구시가지와 비교가 되선가 분당의 하얀 아파트가 궁금해 버스 타고 분당까지 나갔죠. 그러다가 구시가지와 신도시가 공존하고 있는 성남도시공간에 관심을 갖게 된 거죠. 몸이 점점 회복되면서 성남의 더 많은 골목길을 걸어다녔고요. 그때는 아무 생각 없었어요. 기록이나 할 생각으로 카메라 들고 계속 찍고 다닌 거예요. 그렇게 몇 년이 지나고 몸이 좋아지자 이걸로 얘기하고 싶더라구요.

그래서 심광현 선생님을 찾아가 성남 이야기를 했어요. 자문을 구하고, 다양한 방식으로 작업 준비를 하면서 전시를 하게 되었죠. 당시 주변 분들에게 많은 도움을 받았죠.

신정훈　그렇게 준비하신 전시가 97년 개인전이지요. 전시가 크게 3개의 구성이 되어 있었던 것 같아요. 무궁화 작업하고, 그리고 성남, 분당 도시 사진하고, 그리고 초등학교 조형물 기록입니다.

김태헌　당시 작업했던 성남 초등학교 공간은 지금도 예전과 별 차이가 없더라구요. 얼마 전에도 한 번 가봤었는데. 소녀상이 있고, 이승복 동상도 있어요. 신사임당도 있고. 푯돌에 새긴 교훈 같은 것도 여전히 있죠. 서울만 벗어나면 학교 안에 이런 어떤 이데올로기적인 이미지가 많죠. 성곡미술관 전시는 3개 층에서 진행됐고 그 중 성남의 도시공간을 크게 다뤘죠. 나머지 둘 중 하나는 학교 공간이었고 제 작업이야기였어요.

신정훈　개인전 이후 98년에 이 전시에서 소위 성남프로젝트로 전개된 상황에 대해서 설명을 해주세요.

김태헌　아까 말씀드렸듯이, 성곡미술관 전시 〈공간의 파괴와 생성-성남과 분당사이〉는 많은 분들의 도움을 받았는데 그 중에 박찬경 작가도 있었지요. 전시가 끝나고 그의 제안으로 성남의 또 다른 담론을 진행하게 되었죠. 바로 성남프로젝트입니다. 오늘 이 자리에 믹스라이스의 조지은 작가도 와있는데, 그때 함께 했습니다. 임흥순, 김홍빈, 박용석, 손혜민, 박혜연 작가도 참여했고요. 당시에 참여했던 작가들이 도시공간을 바라보는 방식이 유연하고 기발했죠. 많이 배웠죠.

신정훈　성남프로젝트의 전시 제목이 정확이 어떻게 되는지요?

김태헌　성남프로젝트의 첫 번째 작업은 〈성남 모더니즘〉과 〈성남과 환경미술〉입니다. 작업으로 다이아그램, 옷과 양말, 비탈길 기울기, 미니어처, 건축물미술장식품, 의류공장이 있었죠.

신정훈　　일종의 아카이브 전시 같은 그런 형태가 나온 거구요. 두 번째 전시는 어땠나요?

김태헌　　두 번째가 〈모란장 그 공간의 의미〉(1999년 10월 13일-10월 17일, 성남시청로비)입니다. 모란장에 대한 리서치죠. 이때 모란상인회장님의 도움을 많이 받았어요. 모란장은 예전에는 사진 찍기가 어려웠죠. 개 시장으로 민감했거든요. 잘못 찍으면 큰일나요! 상인회 도움으로 기록을 남길 수 있었죠.

신정훈　　그 무엇보다 당시 선생님 전시하고, 성남프로젝트 전시가 어떻게 있었고 어떤 모습이었는지 보여드리는게 사실 어떤 다른 말보다 중요하다 생각해서 이런 시간을 가졌습니다. 그리고 사실 개인적인 질문인데, 성남프로젝트가 지나오는 과정에서 선생님의 작업이 어떤 식으로 전개되는지 잠깐 얘기를 해주시면 좋을 것 같습니다. 〈화난중일기(畵亂中日記)〉 전시를 제가 2000년대 초에 봤던걸로 기억하는 데요.

김태헌　　성남프로젝트가 끝나고 작업을 하는 것은 제 주변에서 일어나는 소소한 일상들을 기록하는 것이었죠. 작은 1, 2호 캔버스에 그림을 그리고, 거기에 관련된 글쓰기를 했어요. 그런 작업을 했던 이유는 제 일상을 좀 더 꼼꼼하게 점검하기 위해서죠. 그동안 우리문화는 거대담론만 얘기하고 일상의 미시담론에서는 빠져나가는 게 많거든요. 가령 작업을 통해 사회적 이야기를 하면서도 자신의 일상에선 그렇지 않거든요. 이율배반적이죠. 저 역시도 마찬가지였죠. 그런 점에서 일기 방식의 작업은 나부터 점검해보는 시간이었어요. 거기엔 아주 사적인 집안 이야기도 있지만 도시공간 얘기도 있어요.

신정훈　　이런 얘기는 너무 추상적인 질문이라 드리기가 그렇긴 한데요. 저도 사실 혼자 고민하는 부분이기도 합니다. 도시, 일상공간과 연관한 작업을 한다라는 것을 오랫동안

해오셨고 지속을 해오셨습니다. 그걸 뭐라고 설명을 할 수
있을까요? 어떤 의미로 선생님께서 그런 작업을 하게 되시는
건지, 혹은 추상화시켜 얘기를 해본다면 도시와 미술 관계라는
것을 어떻게 좀 이해할 수 있을까요?

김태헌 사실은 재미 있어서 하는 거죠. 재미
없으면 안 하죠. 뭐든 관심만 가지면 흥미롭지
않나요? 도시공간도 마찬가지죠. 성남을
궁금해하고. 그런 걸 따라다니다 보니 흥미로운
지점을 발견하게 된 거죠. 그리고 그것들은
소소하게 그리는 제 그림과도 연결되어 있죠. 그런
것들이 재미 있어요. 그게 보이니까 즐겁게 하는
거죠. 그런데 예전처럼 1년 단위로 프로젝트화
시켜서 스스로 조사하고 그러진 않아요. 느긋하게,
느린 방식으로 하죠. 예전에 저는 뭐든 시작하면
몸이 망가지도록 끝장을 보는 스타일이었죠. 이젠
조심하죠. 두 번째 질문은 앞서 언급한 대로 모든
게 연결되어 있으니, 미술과 도시 역시 그렇죠.
거칠게 말한다면 삶이 미술이고 그 삶의 장소가
도시공간이니 '도시공간과 미술'의 문제는 어떻게
관계하느냐가 중요하겠죠. 그 중요성을 인식한
사람에겐 도시공간은 미술의 원전元典이겠죠.

신정훈 최근 성남의 풍경은 이제 그 산등성이가 더
올라가 많이 변했지요?

김태헌 네, 성남 기존 시가지가 재생과
재개발로 엄청나게 변하고 있어요. 문제는 정작
성남쪽에선 별 관심이 없다는 거예요. 시민들은
재개발에 관심이 있고, 관은 왜 중요한지 인식
자체가 없어요. 몇몇 사람들이 간간히 기록을
하고 있지요. 그 기록도 대개가 외부인이고요

신정훈 여기까지 오시는 관객분들이 일정부분

호기심도 있으시고, 궁금한 것도 있으실 것이라 생각이 됩니다. 김태헌 선생님한테도 그렇구요. 질문이나 갖고 계신 궁금증, 전반적인 사실관계에 대한 확인 등 얘기를 해주시면 좋을 것 같아요. 관객분들과 대화를 이어가겠습니다.

관객1   안녕하세요. 도시를 가지고 작업을 한다는게 무슨 의미인지 생각해보게 되는 자리였습니다. 예를 들면, 소개해주신 기울기 작업이 굉장히 흥미로웠습니다. 길가다가 어 여기가 되게 가파르다 라고 사적으로 느끼는 작은 것과 그게 이제 더 넓은 공간의 특성이네라고 확장되는 그런 면들을 흥미롭게 봤거든요. 조금 더 설명 들을 수 있을지요?

김태헌   엇. 기울기 작업한 작가(조지은)가 저기 와있네요. 마이크를 저쪽에 주세요.

조지은(믹스라이스)   원래 성남이 김태헌 선생님 얘기하셨던 것처럼, 오르막이나 내리막이 엄청 많아요. 저는 학교를 막 졸업하고 성남프로젝트를 같이 했던 거라, 성남이 저한테는 학교 근처였던 거예요. 맨날 바깥에 뭘 살려고 돌아다니는 동네가 성남이었던 거였고. 김태헌 선생님에게 성남은 사시는 동네였던 거죠. 그래서 오르막 내리막을 사진을 찍으면서 왔다갔다했는데, 기울기를 어떻게 하면은 보여줄 수 있을까를 생각하다가 작업을 하게 되었어요. 간단하게 저렇게 네모를 가지고 가서 시멘트를 부으면 기울기가 떠지잖아요. 그때 전시를 두 번 했었어요. 하나는 서울시립미술관 〈도시와 영상〉(1998) 전시에서 했고, 하나는 서울시청에서 했는데 그게 시기가 같았어요. 그래서 이제 두 개를 만들어야 되잖아요. 그래서 하나는 길에서 만들고, 하나는 이것을 떠내어 만든 복제본이에요. 이걸 밤새도록 해서 두 군데다 보내고, 나중에 전시를 할 기회가 있어서 지하철로 가다가 거푸집을 놓고 내렸어요. 그래서 다시 만들었던 기억이 납니다.

325

신정훈   네 잘 들었습니다. 다음 질문 있으신지요?

관객2   안녕하세요, 강의 잘 들었습니다. 간단한 궁금증인데요. 아까 선생님께서도 말씀하셨는데 성남시청에서 전시를 하셨잖아요. 그게 저도 좀 낯선 느낌이었어요. 어떻게 시청에서 전시를 하게 되었는지 직접적인 계기와 주변 반응 등이 궁금합니다.

김태헌   사실 성남에서 전시할 공간이 많진 않죠. 지금도 마찬가지구요. 이건 다른 이야긴데, 2007년에 성남아트센터에서 전시기획을 해 달라고 제안이 왔었죠. 〈우리동네 문화공동체 만들기〉전시였죠. 아트센터에선 내부 전시장을 제안했는데, 제가 아트센터 외부계단 전시를 역제안했죠. 이곳이 가장 많은 사람들이 다니는 통로였죠. 그래서 계단에 성남구시가지 주거공간을 20% 줄여서 전시공간으로 만들었죠. 참고로 성남 주거공간은 대부분 20평 분양지로 지하 방, 1층, 2층, 옥상으로 되어 있어요. 여기선 지하방을 제외하고 꾸몄죠. 그리고 그동안 성남에서 공공프로젝트에 참가했던 작가분들의 작품을 설치했어요. 언제부턴가 전시는 작품뿐 아니라 디피도 중요하게 되었으니, 저도 이런 전시를 기획하게 된 거구요. 마찬가지로 성남프로젝트도 그런 취지에서 진행되었구요. 당시 구시청 로비는 꽤 넓었죠. 전시공간으로는 별로였지만, 많은 시민들이 접근하던 장소였으니 성남 이야길 보여주기에 아주 적합한 장소였죠.

관객3   말씀 감사합니다. 저는 속물적 인간이어서 그런진 모르지만, 성남프로젝트를 떠올린게 90년대 초반에 아는 분이 분당 아파트에 당첨돼서 구경갔던 기억이 떠올랐어요. 그때 분당 당첨되는 것이 그때 로또에 버금가는 거였거든요. 그때 그거를 아파트 보고 나서 가는 길에 성남을 지나가는데, 아까 작품에도 나왔던 경사가 저도 인상에 남아요. 너무 선명하게 대비가 됐었거든요. 아까 작품에 나온 제목, '성남과 분당 사이'를 그 당시 90년대에는 분당을 꿈꿨던 성남이 아니었던가,

생각을 했었습니다. 제가 여쭤보고 싶은 것은 아까 신정훈 선생님께서 왜 장소로서 성남이었던가를 지적하셨는데, 그 당시에서 서울에도 도시 관련 미술 프로젝트가 많지 않았나 여쭤보고 싶습니다. 제가 떠올린 것은 조은 교수님의 『사당동 더하기 25』로 인류학적이고, 사회학적 접근이긴 하지만 서울에는 더 다양한 방법도 있지 않았나 해요. 김태헌 작가님께 여쭤보고 싶은게 아까 애정도 말씀을 하셨지만 분노도 많이 느껴지거든요. 그러면서도 도시에 대한 희망사항? 작가님께서 끝까지 간직하고 계신 희망사항은 무엇일까 궁금해졌습니다.

<u>신정훈</u>   예, 굉장히 좋은 질문이라고 생각됩니다. 제가 아까 말씀드렸던 것은 서울의 도시재현이 없었다는 것은 아니구요. 왜 성남이었냐 하는 것은, 성남에 대한 작업이 훨씬 작업이 명확하게. 뭐라고 할까요. 세계가 약간 나뉘어져 있다는 것을 강하게 얘기할 수 있는 공간이지 않았을까라는, 그런 생각이었습니다. 반면에 서울은 그럼 어땠을까? 서울도 분명 당시에 찾으면 다양한 것들이 있다 생각하는데요. 『사당동 더하기 25』에서 제가 느꼈던 것은 도시공간은 이분법적으로 나누어져 있을 때에 일정 정도는 사회적이거나 그런 혜택이 덜하는 공간에서, 뭔가 조금 긍정적인 것을 찾고자 하는 열망이 사실 있습니다. 달동네라고 부르는 곳이든 혹은 어느 곳이든 간에 사실 그 안에 뭐가 있다 하는 내러티브가 오랫동안 도시재현에 있었죠. 90년대 2000년대 넘어가면서 재개발되고 재건축되면서 없어지고, 혹은 거기에 있는 사람들이 더 이상 있지 못하기에 다른 곳으로 이주를 하는 데, 그 때는 그런 분들이 모여있는 곳, 가시성을 갖고 모여있는 곳이 없어지기 버리기 시작하는 것 같아요. 마치 영화 〈기생충〉에 나오는 것처럼 굉장히 다른 방식으로, 가시성마저 사라져 버리는 것이에요. 예전에 달동네라는 것이 가시성을 갖고 있었거든요. 그 가시성을 갖고 들어가면 삶의 긍정적인 면을 갖고 들어오기도 합니다. 그런데 2000년대 부터는 뭔가 그런 가시성마저 사라져가는 겁니다. 저는 조은 선생님 그 글이 사실 정확히 그렇다고

생각했어요. 87년, 88년 이때 사당동은 나름 모여서 사는 무엇이었다. 그 이후에는 그런 것들이 원자화되고 찢겨져버려서, 그들 사이에 유대감이나 서로에게 도닥거리는 그런 상황 마저도 사라져버리는 리포트로 보고 있습니다. 뭔가 더 이상 그런 차원에서 서울에서 포착할 수 있는 것이 좀 사라져가고 있기에 상대적으로 성남이 눈에 들어오는 것이 아닌가 생각을 했었습니다.

김태헌   저는 결과에 관심이 없어요. 과정 속에서 뭔가를 찾으려고 하죠. 그러니 정답을 찾을 생각도 없고요. 제가 전에 공부하면서 읽었던 글 중에 '차이의 승인'이라는 말이 있어요. 그런데 그 차이를 어디까지 수용해야 할까요. 가령 구시가지와 분당처럼요. 그 사이 성남엔 판교 신도시가 또 생겼고요. 그런 차이를 어떻게 인정하고 서로 잘 지낼 수 있을까요. 차이가 너무 심해 쉬운 일이 아니지요. 제가 지금 살고 있는 곳이 경기도 광주입니다. 무갑산 자락 산속에 살고 있어요. 전원주택 단지죠. 두 개 골짜기로 나눠져 있고 총 60가구수는 됩니다. 아! 제가 소음에 민감해요. 그래서 조용한 곳을 찾다가 결국 산속으로 들어갔고, 집 짓고 살아야 하는데 돈이 없으니 대충 짓고 천천히 살아가며 바꾸려고 했죠. 마당도 하루에 4시간씩 일하며 평평하게 바꾸었고요. 마당엔 잔디 대신 자라는 풀로 대신했죠. 그러고는 얼마 안 있어 주차장 구석에 시커먼 뭔가가 쌓여있는 거예요. 이게 뭔가 하고 봤더니 잔디예요. 누가 놔둔 거예요. 뭐지? 다음날 아침에 확인하니까 다른 집에서 자기 집 잔디를 떼내어 가지고 내 집에 가져다 준 거예요. 저는 제 방식대로 살고 싶은데 마을에서 함께 살아야 하니 화를 낼 수도 없었지요. 한마디로 동네 집값 떨어지니 집 관리 잘하란 메시지인 거죠. 결국 잔디를 심었어요. 그 후로 열심히 잔디를 깎으며 살지요. 어제도 깎았거든요. 잔디 깎는 게 정말 힘들어요. 왜? 끝이 없으니까요. 누가 '업보'라 그러더라고요. 깎고 또 깎으며 죽을 때까지 깎아야 된대요. 사는 것도 이렇고 작은 마을에서의 관계도 이래요. 최근에 분당에 걸린 구호들을 보았는데 무지하게 부끄러운 것도 있어요. 아시다시피 뭔가 자기들 맘에 안 들면 혐오시설이라는 단어를 막 쓰잖아요. 집값 떨어진다고

임대아파트가 들어오는 것도 반대죠. 어이가 없어요. 왜
저럴까 싶어 화가나요. 타인에게 조금만 관심을 보이면 많은
유익한 것을 발견하고 함께 즐거운 것들을 할 수 있는데, 기준
하나를 정해 놓고 많은 것을 밀어내니 안타깝죠. 제 작업은
그런 사이에서 놓치는 이야기를 다시 불러내는 거죠. 그러자면
저부터 애정을 갖고 있어야겠죠.

심소미   신정훈 선생님께 질문을 드립니다. 오늘날 도시 리서치를
하는 작가들의 방법론과 90년대 후반을 서로 대조하시면서 투명함과
불투명함이라는 단어를 쓰셨습니다. 제가 보기에는 오늘날 젊은
작가들의 작업에서 부재, 구멍, 간극을 향한 시선이 상당한 것
같은데요. 현재 우리가 체감하는 도시공간의 이상한 징후와 작업에서
부재에 맞닿아 있는 지점을 어떻게 봐야 할지요?

신정훈   예를 들면 소외, 박탈, 배제 이렇게 하면 이미
의미화가 되어 있는 상태죠. 근데 부재, 틈, 공백 이러면
의미화하기 어려운 상태가 들거든요. 저는 후자쪽을 많이
봐요. 분명히 선명함이 있다면 좋다는 생각은 안 드는데, 저
선명함의 부재가 뭐 때문인지는 사실 잘 모르겠어요. 방법론의
차원에서 그런 것인지. 아니면은 세계가 정말 그런 방식으로
변하면서 그런 것인지, 아니면 어떤 작가들의 미학적 태도인지,
분위기인지, 담론인지 명확치는 않습니다. 아마도 저도 계속
공부가 되어야겠죠.

심소미   김태헌 선생님은 어떻게 생각하세요. 오늘날 신진
작가들이 도시공간을 리서치하고 작업하는 방법에 대해서요.

김태헌   아까도 말씀드렸듯이, 저보다 훨씬 더 잘하고 재미 있게
하고 있어요. 대신 자기가 했던 작업이나 정보를 너무 사유화시키지
말라는 얘기를 해주고 싶어요. 개인이란 틀에 가둬 넣으면 작업이
더 뻗지 못하고 갇히게 되잖아요. 사회는 작가가 탈영토화 시켜도
곧 재영토화 시키지만요. 그래도 작가는 계속 탈영토를 꿈꿔야 하지
않을까요. 김대중, 노무현 정권 들어오면서 문화쪽에 돈을 많이
풀었지요. 그 결과 공공프로젝트 하는 작가들이 갑자기 많이 생기지요.

저는 그때부터 안 했어요. 속도를 늦췄지요. 그렇게 자금을 지원받아 한 작업을 미술영역에서 했던 것처럼 작가 자신의 것처럼 사유화 시키죠. 그런데 가서 보면 다 비슷해요. 이 동네나 저 동네나 다 비슷한 것들을 하고 있어요. 그럴 거면 다시 미술판으로 들어가라 하고 싶어요. 그런데 거긴 작품이 안 팔려 가난해요. 어쨌든 공공영역은 사유화해서 될 문제는 아니고 서로 교류하며 함께 뭔가를 하는데 의미가 있지 싶어요. 작가주의를 내려놓아야 더 많은 새로운 작업을 할 수 있죠.

<u>심소미</u>　　신정훈, 김태헌 두 선생님을 모시고 성남프로젝트를 경유해서 오늘날 한국에서 지역미술, 도시에 개입해 온 예술 실천이 어떠한 방향으로 진행이 되어왔는지 논의하는 자리를 자렸습니다. 한편으로는 도시공간에서 살아가는 지금 우리에게 남겨진 숙제, 향후의 과제를 암시해 보이기도 했습니다. 열정적으로 대담해주신 두 분께 감사드립니다.

신정훈
비평가이자 역사학자로서 전후 한국의 미술, 건축, 공간 정치가 교차하는
지점을 연구한다. 서울대학교 고고미술사학과에서 학사 및 석사,
뉴욕주립대(빙햄튼)에서 박사학위를 받았다. 현재 서울대학교 서양학과
조교수로 재직 중이다.

김태헌
미술 작가로, 1998년 〈성남 프로젝트〉를 결성하여 근대 자본주의 하의
도시공간에 관심을 가져왔다. 광주비엔날레, 아르코미술관, 경기도미술관
등에서의 전시에 다수 참여했다.

일시: 2019년 7월 27일 오후 2-4시
장소: 예술가의 집 2층 다목적홀

*본 글은 《리얼-리얼 시티》 전시 연계 프로그램으로 열린 강연의 내용을 당시 녹취록을 바탕으로 하여 요약 정리한 것이다. (정리. 심소미)

강연 소개
동시대 문화예술, 지식산업 전 분야에서 경계가 교차되며 회색지대가 늘어나고 있다. 《리얼-리얼 시티》 전시는 건축가 고 이종호의 건축이론 및 실천을 바탕으로 이질성을 공존시키는 회색지대 전시로 읽힌다. 본 강연은 이와 같은 동시대 사회 경향과 전시의 성격을 건축, 도시, 인간 삶, 예술을 중심으로 엮고 푼다.

회색지대 전시
- 건축, 도시,
인간 삶, 예술을
(콘)텍스트화하기

강수미

우리가 맞닥뜨리고 있는 지식 및 문화예술 환경이 한편으로는 공공성을 강화하는 쪽으로 변화해서 좋은 점이 있지만, 다른 면으로는 남용되거나 평균화되는 양상이 있다고 생각하고 있습니다. 어떻게 하면 이 지식과 문화예술을 특화 시킬 수 있을까 라는 문제의식에서 출발해, 주마간산의 얘기보다는 전문화된 시각으로 실증적인 사례와 학술 담론을 연결시켜 논의해보면 어떨까 합니다. 다행히도 저한테 《리얼-리얼시티》 전시가 연구대상으로 주어졌습니다. 오늘 제가 준비한 주제는 이 전시가 주요한 모티프가 되는데, 큰 틀에서 세 가지 소주제로 얘기해보려 합니다. 큰 덩어리가 세 개인데요. 첫째는 이 전시를 한정해서 말하는 게 아니라 어쩌면 '이 전시가 가능해진 지형을 얘기해야 하지 않을까?' 생각해서, 클레어 비숍(Claire Bishop)이 발 빠르게 구사한 '그레이 존(gray zone)'을 이야기하려 합니다. 그리고 '그레이 존'이 이를테면 한 학자의 개념으로서만 아니라 좀 더 확장시켜 이 전시에 적용할 수 있다고 말할 것입니다. 그것들로 동시대 사회, 정치, 경제학적인 차원을 건드릴 수 있는데, 무엇보다 우리의 삶, 인간 삶이라는 문제까지도 해석해볼 수 있겠다는 생각이 들었습니다. 따라서 두 번째는 《리얼-리얼시티》를 매개로 해서 건축, 도시, 우리의 삶, 그리고 예술에 대한 얘기를 얘기해보려 합니다. 세 번째는 이를 성찰적으로 재고해보면서 어떤 의미에서 예술이 '회색지대'로 변화하고 있는지, 그리고 그것이 현실사회에서는 어떤 유형이나 실재성을 갖고서 진행, 실현되고 있는지 파악하고자 합니다.

회색지대와 댄스 익스비션의 도래

첫 번째 중요한 소주제가 그레이 존이라 하는 것입니다. 양극단의, 어느 한 쪽의 당파성을 가지는 게 아니라 그 사이에 있는 어떤 것/상태를 그레이라고 하지 않습니까? 그레이 존에 대한 것들을 여러 가지 의미로 해석을 해볼 수 있겠죠. 『TDR: The Drama Review』라는 연극, 드라마 중심 학술지가 있습니다. 미술사학자 클레어 비숍이 2018년, 그 저널에 논문을 한 편 기고했는데, 그게 이 「Black Box, White Cube, Gray Zone: Dance Exhibitions and Audience Attention」이라는 논문을 기고했어요. 클레어 비숍은 미술사학자입니다. 그러니 『TDR』에 논문을 게재했다는 사실 자체부터 동시대 예술이 혼성되고 융합하고 있는 현상의 단면을 보여주지요. 비숍이 주장하는 핵심 논점은 퍼포먼스가 어떻게 동시대 미술의 패러다임이 되면서, 애초에 퍼포먼스 영역이 영향을 받거나 이를 생산적으로 활용하고 있다는 것입니다. 그런 내용 중에 그레이 존이라는 단어가 나옵니다. 블랙박스는 이미 생각하셨겠지만, 공연장 같은 곳이죠. 무대를 빼고는 모든 것이 암전 되는 검은 상자를 말하고, 화이트 큐브는 모더니즘미술의 전시공간을 말하는 것이죠. 흰색이고 네모난 공간의 미술관, 갤러리입니다. 그럼 그레이 존은 뭐냐. 클레어 비숍의 논의는 이 블랙박스가 점차 화이트 큐브를 침투하고 있다는 것입니다. 그렇게 해서 칼라가 믹스되면, 흰색과 블랙이 그레이가 되는. 그런 존들이 생기고 있다는 거예요.

직접적으로 우리가 논리를 아는 게 좀 필요할 것 같아서, 제가 번역을 해왔는데요.

클레어 비숍이 자기가 어떤 의미에서 이 퍼포먼스에 주목하고 있는지, 왜 퍼포먼스라고 칭하지 않고 '댄스 익스비션 (dance exhibition)'이라고 하는지, 그리고 사회적 상황 속에서 어떻게 맞물려 있는지 얘기를 합니다. "나는 댄스 전시(dance exhibition)를 퍼포먼스를 위한 새로운 회색지대의 패러다임 형식으로 읽는다." 간단하게 말하자면 이렇습니다. 새로운 패러다임이 생겼는데, 그 패러다임이 퍼포먼스를 위한 어떠한 기반이다. 미술적으로 보면 댄스 전시이다. "여기서 퍼포먼스란 실험연극의 블랙박스, 그리고 갤러리의 화이트 큐브가", 이게 중요하죠. "역사적으로 융합하면서 진화해온 것이다." 동시대 2010년대에 갑자기 생긴 게 아니라, 모더니즘부터 쭉 흘러온 역사적 맥락을 갖고 있다는 겁니다. 그런데 비숍은 갑자기 얘기를 건너뛰더라고요. "회색지대의 특징 중 하나는 소셜미디어다." 제가 강의 후반부에서 소셜미디어에 대한 부분을 구체적으로 현대미술 작품과 더불어 논의하도록 하겠습니다. "스마트폰은 관객의 중요한 부분이다." 이 부분은 후반부에 구체적으로 얘기하겠지만, 소셜미디어와 스마트폰이 관객이 예술작품에 반응하는 중요한 장치로 등장하고 있다는 주장입니다. 다음 이 말로 연결됩니다. "유비쿼터스 포터블 테크놀로지" 그게 우리 사회를 점령하고 있는데 여러분들이 든 스마트폰이 대표적이죠. 현재 이 강연을 아르코에서 웹캠으로 촬영하고 있다고 들었는데 그 또한 유비쿼터스 포터블 테크놀로지인 거죠. 이런 것들이 사실은 미술에서는 새로운 패러다임에 따른 변화 현상인데, 비숍은 그걸 구체적으로 '댄스 익스비션'이라 이름 지은 겁니다.

근데 여기서 분명히 여러분들은 '퍼포먼스라고 하면 차라리 저항감이 없는데 왜 댄스 익스비션이라 하지?' 하실 수 있습니다. 이에 대해 비숍은 다음과 같이 설명하고 있습니다. 자신이 퍼포먼스 전시라 하지 않고 댄스 전시라 하는 이유는 기존의 춤, 무용 장르가 아니라, "시각적이고 감각적인 특성"의 집합체(palimpsest)로서 댄스를 의미하기 때문이라는 것이죠. 미술이 기본적으로 그런 특성을 갖는데 새삼 다른 이름을 붙이는 것인가 의아할 수 있지요. 그런데 비숍은 댄스 익스비션에서는 시각적이고 감각적인 부분이 테크놀로지, 주의집중(attention), 후기 포드주의(Post-Fordism)라고 할 수 있는 노동 형태와 결부될 수 있다는 점에 주목합니다. 요컨대 노동과 집합적 현존(collective existence)입니다. 여기 강연장에 20여 명이 앉아 있다면, 20여 명이 집합적 현존이죠. 이전 같으면 제가 강연자이고 여러분들이 듣는 사람으로 규정되었겠지만, 이제는 참여자들(participants)이라는 인식이 자리 잡았잖습니까. 이전의 '청중'은 마치 보이지 않는 존재처럼 여겨졌다면, 현재는 동등하게 상호작용하는 집합적 현존인 것이죠. 하지만 이 같은 참여와 상호작용이 자발적 노동, 긍정성의 과잉 요구로 이어지고 성과(performance)의 평가로 일상화 되면 긍정성 대신 동시대적 불안(anxiety)이 증대됩니다. 심리적 불안만이 아니라 지각적 경험의 불안이죠. 계속 어딘가에서 퍼포먼스를 보여줘야 하고, 성과를 증명해야 하는 상황, 이를 비숍은 댄스 익스비션으로 설명합니다.

구체적으로 비숍은 독일작가 안네

임호프(Anne Imhof)의 작품을 언급합니다. 제가 사례로 찾은 것은 MoMA에서 2016년에 전시한 안무가 마리아 하사비(Maria Hassabi)의 〈Plastic〉입니다. MoMA의 건축적 구조들을 그대로 이용하는 안무인데, 이 댄서들 내지는 퍼포머들이 단순히 신체를 바닥에 던집니다. 보행자의 호흡을 참조해서 댄서들의 움직임을 정지상태처럼 보여주는데 MoMA의 관객들 사이에 뒤섞여서 이렇게 퍼포먼스를 하는 거예요. 중요한 건 하사비가 굉장히 느린 페이스로, 호흡으로 이 공간에, 계단에 신체가 마치 유동적으로 들러붙는 것처럼 퍼포먼스 안무를 짠 것이죠. 이를 MoMA가 어떻게 해석했냐면 '이미지 메이킹(image making)' 즉 조각을 하는 것처럼, 이미지를 제작하는 사람들의 취향과 태도에 가깝게 퍼포머의 신체를 조형한다는 것이죠. 그 점에서 댄스 쪽에서 조형예술, 즉 플라스틱 아트로 이행한 것이죠. 그래서 제목이 플라스틱입니다. 사실 하사비는 이미지 제작의 관점으로 접근했고, "퍼포먼스의 속도(pacing)도 조각의 퀄리티" 조각의 어떤 질적인 차원들로 인간 신체를 구현하려 했다고 해석 가능하죠. 더 중요한 건 하사비의 댄스작품이 그 장소에서 일회적으로 일어났지만, 사후 이미지(after image)가 훨씬 더 많이 생산되고 유통되기 시작했다는 거예요. 인스타그램을 보면 이 댄서들이 포즈를 취한 이미지가 넘치고요. 유튜브 같은 영상으로 포스트 프로덕션(post-production) 되는 식이 됐습니다.

주목할 점은 이렇습니다. 동시대 조건을 말해주는 시각적인 것의 양피지(palimpsest), 단순하게 한 번 쓰여진 종이가 아니라 계속 겹쳐 쓴 것들입니다. 동시대에는 시각적인 것이라 해도, 단순히 눈으로 본다고 하는 정도가 아니라는 거죠. 신체적인 감각, 페이스, 리듬, 무브먼트, 그리고 건축적인 부분이 다 중첩되어 있다. 그런 것들을 보여주는 것이 바로 하사비가 안무 개념에 집어넣고 싶어 했던 것이죠. 또 라이브 액션(Live Action)을 했던 이유이고, 작품이 매개하고 있는 주 내용이죠. 동시대 보기(seeing)가 중첩되어 있는 양피지를 말 그대로 보여주는 거예요. '인스타그래머블(instagramable)' 실제로 이 용어가 만들어져서 학술적으로 쓰이고 있어요. 인스타그램적인 이미지들이 하나의 유형으로 자리 잡은 것이죠. 하사비의 작품에서는 MoMA의 건축구조라는 인프라스트럭처(Infrastructure)에 인간 신체가 중첩되어 있는데, 그 인간 신체의 소셜 미디어적 이미지가 아트인 거에요. 댄스로서, 퍼포먼스로서, 수행성(performativity)과 시각성을 극대화한 예술로서 말이죠. 또 한편으로는 일상적인 것이죠. 사람들이 작품의 사이로 지나다니고 뒤섞이죠. 더 이상 관객과 창작자가 분리되지 않은 어떤 즉흥적 상황들이 곧 아트입니다. 마치 모든 현실 공간이 무대가 되는 것처럼요. 이는 이탈리아 노동철학자 파올로 비르노(Paolo Virno)의 논의로 이어집니다. 이에 대해서는 조금 후에 다루겠습니다.

《리얼-리얼시티》를 매개로 한 건축, 도시, 인간 삶, 예술

두 번째 주제는 이러한 내용을 《리얼-리얼시티》 전시와 결부시켜서 얘기해보려 합니다. 제가 이종호 건축가와 알게 된 건 그분의 생애

말년이었습니다. 지금도 그 얘기를 하면 가슴이 아픈데, 이종호 건축가가 시도한 무엇인가를 담론으로든 우리의 문화예술로든 현재화하는 일은 가치가 있는 것 같아요. 그래서 비숍 식의 논의들을 가져와 확장해보자는 생각을 했던 겁니다. 이종호 건축가가 생전에 이런 말씀을 하셨는데, 우리가 긍정적인 의미에서 그레이 존을 만들어낼 수 있는 중요한 방법이라고 생각합니다. "건축가는 일종의 바이러스다. 체제 안쪽에 존재하면서 경계를 건드리는, 그래서 체제를 깨어 있게 만드는 바이러스" 건축가에 대해서 정의하는 것 같지만, 사실은 어떤 단일하거나 닫혀 있는, 안정적인 구조를 깨뜨리는 방식에 대해 힌트를 주는 주장이라 생각합니다. '바이러스' 하면 대개 부정적으로 생각하기 쉽지만, 달리 생각하면 바이러스는 변화를 만들어낼 수 있거나, 안정 상태를 깨뜨리는 중요 변수일 수 있습니다. 그래서 바이러스로서 건축가란 그 사회, 그 현실, 그 삶의 내부에서 방관자가 아니라 체제를 가장 잘 알고 심층에 있는 사람인데, 그런 사람이 바이러스 역할을 해서 경계를 깨뜨리거나, 내부의 질적인 변화를 이끌어낸다. 그게 건축가다 라는 것 같습니다. 그로써 기존의 것이 아니라 확정되지 않은 그레이 존이 만들어진다는 생각이 듭니다.

몇 가지 이종호 건축가의 말들을 전시장에서 가져온 게 있어요. 전시장에 놓인 일종의 카드 내지는 말 사전이 제게는 이 전시에서 상당히 멋진 부분이었습니다. "그 리얼리티의 밑바닥, 사람들의 마음속에는 과연 어떤 선택이 흐르고 있을까? 우리는 도시 심층부에 흐르고 있을 리얼-리얼리티라고 불러 본다." 아마 이 전시가 '리얼-리얼시티'가 될 수 있었던 중요한 영감 (inspiration)이 여기서 나왔을 것 같습니다. 리얼리티라고 하는 것에 대해서, 안 믿거나 내지는 그것만을 수용하거나 하잖아요. '이면이 있을거야'라고 생각하거나 '그게 현실이지'라고 생각하죠. 그 현실 밑에 더한 밑바탕이 있을 것이라는 생각이죠. 하지만 리얼-리얼리티로 받아들이는 사고법이 가능합니다. 현실(real)이냐 비현실(unreal)이냐, 현실이냐 초현실(surreal)이냐... 분류할 게 아니라, 그것들이 중층화 되어서 작동하고 있다는 인식이 필요합니다. 이종호 건축가는 그런 문제의식으로 살아 생전에 많은 실천을 하셨더라고요. "배치의 도시에서 흐름의 도시, 미학의 도시에서 가치의 도시, 존재의 도시에서 생성의 도시" 아마 건축가들이 생각하는 내용을 자체 비판하는 것 같습니다. 건축을 소위 미학적으로 생각하는 것이 건축가의 행태라고 하면, 이를 삶의 가치 차원으로 바꿔야 한다고 하신 것이 아닌가 해요. 주목하고 싶은 것은 배치가 아니라 플로우(flow)라는 것. 정체되어 있거나 굳어있는 것이 아니라 흘러야 한다고 생각하는 게 중요한 부분입니다. 존재의 도시가 아니라 생성의 도시라는 것. 이종호 건축가가 '창발 (emergence, 創發)'이라는 용어를 많이 쓰셨더라고요. 단지 나타난다는 차원이 아니라, 그것이 어떤 순간에 폭발하듯이 다른 현상으로 확 실현돼버리는 것이 창발이거든요.

여기 잠재력이라는 것. 그리고 여기 세운상가. 세운상가, 을지로, 청계천은 공간으로서 특유의 과거를 갖고 있는데, 현재는 새로운 세대가 가서 다르게 경험하고 있고, 도시정책과 시민들이 이해하는 것들이 막 섞여 있고, 중층화 되어가는 공간이죠.

그런 공간에 대해서 이종호 건축가가 90년대 중후반에 먼저 얘기를 하고 있었고, 직간접적으로 관여하고 있었더라고요. 이후 2013년에도 이미 을지로에 대해서 창발의 도시라는 얘기를 하며, 한예종 학생들과 같이 리서치도 하셨더라고요. 을지로가 언제부터 핫플레이스나 크리티컬한 사이트가 됐나요? 작년즈음부터입니다. 이런 부분들을 너무 빨리 얘기하셨고 지금도 자극을 주고 있긴 한데, 현재 진행 방향이 맞는지 모르겠다는 게 솔직한 심정입니다. '하이퍼폴리스'(Hyperpolis)라는 말, '메타폴리스'(Metapolis)라는 개념어에서 나왔는데 이종호 건축가와 민현식 선생님 등 경향성을 같이 하시는 분들은 이 하이퍼폴리스라는 용어를 가지고 새로운 건축적 시도들, 도시와 삶의 문제들을 건드리셨던 것 같습니다. 이종호 건축가가 서울건축학교에 몸담고, 한예종에서도 학생들과 워크숍을 한 것은 현실에서 건물을 짓고, 도시공학(urban engeenering)을 실행하는 문제가 아니라, 건축이 현실의 상부나 하부에서 계속 작용을 해줘야 된다는 생각이 주요하게 담겨있다고 볼 수 있어요. 우리가 어떤 리얼리티를 구축하는 실제적 차원이 있다면, 그 리얼리티의 상부나 하부에서 말 그대로, 이상한 관계성을 빚어내는, 이상한 사고나 감각들이 흘러 다니는 영역들이 필요합니다. 그런 영역들이 사실은 이종호 건축가 같은 사람들이 특정한 영역들에서 실현해보고자 하는 지대 같습니다. 《리얼-리얼시티》로 개념의 별자리를 얼마만큼 풍성하게 그려볼 수 있을까요. 이 전시, 이 특강, 아니면 동시대의 건축, 우리 삶, 이런 걸 이해해야 합니다. 이종호를 얘기하는 게 중요한

게 아니라, 그로부터 현실화해야 하는 것들은 그레이 존이라는 것을 이해하는 것이 중요해요. 퍼포먼스, 그리고 아까 말씀드린 후기 포드주의의 노동, 감정노동, 스마트폰, 인간의 삶, 예술, 신체성, 현실성, 현실에 대한 이론과 같은 것이에요. 벤야민 사유로 표현하자면 '성좌/배치(constellation)' 개념의 별자리들이 경중이나 무게감을 고려하면서 담론 및 이론의 네트워크로 잘 구성이 되면, 우리의 리얼-리얼리티를 파악해낼 수 있지 않을까 합니다.

전시장 작가들의 작품과 연관해 얘기를 더 해볼게요. 이것은 에어컨 상판을 떼어내 만든 최고은 작가의 작업입니다. 마리아 하사비는 인간 신체들을 가지고 조각이 되고자 하는 작업을 했다면, 이 조각가는 산업에서 나온 상품의 부분들, 이를테면 저렇게 해체해 버렸기 때문에 상품일 수 없고, 쓰임새도 없는 그런 것들을 가지고 아상블라주(assemblage) 작품을 완성했죠. 마치 근대 포드주의의 집합적 노동을 뒤집는 듯한, 조립생산라인의 미적 변형으로서 조각 작업입니다. 이게 에어컨이냐 아니냐는 중요하지 않아요. 퍼포먼스로서 이렇게 배열돼서 하나의 조각처럼 제시될 때 성과가 나오는 거예요. 다음에 보시는 이 작업은 정재호 작가의 그림입니다. 세운상가의 옥상에서 을지로 풍경을 보고 그린 것입니다. (그림에서) 감각에 왜곡이 생기는 것을 볼 수 있어요. 사실적으로 그린 것 같지만, 중앙에 묘한 밸런스로 서 있는 건축물을 그려서 우리 지각이 그걸 중심으로 방사 형태로 퍼집니다. 마치 어안렌즈로 공간을 보는 것 같은 느낌을 받습니다. 다음은 김광수 건축가가 한 작업이에요. 그는 아르코의 천장을 재발견했는데, 사람들은 화이트

큐브 전시에서 그런 부분을 잘 보지 않지요. 화이트 큐브 전시에서는 벽과 공간을 더 보게 되는데, 건축가는 천장을 재발견하고 이를 더 집중해 낯설게 보게 하는 영상과 설치로 만들었습니다. 다음은 사회정치적인(socio-politic) 작업으로 잘 알려진 리슨투더시티로, 청계천의 산업생태계에서 일어나는 일을 분포도와 네트워크로 이미지화했군요. 유럽에서 블루 브레인 프로젝트(Blue Brain Project)라고 최대규모로 인간 뇌에 대해 연구하는 곳에서도 알고리즘을 3차원으로 구현하는데, 이것은 사실 리얼리티가 아니에요. 리얼리티를 분석해서 그걸 시각화 한 거죠. 말 그대로 통계나 알고리즘이 이미지네이션 하고 있는 것들이 사실 우리의 이미지네이션/상상력에 계속 침투해오고 결정하는 경향이 있다는 점을 강조하고 싶군요. 여기서 우리가 주목해야 하는 건 이질성인 것 같아요. 최근의 세운. 을지로. 성수 같은 장소를 생각해보세요. 기존에 그 지역이 갖고 있던 업종, 경제성, 주거 형태 같은 것들이 기저에 있지만, 그것들이 계속 미시적으로 깨져나가는 상황입니다. 예를 들어, 블루보틀이 오픈하면서 갑자기 성수동 문화 경제 지도가 달라지는 현상, 20-30대가 줄을 길게 늘어서면 갑자기 힙한 공간으로 지각되는 현상 같은 데서 느끼는 이질성이 있죠. 리얼인데 리얼리티의 측면에서 질적인 감이 다른.

<u>회색지대: 퍼포먼스 / 글로벌 자본주의 / 후기 포드주의적 질서</u>

강연 세 번째 파트는 앞서 제가 전시를 통해 한 얘기를 비판적인 결론으로까지 이끌어보겠습니다. 예술에서 회색지대는 사실 제가 인용했던 비숍이, 우리 시대의 패러다임이 바뀌고 있고 그게 퍼포먼스 중심인데 자신은 '퍼포먼스 익스비션이라고 한다'는 주장과 결부되는 얘기입니다. 바로 이런 것들이 존(zone) 내지는 로컬(local)에서도 문제가 되고 있는데 주목해 볼게요. 2개의 사진을 보여드릴게요. 2017년 5월 18일, 뉴시스 기사입니다. 지금으로부터 2년 전인 거죠. 을지로3가 쪽 작은 골목이 있는데, 천 원에 노가리를 팔고 생맥주를 파는 곳이 있어요. 그곳을 2017년 즈음, 을지로가 속해 있는 중구가 문화상품화 하고 싶었던 것 같아요. 을지로 노가리 호프 타운 축제라고 하는 것을 열었어요. (보시는 슬라이드는) 당시의 기사이고, 그 당시 사진들입니다. "00 호프 00 사장은 '사대문 안이 저녁만 되면 공동화돼서 무서운 골목이다. 그래도 을지로 노가리 골목은 입구부터 사람 사는 소리 나고 웅성웅성하고 사람 살맛 나는 골목이다. 경제적으로도 활성화되면 죽어가는 4대문 안을 살리는데 도움이 될 것 같다 있다'"(중앙일보 2017년 05월 18일자 기사 참조) 이 기사의 얘기를 해석해 봅시다. 제가 심소미 큐레이터의 《리얼-리얼시티》 기획의 변을 인용했는데, 바로 이게 리얼리티가 쇼가 되는 차원인 거죠. 지역을 살리겠다, 그 존을 특화시키겠다는 지상명령이 있습니다. 하지만 그 명령들이 실현되는 방식은 사실 리얼리티를 삭제하는 방식이 되는 거죠. 리얼리티가 삭제된다는 건 을지로 공간을 사용하고 주중에 노동했던 분들의 리얼리티가 이미지로 대체된다는 것이죠. 여기 와서 맥주 한 잔 하고 주머니에서 몇 천 원 내고 가면 돼요. 주인도 크게 신경 쓰지

않고요. 그런데 이렇게 축제 형태를 만들면 우리 주말에 거기 한 번 가볼까?' 이렇게 되는 거예요. 그러면 주말의 퍼포먼스가 되죠. 우리는 후기 포드주의적 퍼포머로서 소비에 참여하는 게 됩니다. 파올로 비르노는 "우리는 비르투오소 같은(virtuosic) 퍼포머들"이라고 말해요. 음악의 비르투오소, 즉 무대 위 단독 연주를 하는 거장처럼 행위를 선보여야 하는 사람이 된 거예요. 내 욕망 속에서 아니면, 사회적 욕망 속에서요. 블루보틀이 문을 열어요. 그럼 가야 되고, SNS 찍어서 올려야 해요. 그런 식으로 비르투오소 퍼포머가 됩니다. 행정 정책들도 거기에 결부되어 있는 겁니다. 장을 제공한다고 말할 수도 있겠지만, 소위 라이브 액션을 추동하게 하죠. 현실에서 계속 내가 행위를 하도록 하는 거죠.

현대미술이 공인하듯이 최근 퍼포먼스 경향이 강해졌어요. 비숍은 댄스 익스비션이라고 말하지만, 그 말은 어색한 얘기고 '퍼포먼스가 중요한 패러다임'이라는 정도로 이해할 수 있습니다. 그 퍼포먼스에서 우리가 주목해야 하는 건, 비숍이 영감을 주는 것처럼 우리 도처가 그레이 존이 되고 있다는 인식입니다. 이때 그레이는 블랙박스하고 화이트 큐브가 섞여서 그레이라기보다는, 소위 이분화되어 있던 것들이 막 섞여서 헤테로지니어스(heterogeneous), 즉 이질성의 공간이 되는 상태로서 그레이입니다. 뉴욕의 유명한 미술 평론가 제리 잘츠(Jerry Saltz)는 이 퍼포먼스 아트를 그렇게 싫어해요. 그는 퍼포먼스 아트를 "세로토닌과 도파민을 거의 생성하지 않는 미술"이라고 혹평하죠. 세로토닌과 도파민을 분출해야 예술로서 긍정적인 역할을 하는 것이라면, 사람들은 라이브 액션이라든가 퍼포먼스가 그럴 것이라고 오히려 착각합니다. 마치 내가 퍼포먼스를 보고 있으면 세로토닌과 도파민이 뇌에서 분출하고 지적이면서 감각적인 느낌이 되는 것처럼. 하지만 잘츠는 "그렇지 않다"고 합니다. 오히려 정적인 응시의 미술이 세로토닌과 도파민을 분출시킨다고 보고 있고요. 퍼포먼스는 죽은 사물들을 보는 즐거움이라고 했어요. 논리가 참 묘하죠. 기존의 모더니즘과 포스트모더니즘에서 특히 아트 오브제를, 죽은 사물이라 했었잖아요. 근데 잘츠는 소위 마리아 하사비의 〈플라스틱〉 같은 것이 딱 죽은 사물이라는 거에요. 신체를 가지고 퍼포먼스를 하고 있는데도 말이죠. 그런 데서 오는 죽은 즐거움이 동시대 감상자들이 즐기고 있는 미적 쾌락이라는 거죠. 그는 이런 퍼포먼스 경향이 강해지는 건 미술관이라는 곳을 굉장히 한시적(temporary)으로 만든다, 또 이벤트화하는 행위다, 영원 불변한 미를 추구하는 공간이라 생각되는 곳들이 퍼포먼스 움직임과 더불어 깨져 나가고 있다고 비판합니다. 중요한 얘기인데, 여러분 페이스북이나 트위터 들어가면 항상 물어보잖아요? 'What's happening?' 퍼포먼스 중심의 미술관은 관객들을 가만히 안 둬요. 말이 좋아서 콜라보레이션(collaboration)이지, 계속해서 감상자가 무엇을 해야 하는 식으로 만들고 있다는 거예요. 미술관을 그런 곳으로 만든다고 비판을 합니다. 안네 임호프의 〈앙그스트 Angst〉라는 퍼포먼스가 있어요. 독일어 'Angst'는 불안, 공포라는 의미죠. 이에 대해서 앨리슨(Alison Hugill)은 "지극히 인스타그램에 부응하는 스펙터클"이고 "거대한 터치스크린에 부합하는 전시장"의 미술이라고 평가합니다. 미술이 이제 스마트폰으로 찍고 올리고 터치스크린을 터치하는 식의 온라인 플랫폼이 되었다, 이미지들도 닥치는 대로 뽑는 이미지 레퍼토리가 됐다는 것이죠.

사회학적인 차원에서 의미를 좀 해석해보면 상품생산으로 끝나는 노동이 아니라, 그 이후/너머(post-) 포드주의적 노동형식과 연결돼요. 관객을 디자인하는 의사소통적 행위로서의 퍼포먼스, 그렇게 감각지각적으로 관객을 다루는 것이죠. 이때 관객은 관객이 아닐 수도 있어요. 노동자일 수도 있어요. 노동자 자신이 자신을 디자인하는 어떤 의사소통적 행위로서 성과가 있어야 해요. 이때 퍼포먼스는 행위가 아니라 성과에요. 여러분 영어 단어 'performance'에 성과라는 뜻이 있는 거 아시죠? 직급이라든가 직종과 상관없이 외모가 그 사람의 퍼포먼스 능력이 돼서, 노동의 근거/원천이 되기도 합니다. 외모, 얼굴, 소위 말, 톤 앤 매너 이런 것들까지 동원해, "오늘날 우리는 비르투오소같은 퍼포머"가 됩니다. 말하자면 우리가 지금 처해있는 노동 환경, 삶의 조건, 현전의 조건이 매우 중첩되어 있는데, 오디션 프로그램처럼 성과를 내재 못하면 탈락하는 게 현대의 일이라는 거에요. 현대미술 전시는 회색지대처럼 융복합이라는 명목 속에서 굉장히 다원화되고 있고, 이질성의 집합체가 되고 있습니다. 경제적인 패러다임은 관심 경제, 체험경제로 이동했죠. 여러분 우리가 블루보틀을 가야 하는 이유는 뭐죠? 체험경제 속에서 취향을 소비하기 때문입니다. 대리노동은 뭘까? 퍼포먼스/성과를 증명해야 하는 식으로 노동환경이 재편되면서 이렇게 위임된, 아니면 익명에 의한 노동이 큰 비중을 차지하게 됐죠. 가장 말단 계층이 그런 역할이나 노동을 하고 있습니다. 아웃소싱, 말 그대로 아웃소싱도 끊임없이 일어나고 있죠. 하청의 문제가 아니라 지식도 아웃소싱하고 있잖아요. 이런 상황이 일상이고 이게 사실은 맞물려 작동하고 있다는 겁니다. 장르로 따지면 '퍼포먼스', 경제적으로는 '글로벌 자본주의', 노동 형태로는 '후기 포드주의적 질서'라고 할 수 있어요. 퍼포먼스는 미술관을 점령하고 있고, 이런 형태들이 가능한 건 온라인 플랫폼들이 활성화됐기 때문이고, 거기에 문제가 되는 건 리얼리티인데, 리얼-리얼리티인지 아니면 시각적 양피지의 리얼리티인지 분별할 수 있을까요?

현대미술 담론에서 영향력이 큰 온라인 웹사이트 '이플럭스(e-flux)'가 있죠. '이플럭스 건축'이라는 저널도 있는데, 라이더 아길레(Laida Aguirre)라는 아티스트가 최근에 쓴 텍스트를 소개합니다. 「박스형: 물질적 순환의 미학(Boxed In: The Aesthetics of Material Circulation」)이라는 제목의 논문 한 부분을 인용해 볼게요. "동시대 삶은 글로벌 공급 체인과 물류의 네트워크 및 매체를 통해 공존한다." 어렵게 들리지만, 여러분 오늘 택배로 여러분이 원하는 걸 구하거나 쇼핑하거나 하는 그 방식이 얘기에요. 만약 물류 시스템이 정지되면 거의 일상이 마비되죠. "이러한 시스템들은 실용적 도구로서의 원래 성격을 초과해…건축부터 사회적 논리에 이르기까지 모든 것을 근본적으로 바꾸는 능력을 갖춘, 문화적 운영방식들(cultural mode sub-operative)" 문화의 어떤 부분을 작동시키는 방식이란 뜻이 아닙니다. 우리 삶과 생존이 이뤄지는 일련의 방식들이 있는데, 오늘날 물류 시스템은 가장 부드럽고 저항이 덜한 방식의 모드를 취하고 있다, 그러한 측면에서 'cultural mode'라는 뜻으로 저는 생각합니다. 문화방식 중 하나라는 뜻이 아니죠. 우리가 살아가는 방식들 중에서 문화적인 방식을 통해서, 이것들이 물류 네트워크라든가 무역(trade)이라든가 교환이라든가 등에 상관 없이, 물질(material)의 순환이 이뤄지고 있다는 겁니다.

서동진 선생님이 이 물류 자본주의에 관해 글을 쓴 게 심소미 큐레이터가 전에 기획한 『서브토피아』 출판물에 있어 인용을 해왔습니다. "이른바 '경제특구'를 비롯한 새로운 글로벌 자본주의의 분산된 지구(zones)에 집중되어 있고 자본의 변덕에 따라 언제 일자리를 잃을지 알 수 없는 처지" 제가 앞에서 말했듯 미술이나 문화 차원에서 퍼포먼스에 대한 의미를 긍정적으로 부여하려 할 때, 사회는 이런 방식으로 개인의 퍼포머티비티, 수행성이나 역량을 추상화하고 있다는 거에요. 특구라든가 존이 있는데, 예를 들면 관광특구, 을지로 노가리 존이 있죠. 그럴싸하지만 사실 그 안에서는 어때요? 새로운 생산 형태들과 노동 형태들, 소비 형태 같은 것들이 끊임없이 재편되고 있는 거예요. 때문에 우리가 말하자면 '회색지대' 개념으로 from 전시 to 우리 삶'까지 다뤄야 하는 것 같습니다. 이제서야 하는 얘기지만 건축은 거기에 굉장히 중요한 역할을 하고 있어요. 보이지 않는 방식으로, 보이는 방식으로, 동선을 짜내는 방식으로 아니면 집값을 올리는 방식으로까지요. 그런데 현재는 절대적인 보이지 않는 힘을 생산하고 모든 걸 추상화하는 가장 강력한 규제가 디지털이에요. 말하자면 디지털 기술은 리얼로 표현할 수 있도록 하는 게 아니라 리얼 자체랑 복잡하게 조직되어 있다, 'weaving' 되어 있다, 이렇게 얘기할 수 있다는 겁니다. 일을 아웃소싱할 수 있는 거, 아웃소싱을 함에도 불구하고 일들이 진행될 수 있는 건 뭘까요? 디지털 기술이 있어서 그래요. 커뮤니케이션을 그렇게 할 수 있어서 그래요. 어쨌든 그런 방식들이 지금 노동의 형태라고 할 수 있어요.

할 포스터는 "미술-건축 복합체"라는 책에서 동시대 물질과 기술은 환해지는 경향이 있는데"라고 지적을 해요. 모더니티로 갑자기 밝아진 세상이라는 의미로 생각하면 되게 중요한 성찰이라고 생각해요. 여러분 편의점의 그 눈부심, 쇼핑몰들의 그 눈부심 기억하시죠. 심지어는 지하철도 엄청 밝아지고 있지 않습니까? 그런데 이런 "환함(lightness)이 미술은 물론 건축에 영향을 미치고 있다, 특히 그 환함은 물질의 진실성과 구조적 투명성이라는 과거의 가치를 재평가하도록 강제한다." 그러니까 백일하(白日下)에 드러나 있어, 편의점에 들어가면 모든 상품이 다 보이면 진실한 것 같잖아요, 공개되어 있는 것 같죠? 여러분 근데 너무 환하면 블랙 아웃 되죠. 인식의 블랙아웃들이 일어난다고 유비할 수 있습니다. 예를 들어, 우리가 편의점에 가서 천 원짜리 음료를 사 먹을 때 이 사람의 최저시급이라든가, 이 사람이 새벽까지 어떻게 일하고 있는지에 대해서 생각하면 자본의 관점에서는 곤란해요. 그런 생각을 하면 상품을 사기 불편해질 거에요. 그래서 추상화시키는 거죠. 편의점 시스템, 프랜차이즈 노동 이런 식으로요. '사이버네틱 스페이스와 금융 시스템의 추상화' 문제와 결부됩니다. 여러분 혹시 현금을 언제 만져봤는지 기억하세요?

여러분 혹시 일하시는 분들이라면 급여가 어떻게 여러분한테 실체화되죠? 인터넷 뱅킹으로 활자만 있잖아요. 그게 단지 활자만 있는 게 아니에요. 그런 방식으로 숫자들만 있기 때문에 어딘가 재투자하거나, 뭔가를 소비한다는 거에 대해서 우리의 행위들이 큰 영향을 받게 되는 거라 할 수 있죠. 카드로 대출을 하면 더 소비해도 될 것 같아서, 억대의 부채가 있는데도 그게 막 나를 짓누르지는 않고…이렇게 되는 거죠. 그게 할 포스터가 지적하고 있는 일종의 동시대 문화와 예술과 사회가 지나치게 'lightness' 상태라고 비판하는 맥락이죠. 그러니까 이 lightness는 무지, 맹목, 눈멂(blind) 상태와 결부되지요.

　　이상의 논의를 미술로 다시 생각해볼까요? 오늘 20대 작가들한테 미술시장은 억압이나 부정의 구조가 아니에요. 당연한 게 됐어요. 제가 파악하기에는 젊은 작가들에게 자기 미술의 활동은 당연히 아웃소싱되거나 퍼포먼스로 증명되어야 해요. 예를 들면, 예술인복지재단에 지원이라도 받으려면 개인적 경력이 있어야 하는 식, 이게 퍼포먼스들/성과들을 통해 이뤄지기 시작하니까요. 그런 차원에서 미술시장이 있는데, 초강력, 그러니까 비가시적(invisible)이고 추상(abstract)화된 시장에 대해 저는 제 새 책 『포스트크리에이터: 현대미술, 올드 앤 나우』에서 이렇게 말합니다. "컨템포러리아트가 실행되는 덕분에 미술시장이 있는 것"이지, 그 역은 아니라는 거에요. "그것들의 잠재적이고 다원적인 가치"가 있을 거예요. 그걸 돈으로 환산 불가능한 작용방식이 있고, 그런 것들이 미술 시장을 먹여 살리는 선한 자원이 되고 있어요. 지금 20대, 30대 초반만큼 예술을 지적으로, 개념적으로, 그러면서도 정합적으로 온갖 미디어를 쓰는 작가들이 없거든요. 근데 작가들이 하는 그 많은 수행들이 제가 괄호로 쳐놓은 이런 것(인간학적, 인문학적, 예술적, 심리적 등등)을 함유한 채 동시대 한국미술을 키우는 중요한 자원인 것인데, 그 자원들이 어떻게 증명되거나 소비되는가, 노동의 가치로 환산되는가 묻습니다. 성과로, 퍼포먼스로 평가되지요. 그런 측면에서 문제가 있는 거죠. "미술(art)'이라는 이념 자체가 미술가를 비롯해서 다양한 직군의 미술인들, 미술계, 미술시장, 예술애호가, 컬렉터, 감상자 사이를 두루 순환하며 그 주체들이 멈추지 않고 돌아가게 한다." 이런 차원으로 얘기할 수 있을 것 같습니다. 그래서 마지막 한마디를 하자면, 그레이 존은, 현대 미술에서 그레이 존이든, 우리 사회가 지금 노동환경에서 그레이 존이 되고 있는 것이든 간에, 그것은 다원성과 복합성과 그리고 그것들 안에서 역동적인 섞임과 직조가 있을 때 그레이 존으로서 의미가 있는 것이다. 그것이 하나의 수렴구조 내부로 빨려 들어가는 컨버전스(convergence)가 되어버리는 식이면 그레이 존이 아니다. 그건 불투명한(obscure) 존이다. 이렇게 단언합니다 여러분, 지금까지 들어주셔서 감사합니다.

불안 너머 회색지대를 향한 물음들

심소미   이번 전시를 매개로 해서 전시 패러다임의 변화,
그 내용이 건축, 도시, 인간 삶에까지 과연 어떻게 엮어내
주실지 몹시 궁금했습니다. 선생님의 강연을 들으면서 우리가
익숙하게 알고 있던 현실 차원이 아니라, 세계가 바뀌어가는
방식, 세계가 작동하여 소비, 유통, 생산하는 시스템 속에서
우리의 지각과 감각은 어떻게 연루되어 있고, 회색 전시라는
것이 과연 정말로 급진적인가도 생각해보게 되었고요.
한편으로는 자기 반성적으로 동시대 미술 현상을 점검하게
되는 계기였던 것 같습니다. 오늘 강연에 미술계 관계자들도 꽤
많이 오셨는데요, 관객분들의 질문을 받도록 할게요.

강수미   퍼포먼스의 역량을 보여주세요. 오디언스로서요. (하하)

심소미   잠시 생각하시는 동안 제가 질문을 드리겠습니다.
회색 지대의 전시들, 그 안에서 퍼포밍은 과거처럼 이제
개인이 혼자 주체가 돼서 하지는 않잖아요. SNS 사례를 말씀
주신 것이나 협업이나 콜렉티브 등 여러 사람들과의 관계
속에서 관계를 형성해 나가는 식으로 진행돼 보입니다. 한
가지 의문이 들었던 것이, 이번에 저 또한 건축 연구를 하시는
이종우 선생님과 협업을 했고, 전시의 내용 또한 건축, 도시,
미술, 문화연구, 영화까지 다양한 분야에 걸쳐 얽혀있어요.
전시를 기획하면서 차갑고 뜨거운 물을 다른 방향에서
주고받듯이 퍼포밍한다고 생각하며 조직했는데요. 이와
관련해서, 선생님의 강연 중 제게 계속 와닿았던 말은 앙그스트,
불안함이에요. 동시대 미술 혹은 사회의 불안함이 지금 저와
더불어 많은 미술인들이 하고 있는 어떠한 형태의 협업 체계를
불러일으킨 것일까요? 불안으로부터 끊임없이 도망가고
탈주하기 위한, 하나의 구실로 퍼포밍을 하고자 자꾸 관계를
맺고 협업하는 것은 아닐지 생각해보게 되었습니다.

강수미   아까 파올로 비르노를 소개를 하면서
보충설명이 안 된 부분이 있는 것 같아, 더 얘기를

할게요. 우리가 모두 비르투오소같은 퍼포머라고 말할 때 두 가지 함의가 있어요. 내 능력을 끊임없이 내가 실현하고 증명해야 하는 노동자로서의 삶이 있고요, 다른 한편에는 나 개인이 있고요. 여러분 생각을 해보세요, 나 개인이 내 능력을 실현하고 증명할 수 있다면 괜찮은 삶 아닌가요? 우리는 그와 반대의 경우, 즉 내가 아닌 누군가의 톱니바퀴처럼, 일부처럼 하는 게 문제라고 생각을 하잖아요. 문제는 각자가 자기 성과와 노동환경에 노출되어 있는데, 그 각자들이 아주 미시적이고, 열악한 노동조건 속의 입자들인 거에요. 그게 전체가 되는 거죠. 전체를 운영하고 관장하는 곳은 우리에게 추상적으로 다가오죠. 마이크로소프트의 빌 게이츠나 페이스북의 마크 저커버그가 몇 조를 번다더라 하는 것이, 그 회사 직원들한테 어떤 식으로 실현되고 있을까요? 그와 마찬가지인 건데, 미술계에서 2010년대부터 계속해서 강조하고 있는 게 콜라보레이션이거든요. 협업, 참여, 협력. 근데 이것은 미술계만이 아니라, 전 사회적인 현상이에요. 이 현상이 의미하는 바는 개인이 혼자서, 단독으로 종합적이고 통합적으로 무엇인가를 하고 실현시킬 수 있는 무대가 사라졌다는 것이죠. 끊임없이 누구랑 같이해라. 끊임없이 1/n로 나눠 노동하고 이해를 계산해라 하는 거죠. 어깨동무를 하는 게 아니라요. 네 성과는 네 걸로 평가받는다니까? 갑자기 책임이 커지고, 자기를 드러낼 수 있는 부분은 미약해지고… 이렇게 되고 있는 거에요. 예전에 미술계나 학계에서 한 명의 저자나 한 명의 아티스트는 자기 세계와 최소 브랜드 이미지라도 있었어요. 그런데 그렇게 운 좋은 아티스트는 계속 갈 수 있는데, 거기에 참여했던 소위 작곡을 했거나, 안무를 했거나, 코디네이션을 한 사람들은 뒷면에 크레딧에 올라가 있을 정도밖에는 안되는 거죠. 저는 오히려 그런 점에서 이전에는 독점적 영역이라고 생각했던 예술 영역이 바로 참여라든가 협업이라든가 하는 걸 통해서 약화되지 않았나 싶습니다. 반면 아이러니하게도 여전히 거장의 이름을 갖고 있는 작가들은 살아남고 있잖아요. 그 안의 스튜디오에서,

그 프로젝트에서 뭔가를 했던 사람들은 사라지거나 존재가 희박해지고요. 다른 논문에서 저는 프란시스 알리스 작품의 아이러니를 지적하기도 했어요. 〈신념이 산을 움직일 때〉 작업에서 한 산을 옮기기 위해 500명의 학생들이 삽질을 했거든요. 그러나 처음부터 끝까지 프란시스 알리스의 작품으로 간주되고 유통되잖아요. 구겐하임에 소장되어 있어요. 어딘가에서 계속 아이러니가 발생하고 있는 거죠. 그렇게 되니까 그 일부의 퍼포먼스를 담당했던 사람들의 목소리들이 굉장히 커지고, 저항이 커졌어요. 지금 한국 사회의 갈등이 커진 것도 바로 그 지점에 있어요. 협업의 시스템이라든가, 참여의 시스템이 그런 것들을 못 넘어가게 하는 것 같아요. 저도 몇 년 내내 그 고민을 하고 있어요. 근데 그렇게 '협업하거나 같이 한다'는 것에서 어디선가 균형점을 찾거나, 말하자면 신뢰가 깨지지 않는 것을 할 수 있는지 답은 잘 모르겠어요. 문제가 있는 건 확실한데 말이죠. 무슨 얘기냐면, 내가 그렇게 하지 않았기 때문에 결백해라고 말할 수도 없고(왜냐면 시스템이나 결과가 그러니까) 반대로 이의제기를 하는 안에서도, 정말 그게 타당한 얘기냐, 진실에 부합하는 이의제기냐 하면 그것도 아닌 거예요. 확신이 없는 거예요. 서로가 서로에게. 거기에 앙그스트, 불안이 있는 거 같아요.

이종우   제가 생각했던 담론보다 훨씬 포괄적이고, 많은 것들을 생각하게 하는 강연이었습니다. 특별히 질문을 하겠다는 뜻은 아니고요. 강연 들으면서 회색 지대라는 것에서 떠오르는 말들이, 예전에 썼던 크로스 장르라든가 융복합이라든가, 좀 전에 말씀해주신 콜라보레이션이라든가, 그리고 또 회색, 그레이 존이라는 말이 나오는데 이런 것들이 정확하진 않지만, 연장과 관계성이 있어 보여요. 이런 것들이 동시대 미술 안에 들어오면서, 초기에 시작과 함께 말씀하셨던, 댄스 익스비션이라는 이번 강의에서 보여준 새로운 컬러, 새로운 현상들이 주변에 많이 있지만, 과연 이게 어디까지 변해갈 건지 잘 모르겠다는 생각이 들었습니다. 추가로 해주실 말씀이 있을지요?

강수미　　지금 말씀하신 내용이 은연중에 강연 후반부에 가면서 강조하고 싶었던 부분이기도 한데요. 우리가 그런 덫에는 빠지면 안 될 것 같아요. 말하자면 퍼포먼스가 아니라 조형예술(plastic art)로 돌아가자라든가, 진실한 의미에서 아티스트들이 비르투오소가 돼라… 이런 차원이 아니고 미술관도 보수적인 조형예술의 세계를 더 강화합시다, 이런 뜻이 전혀 아니에요. 소위 물류시스템처럼, 물류 네트워크처럼 촘촘하게 연결되어 있어서 고리 하나만 딱 하나만 끊어지면 순환체계 전체가 완전히 망가지거든요. 다산신도시인가, 택배기사 진입 못하게 해서 전 사회적으로 이슈가 된 그런 경우들 있잖아요. 미술도 그런 것 같거든요. 미술계나 문화예술계도 그렇게 가고 있는 것 같아요. 우리가 사실은 항상 이분법은 아니라고 하면서도, 밸런스를 깨온 식으로 문화예술계 패러다임이행을 했던 것 같아요. 말하자면 거장의 세계를 공격하면서 협업과 참여의 세계로 왔고, 콜렉티브의 집합성을 강조하면서 사실 어떤 구성원들도 만족하지 못하는 상황들을 마주하고 있죠.　　누구 한 명이 감당할 수 없는 식으로 사회구조가 재편되고 있는데도 불구하고 개인이 또 매 순간 뭔가를 감당하거나 사법적이거나, 관습적인 지점들에서 해소할 수 없는 것들을 누적하면서 살고 있어요. 그러니까 번아웃 신드롬도 나오고 그런 것 같아요. 저는 공부 하는 사람으로서 답을 갖고 있진 않지만, 그 생각은 들어요. 협업 자체를 강조하는 것만이 아니라, 진짜로 협업의 시스템들과 테크닉을 만들어낼 필요가 있어요. 근데 그 논의를 하면서 실제 문제해결로 나아가는 대신 퍼포먼스, 협업, 참여를 간판으로 내건 전시를 하는 식으로 해소를 해버리는 거예요, 공장노동도 마찬가지고요. 저는 이제는 어젠다(agenda)가 중요한 게 아니라 그 어젠다가 실행되는 식의 기술(technique)이라든가 장치(apparatus) 같은 것들을 만들어내는데 주력해야 되는 것 같아요. 그렇게 하자는 당위로만 가서는 곤란하죠. 하지만 지난 한 10년간 퍼포먼스와 협업이나 참여예술이 활성화돼서 나온 성과를 손익계산해보면 얻은 게 있다고 봐야 공정하죠. 최소한 윤리가 예술의 영역에 들어와 있어요.

관객1　　제 나름대로는 강 선생님이 강연하신 주제에서

댄스 익스비션 같은 경우에는 서울시립미술관에서 하는
《안은미래》展과 오버랩이 됐어요. 설명을 들으면서 이거는
댄스 익스비션보다는 아카이브 성격이 크니까 좀 다른 게
아닌가? 그게 맞는지 여쭤보고 싶고, 말씀 주신 대리노동
관련해서 미술계에서 조수와 관련한 이슈로 이해해도
되는지 여쭙고 싶습니다.

강수미 열심히 들어주시고 이렇게 피드백해주셔서
감사하고요. 지금 서울시립미술관의 안은미 전시 같은 게, 제가
해석하기에는 퍼포먼스 중심으로 현대미술이 막 경향이 바뀌면서
가능해진 전시에요. 넓게 보면 그게 한 편으로 비숍이 본 댄스
익스비션이에요. 안은미가 댄스를 하는 사람이기 때문에 댄스
익스비션이라기 보다 미술이 조형예술로서 형태를 빚고 그리는
미술의 세계가 아니라, 다른 장르들과 협업도 하고 섞일 수 있다는
그 트렌드가 바로 댄스 익스비션이죠. 그런데 그 하위로 들어오면
문제가 달라지죠. 댄스 익스비션이니 안은미 작가가 공연을 전시
기간 내내 하게 할 것인가, 아니면 이제까지의 여러 가지 성과들을
시각예술형태 전시로 보여줄 것인가는 분리되는 문제거든요.
댄스를 다루니까 댄스 익스비션이 아니라 미술에서 시각적
다층성으로서 댄스라는 차원이 열렸고 그래서 안은미래 전 같은
것이 가능해졌다고 이해할 필요가 있고요.

그리고 두 번째 질문이 대리노동에 대해서 중요한
얘기를 해주셨는데, 제가 오늘 강연에서는 시간상
놓쳤어요. 맞아요. 우리가 얘기 안 했던 게 사실 협업이나
참여라는 게 강조가 되면서 미술 작품의 제작방식도
달라졌거든요. 이때의 미술 작품은 퍼포먼스나 라이브
이벤트가 아니라, 조형예술 작품 예를 들어 제프 쿤스
(Jeff Koons)나 애니쉬 카푸어(Anish Kapoor) 같은
초대형 작업들을 하는 사람들이 그 세계 안에, 제가 아는
한은 제프 쿤스는 100명이 있어요. 그런 사람들이 일종의
대리노동을 하는 거라고 볼 수 있어요. 그런데 이때
절대로 대리노동이라는 말을 쓰지 않아요. 미술계가 그걸
인정하면서 논의 선상에 안 올려요. 제가 아까 테크닉이나

스킬을 얘기했던 것도 그런 거에요. 예를 들면 제프 쿤스가 너무나 성공한 아티스트로서 그런 식의 성공한 모델들을 보여줬다. 그러면, 비평가나 학자도 그 의미를 받아쓰거나 의미를 계속 재생산해주는 데 기여하지, 거기 들어 있는 모순에 대해서 말하지 않죠. 이를테면 그런 미술창작에 대리노동의 성격이 있다는 경제학 관점에서 파헤치는 일 같은 것을 잘 안 해요. 너무 분석을 잘해버리잖아요? 그러면 미술계가 휘청하는 거에요. 현대미술의 문법구조가 깨져버리는 거에요. 그러다가 특정 시점과 조건에서 일종의 아방가르드적 도전이 발생하고 그러면 구조와 인식의 변동이 생기죠. 그때 미술이 또 진보하거나 달라지는 거죠.

<u>심소미</u>　　회색지대 전시로 시작해서 시각 문화와 도시형식, 사회경제적인 패러다임의 변화 속 미술의 지형도를 생각해 볼 수 있는 좋은 강연을 해주셔서 감사합니다. 강수미 선생님의 새 저서가 오늘의 논점을 심도 있게 파고들 수 있는 자리인 듯해, 관심을 부탁드릴게요. 이만 마치겠습니다.

강수미
미학자이자 미술비평가로, 발터 벤야민 미학, 현대미술 비평, 역사철학적 예술이론이 주요 연구 분야다. 대표 저서로 『포스트크리에이터: 현대미술, 올드 앤 나우』(2019), 『까다로운 대상』(2017), 『비평의 이미지』(2013), 『아이스테시스: 발터 벤야민과 사유하는 미학』(2011), 『한국미술의 원더풀 리얼리티』(2009), 『서울생활의 재발견』(2003) 등이 있다. 현재 동덕여자대학교 회화과 서양미술이론 교수로 재직 중이다.

이종호
1989년 문화집단 스튜디오 METAA 설립. 여러 건축가들과 sa(서울건축학교)를 운영했고, 한국예술종합학교 건축과 교수를 역임했다. 다수의 도시연구 및 공공연구를 진행하며 건축의 도시적 역할을 모색하고자 했다.

감자꽃스튜디오 (남소영, 이선철)
강원도 평창에 위치한 복합문화공간. 2004년 故 이종호 건축가가 폐교(옛 노산분교) 건물을 리모델링한 이후로 창작 공간이자, 문화교육공간으로 이용되고 있다.

김광수
스튜디오 K-works 대표. '커튼홀' 공동운영. 뉴미디어에 의한 사회성 및 도시건축환경의 변화에 주목해왔으며, 2004 베니스 건축비엔날레 한국관 《방들의 가출》(2004) 외 다수 전시에 참여했다.

김무영
사회 안에서 사람들이 만들어 내는 생각과 현상에 관심을 가지고 영화와 미술을 오가며 작업해 오고 있으며, 〈랜드 위드아웃 피플〉(2016), 〈밤빛〉(2015), 〈콘크리트〉(2013) 등 영화가 있다.

김성우
N.E.E.D. 건축사사무소 대표. 소규모 주거공간이 도시와 어떤 관계를 맺어야 하는지 고민해왔으며, 2018 베니스 건축비엔날레 한국관에 참여했다.

김재경
공간과 건축, 인간의 풍경을 기록하는 사진가로 다수의 전시에 참여했으며, 2003년 한미문화예술재단이 선정한 올해의 작가상을 수상했다.

김태헌
1998년 〈성남 프로젝트〉를 결성하여 근대 자본주의 하의 도시공간에 관심을 가져왔으며, 광주비엔날레, 경기도미술관 등에서의 전시에 다수 참여했다.

리슨투더시티
예술·디자인·도시·건축 콜렉티브로, 도시의 기록되지 않는 역사들과 존재들을 가시화해왔다. 도시를 공통재(the commons)로 사고하며, 공통재의 사유화에 대하여 문제의식을 가지고 기록하며, 공통의 장소의 공통성을 회복하기 위한 활동을 하고 있다.

리얼시티 프로젝트
건축가 원홍재, 최혜진, 구중정, 한재성, 김정환이 모인 집단 리서치 프로젝트팀으로, 도시의 사회적 현상과 삶의 모습을 기록하고자 한다.

METAA (우의정, 이상진)
1989년 '건축과 예술을 통한 점진적 발전'라는 슬로건을 내세운 건축-문화집단이다. 우의정 건축가는 건축사무소 METAA 대표이며, 이상진 소장은 '파주출판문화단지', '헤이리 아트벨리' 등 건축 설계와 연구 과제를 수행했다.

오민욱
자본주의와 냉전, 도시와 개발, 그 언저리에서 선택되거나 배제된 형상들은 무엇인지 다큐멘터리 형식을 통해 질문하고 있다. 〈야경〉(2018), 〈범전〉(2015, 〈재〉(2013) 등의 영화가 있다.

우의정
1989년 故 이종호의 METAA 건축 설립에 참여한 후 25년간 故 이종호와 건축 작업을 함께 하며 공공에 대한 연구에 집중해왔다.

정이삭
에이코랩 건축 대표. 공공적 연구나 사회적 건축 외 현대미술과 공연 등 다양한 영역에서 건축 작업을 해오고 있다.

정재호
근대화 이후 도시의 이면에 관심을 두고 회화를 해오고 있으며, 2018년 올해의 작가상 후보(국립현대미술관)로 선정되었다.

조진만
조진만 건축사사무소 대표. 도시의 경관을 공유하는 방식을 모색해 왔으며, '고가하부 종합 활용계획 수립'(2017)을 수행했다.

최고은
현대 주거 공간의 파생물인 가전제품, 가구를 재해석한 설치 작업을 해오고 있으며, 서울시립북서울미술관, 아트선재센터 등에서의 전시에 참여했다.

황지은
세운캠퍼스 교장, 세운협업지원센터 공동센터장. 2017 서울도시건축비엔날레 현장프로젝트 《생산도시》 큐레이터를 역임했다.

일상의실천
권준호, 김경철, 김어진 디자이너가 운영하는 그래픽디자인 스튜디오로, 서울시립미술관, 문화역서울284에서의 전시에 참여했다.

기획팀

심소미/ 큐레이터
독립 큐레이터로, 동시대 도시문화를 바탕으로 전시기획을 해오고 있다. 《환상벨트》, 《건축에 반하여》, 《서브토피아》, 《마이크로시티랩》 등 전시와 공공미술 프로젝트를 기획했다. 2018년 제11회 이동석 전시기획상을 받았다.

이종우/ 큐레이터
건축역사 연구자이며 20세기 후반 이후 프랑스와 한국의 건축계와 건축담론의 변화를 추적하고 있다. 《종이와 콘크리트 : 한국현대건축운동 1987-1997》(2017)의 기획에 참여했다. 현재 명지대학교 건축대학 부교수이다.

이문석/ 어시스턴트 큐레이터
서울을 중심으로 활동하는 독립기획자로 리서치 프로젝트 《Against the Dragon Light》(2019)와 《문래몰래문래》(2019)를 공동기획하였으며, 전시 《환상벨트》(2018)에서 큐레이터로 참여하였다.

Jongho Yi
Jongho Yi founded cultural collective studio METAA in 1989. He managed Seoul School of Architecture(SA) with various architects and taught as a professor of Architecture at Korea National University of Arts. Operating numerous studies on urban and public researches he seeks for architecture's role in cities.

PotatoBlossomStudio (Sooyoung Nam, Sunchul Lee)
A complex cultural space in Pyeongchang, Gangwon Province. Ever since architect Jongho Yi remodeled an abandoned school building(previously a branch of Nosan Elementary School) in 2004, it serves as a place for creation and cultural education.

Hwangsoo Kim
Director of studio K-works and co-manager of Curtain Hall. He focuses on sociality according to new media and changes in architecture and urban environment and participated in the Venice Biennale Architecture Exhibition 2004 for the Korean pavilion.

Sooyoung Kim
Alternating between art and film, Sooyoung Kim takes interests in the thoughts of people and phenomena within society. He produced film works such as Land without people (2016), Night Light (2015), Concrete (2013) and so on.

Jungwoo Kim
Head of N.E.E.D. Architecture. He contemplates on relationships between small scale residential and cities and recently participated in the Venice Biennale Architecture Exhibition 2018 for the Korean pavilion.

Jaekyeong Kim
As a photographer documenting landscapes of space, architecture, and human Jaekyeong Kim participates numerous exhibitions and won 'Artist of The Year' by The Museum of Photography, Seoul (Gayeon Foundation of Culture) in 2003.

Seheon Kim
Since Seongnam Project (1998), Seheon Kim has been taking an interest in urban spaces under modern capitalism and participated in numerous exhibitions at Gwangju Biennale, Gyeonggi Museum, and more.

Listen to the City
A group of art, design, city, and architecture, it has visualized undocumented histories and beings of cities. Listen to the City thinks of cities as commons; documents the privatization of commons with criticality; and works to restore the commonality of shared places.

Realcity Project
A collective research project team consisted of architects Heungjae Won, Haejin Choi, Joongjung Koo, Jaesung Han, Jeonghwan Kim, it documents social phenomena of cities and scenes of life.

METAA(Euijung Woo, Sangjin Yi)
Founded in 1989, under the slogan "Metabolic Evolution Through Art and Architecture" METAA is a group on architecture and culture. Architect Woo Euijung is the head of METAA architecture studio. Yi Sangjin conducted architectural designing and research projects on Paju Book City, Heyri Art Valley, and more.

Minwook Oh
Through documentaries, Minwook Oh questions about chosen and abjected figures on the edges of capitalism and the cold war, cities, and development. His major works includes Night Scene (2018), A Roar of the Prairie (2015), and Ash:Re (2013)

Euijung Woo
After partaking in the foundation of Jongho Yi's METAA Architecture in 1989 for 25 years, Euijung Woo collaborated architectural projects with Yi and continues his research about the public.

Isak Chung
Isak Chung is the director of a.co.lab and has been conducting architectural projects in numerous fields besides public research or social architecture, such as contemporary art and performance.

Jaeho Jung
Jaeho Jung's paintings focus on what lies behind cities after modernization, and he was a nominee of Korea Artist Prize 2018.

Jinman Jo
Jinman Jo is the head of Jo Jinman Architects who have been seeking ways of sharing cityscapes. He took part in the "Comprehensive Utilization Plan for Overpasses"(2017).

Goen Choi
Goen Choi produces installations that reinterpret derivatives of modern residential space such as household appliances and furniture. She participated in exhibitions at exhibitions at Buk-Seoul Museum of Art, and Art Sonje Center.

Jie-eun Hwang
Jie-eun Hwang is the headmaster of Sewoon Campus and Co-chief of Sewoon Cooperative Support Center. She also served as the curator of the exhibition 《Production City》 at the 2017 Seoul Biennale of Architecture and Urbanism.

Everyday Practice
Everyday Practice is a graphic studio is founded by Joonho Kwon, Kyungchul Kim and Eojin Kim participated in exhibitions at Seoul Museum of Art and Culture Station Seoul 284.

Curatorial Team

Curator
Somi Sim is an independent curator and researcher based in Seoul. Her ongoing curatorial practice explores across the interdisciplinary fields of contemporary art and urbanism. Her major curatorial projects include 《Ring Ring Belt》, 《Against Architecture》, 《Subtopia》 and 《Micro City Lab》. She is the recipient of the prize of the 11th Lee Dong-seok Curatorial Award 2018.

Jongwoo Lee is associate professor at college of architecture at Myongji University. He is an architectural historian with expertise in transformation of architectural discourses since the second half of the 20th century in France and in South Korea. He participated in the planning of the exhibition 《Papers and concrete: Modern Architecture in Korea》 (2017).

Assistant Curator
Moonseok Yi is an independent curator based in Seoul. He co-curated the research projects, 《Against the Dragon Light》 and Mullaemollaemullae in 2019 and participated in the exhibition 《Ring Ring Belt》 in 2018 as a curator.

이 책은 2019년 아르코미술관에서 열린
《리얼-리얼시티》와 연계하여 발간되었습니다.

글 : 심소미, 이종우, 우의정
편집 : 심소미
번역 : 성지은
디자인 : 일상의실천
녹취 : 김태휘, 신나라
사진 : 김재경, 홍철기

큐레이터 : 심소미, 이종우
어시스턴트 큐레이터 : 이문석
기획위원회 : 유영진(위원장), 김성홍, 전진삼, 우의정
그래픽디자인 : 일상의실천
공간디자인 : 줄리앙 코와네, 아워레이보
그래픽제작 : 새로움i
프로덕션 지원 : 강신대, 신형철, 김용두
미디어 기술지원 : 올미디어
설치 지원 : 오민수

주최 : 한국문화예술위원회
주관 : 심소미, 이종우, (주) 건축사사무소 METAA
후원 : 한국문화예술위원회, 한국예술종합학교
협력 : 국립현대미술관, (재) 광주비엔날레, (재) 가헌신도재단, C3KOREA, (주) 메타기획컨설팅, (주) 블루베리코리아, 한양대학교 공간연구회

발행일 : 2020년 1월
발행처 : 우리북
서울시 서초구 양재동 265-10 동우빌딩 103호
전화 : 02-3463-2130
가격: 25,000 원

© 2019 리얼-리얼시티
본 도록의 저작권은 리얼-리얼시티 기획팀과 해당 작가에게 있습니다. 이 책에 수록된 글과 이미지는 기획팀과 작가의 사전 허가 없이는 사용 또는 전재할 수 없습니다.

*이 책은 2019년 한국문화예술위원회의 시각예술창작산실의 지원을 받았습니다.

This publication is published on occasion of exhibition REAL-Real City held at Arko Art Center in 2019.

Text : Somi Sim, Jongwoo Lee, Euijung Woo
Editor : Somi Sim
Translation : Jieun Sung
Graphic Design : Everyday Practice
Transcription : Taehwi Kim, Nara Shin
Photography : Jaekyeong Kim, Cheolki Hong

Curator : Somi Sim, Jongwoo Lee
Assistant Curator : Moonseok Yi
Committee : Youngjin Yoo, Sunghong Kim, Jinsam Jeon, Euijung Woo

Graphic Design : Everyday Practice
Space Design : Julien Coignet, Our Labour
Graphic Production : Saeroum Innovation
Production Support : Sindae Kang, Hyungcheol Shin, Yongdoo Kim
Media Support : All-media
Installation Support : Minsoo Oh

Hosted by Arts Council Korea
Organized by Somi Sim, Jongwoo Lee and METAA Architects&Associates
Supported by Arts Council Korea, Korea National University of Arts Sponsored by National Museum of Modern and Contemporary Art, Korea (MMCA), Korea National University of Arts, Gwangju Biennale Foundation, C3KOREA, Gaheon Foundation, METAA Co. Ltd., Blueberry Korea Co. Ltd., Hanyang Univ. Architecture Study Group SPACE

Published in January, 2020
Published by Wooribook
103ho, 7-9, Eonnam 11-gil, Seocho-gu, Seoul, Republic of Korea
Tel : 02-3463-2130
Price : 25,000 won

© 2019 REAL-Real City

* This book is one of the 2019 Support Exhibitions for Visual Arts, Arts Council Korea (ARKO).

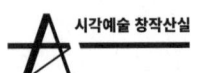 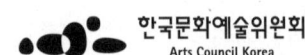